2023
中国水利发展报告

中华人民共和国水利部　编

中国水利水电出版社
www.waterpub.com.cn
·北京·

图书在版编目（ＣＩＰ）数据

2023中国水利发展报告 / 中华人民共和国水利部编
. -- 北京 ： 中国水利水电出版社，2023.4
ISBN 978-7-5226-1478-6

Ⅰ．①2… Ⅱ．①中… Ⅲ．①水利建设－研究报告－
中国－2023 Ⅳ．①F426.9

中国国家版本馆CIP数据核字(2023)第064560号

书 名	**2023 中国水利发展报告** 2023 ZHONGGUO SHUILI FAZHAN BAOGAO
作 者	中华人民共和国水利部 编
出版发行	中国水利水电出版社 （北京市海淀区玉渊潭南路 1 号 D 座 100038） 网址：www. waterpub. com. cn E-mail：sales@ mwr. gov. cn 电话：（010）68545888（营销中心）
经 售	北京科水图书销售有限公司 电话：（010）68545874、63202643 全国各地新华书店和相关出版物销售网点
排 版	中国水利水电出版社微机排版中心
印 刷	天津嘉恒印务有限公司
规 格	170mm×240mm 16 开本 28.5 印张 438 千字
版 次	2023 年 4 月第 1 版 2023 年 4 月第 1 次印刷
印 数	0001—2000 册
定 价	**168.00 元**

《2023 中国水利发展报告》
编 委 会

前　言

　　2022年是党的二十大胜利召开之年，也是我国水利发展史上具有里程碑意义的一年。一年来，习近平总书记多次就水利工作作出重要讲话指示批示，为做好水利工作指明了前进方向、提供了根本遵循。中央财经委员会第十一次会议对全面加强水利基础设施建设作出系统部署，党中央、国务院对国家水网的布局、结构、功能和系统集成作出顶层设计，中办、国办印发《关于加强新时代水土保持工作的意见》，《中华人民共和国黄河保护法》颁布。

　　一年来，各级水利部门坚决贯彻落实习近平总书记治水重要论述精神和党中央、国务院决策部署，完整、准确、全面贯彻新发展理念，敢担当、善作为、勇拼搏，推动新阶段水利高质量发展迈出坚实步伐。我们夺取了水旱灾害防御的重大胜利，有效抵御主要江河10次编号洪水、626条河流超警以上洪水、27条河流有实测资料以来最大洪水，成功实现黄河等北方河流防凌汛安全，成功抗御北江1915年以来最大洪水、珠江流域性较大洪水，成功应对长江流域1961年有完整实测资料以来最严重长时间气象水文干旱，迎战长江口历史罕见咸潮入侵，保障上海供水安全。我们创造了水利基础设施建设的最高纪录，全年完成水利建设投资10893亿元，历史性地迈上万亿元大台阶，南水北调中线引江补汉工程、淮河入海水道二期工程、环北部湾广东水资源配置工程开工建设，引江济淮一期工程等一批重大水利工程实现关键节点目标，第一批省级水网先导区建设有序启动，全国农村自来水普及率达到 87%。我们实现了河湖生态环境的有效复苏，实施母亲河复苏行动，京杭大运河实现百年来首次全线通水，华北地区河湖生态补水范围扩大至 7 个水系 48 条河（湖）流，贯通河长 3264 km，永定河两度实现 865 km 河道全线通水，白洋淀生态水位达标率 100%，越来越多的河流恢复生命、越来越多的流域重现生机。

一年来，各级水利部门认真履行职能责任，各项水利工作取得显著进展和成效。水利工程运行管护全面加强，建成投用 15284 座小型水库雨水情测报设施、8016 座小型水库大坝安全监测设施，全国 48226 座分散管理的小型水库基本实现专业化管护。水资源节约管理持续强化，深入实施国家节水行动，建立"十四五"用水总量和强度双控指标体系，核减取用水量 22 亿 m³，整治近 100 万个取水口违规取用水问题，42 条跨省江河实施水资源统一调度。河湖生态治理保护深入实施，清理整治河湖乱占、乱采、乱堆、乱建问题 2.9 万个，查处河道非法采砂行为 5839 起，完成水土流失治理面积 6.3 万 km²。数字孪生水利建设加快推进，基本形成数字孪生水利技术框架体系，编制完成七大江河和 11 个重点水利工程数字孪生建设方案，启动实施 94 项先行先试任务。水利体制机制法治不断健全，抓好《中华人民共和国长江保护法》《地下水管理条例》贯彻落实，七大流域全面建立省级河湖长联席会议机制，南水北调输水干线全面推行河湖长制，印发实施七大流域管理机构"三定"规定，全年立案查处水事违法案件 2 万余件。

2023 年是深入贯彻落实党的二十大精神的开局之年，是全面建设社会主义现代化国家开局起步的重要一年。我们要全面学习、全面把握、全面落实党的二十大精神，深入贯彻习近平新时代中国特色社会主义思想，完整、准确、全面贯彻新发展理念，认真践行习近平总书记"节水优先、空间均衡、系统治理、两手发力"治水思路和治水重要论述精神，坚定不移推动新阶段水利高质量发展，为全面建设社会主义现代化国家、全面推进中华民族伟大复兴作出水利贡献。

《2023 中国水利发展报告》在编辑及出版过程中，得到了许多领导的关心和支持，凝结着许多专家学者的智慧和心血，我谨代表编委会表示衷心的感谢！

水利部副部长、编委会主任　朱程清

2023 年 3 月

目　录

423 | 党的建设篇

综　述　篇

深入贯彻落实党的二十大精神
扎实推动新阶段水利高质量发展

李国英

一、2022 年工作回顾

2022 年是党的二十大胜利召开之年，也是我国水利发展史上具有里程碑意义的一年。一年来，习近平总书记多次就水利工作作出重要讲话指示批示，为做好水利工作指明了前进方向、提供了根本遵循。中央财经委员会第十一次会议对全面加强水利基础设施建设作出系统部署，国务院常务会议多次专题研究加快水利基础设施建设工作，水利基础设施建设迎来前所未有的历史机遇；党中央、国务院对国家水网的布局、结构、功能和系统集成作出了顶层设计；中办、国办印发《关于加强新时代水土保持工作的意见》，对今后一个时期水土保持工作作出了全面部署；《中华人民共和国黄河保护法》颁布，为统筹推进黄河流域生态保护和高质量发展提供了法治保障。

一年来，各级水利部门坚决贯彻落实习近平总书记治水重要论述精神和党中央、国务院决策部署，完整、准确、全面贯彻新发展理念，敢担当、善作为、勇拼搏，推动新阶段水利高质量发展迈出坚实步伐。

——水旱灾害防御夺取重大胜利。 2022 年，我国极端天气事件频发，洪水、干旱、咸潮交叠并发、历史罕见，防御形势极其复杂，防御挑战极其严峻。各级水利部门扛牢水旱灾害防御天职，坚持人民至上、生命至上，坚持"四预"当先、防住为王，逐流域逐区域逐工程研究推进防御工作。有效抵御主要江河 10 次编号洪水、626 条河流超警以上洪水、27 条河流有实测资料以来最大洪水，成功实现黄河等北方河流防凌汛安全。特别是科学精细调度珠江流域北江、西江 37 座重点水库，果断决策启用潖江蓄滞洪区，成功抗御北江 1915 年以来最大洪水、珠江流域性较大洪水，有力保障了珠江三角洲防洪安全。汛期全国 4151 座（次）大中型水库投入调度运用、拦蓄洪水 925 亿 m^3，减淹城镇 1649 个（次）、减淹耕地 1530 万亩、避免人员转移 690 万人（次），全国水库无一垮坝，大江大河干流堤防无一决口，全年因洪涝死亡失踪人数为新中国成立以来最低，最大程度保障了人民群众生命财产安全。面对长江流域 1961 年有完整实测资料以来最严重长时间气象水文干旱，精准范围、精准对象、精准措施，果断实施 2 轮"长江流域水库群抗旱保供水联合调度"专项行动，科学调度以三峡水库为核心的长江上游梯级水库群、洞庭湖湘资沅澧"四水"和鄱阳湖赣抚信饶修"五河"干支流水库群，共 75 座大中型水库协同配合，累计为下游补水 62 亿 m^3，保障了人民群众饮水安全和 1.83 亿亩秋粮作物灌溉用水需求，大旱之年实现供水无虞、粮食丰收。迎战长江口历史罕见咸潮入侵，果断实施抗咸潮保供水专项行动，精准时机，提前调度三峡等水库远程向长江口补水，加大引江济太力度，迅速打通太湖—河网—水库通道，有力保障了上海供水安全。

——水利基础设施建设实现重大进展。举全系统全行业之力，采取超常规力度、超常规举措，全面加快水利基础设施建设。全年完成水利建设投资 10893 亿元、比 2021 年增长 43.8%，历史性地迈上万亿元台阶。南水北调中线引江补汉工程开工，拉开了南水北调后续工程高质量发展帷幕，国家水网主骨架和大动脉加快形成；亿万沿淮人民翘首以盼的淮河入海水道二期工程开工，将历史性地解决淮河下游泄洪不畅问题，对完善流域防洪工程体系具有战略性意义；论证多年的环北部湾广东水资源配置工程开工建设，将从根本上解决粤西地区特别是雷州半岛水资源短缺问题。一批重大水利工程实现关键节点目标，引江济淮一期工程试通水通航，大藤峡水利枢纽实现正常蓄水位蓄水，引汉济渭秦岭输水隧洞全线贯通，鄂北水资源配置工程顺利完工。第一批省级水网先导区建设有序启动。一批重大战略性工程前期工作加快推进。18169 处农村供水工程完工，全国农村自来水普及率达到 87%，农村规模化供水工程覆盖农村人口比例达到 56%。开工实施 529 处大中型灌区建设和改造项目，新建 790 座淤地坝、拦沙坝，完成 124 座大中型水库、6082 座小型水库、622 座淤地坝除险加固。全国水利项目施工累计吸纳就业 251 万人，其中农村劳动力 205 万人。系统建构两手发力"一二三四"工作框架体系，在争取加大财政投入的同时，用足用好地方政府专项债券、政策性开发性金融工具，制定出台一系列含金量高、操作性强的金融支持政策，积极推进政府和社会资本合作（PPP）模式发展和水利基础设施投资信托基金（REITs）试点，水利投融资改革实现重大突破。全年落实水利建设投资 11564 亿元、比 2021 年增长 44%，其中地方政府专项债券 2036 亿元、增长 52%，金融信贷和社会资本 3204 亿元、增长 78%。水利基础设施建设规模、强度、投资、吸引金融资本和社会资本等均创新中国成立以来最高纪录，为稳定宏观经济大盘作出了突出贡献。

——**复苏河湖生态环境取得重大成果**。实施母亲河复苏行动，一河一策、靶向施策，加快修复河湖生态环境。开展京杭大运河全线贯通补水行动，向黄河以北 707 km 河段补水，京杭大运河实现百年来首次全线通水，补水河道 5 km 范围内地下水水位平均回升 1.33 m，沿线河湖生态环境明显改善，再现了壮美运河千年神韵。开展华北河湖生态环境复苏、永定河贯通入海行动，华北地区河湖生态补水范围扩大至 7 个水系 48 条河（湖）流，贯通河长 3264 km、比 2021 年增加 4.2 倍，永定河两度实现 865 km 河道全线通水，与京杭大运河实现世纪交汇，漳卫河水系、大清河白洋淀水系分别实现自 20 世纪 60 年代、80 年代以来通过补水首次贯通入海，子牙河水系连续两年实现贯通入海，白洋淀生态水位达标率 100%、水面稳定在 250 km^2，华北地区大部分河湖实现了有流动的水、有干净的水，过去"有河皆干、有水皆污"的局面得到明显改观，越来越多的河流恢复生命、越来越多的流域重现生机。全面贯彻落实地下水管理条例，推进重点区域地下水超采综合治理，地下水超采区划定工作取得阶段性成果，华北地区地下水超采综合治理完成国务院确定的近期治理目标，京津冀地区地下水供水占比由 2018 年的 50% 下降至 35%，治理区地下水水位总体回升。

一年来，各级水利部门认真履行职能责任，各项水利工作取得显著进展和成效。

一是水利工程运行管护全面加强。三峡工程运行管护水平不断提升，综合效益充分发挥。南水北调东中线一期工程设计单元完工验收及竣工决算全面完成，年度调水 91.7 亿 m^3。严格落实水库大坝安全责任制、小型水库"三个责任人""三个重点环节"。汛前全面排查水库、堤防、水闸隐患，有力整治妨碍行洪突出问题。部省两级水库雨水情测报和大坝安全监测平台建设加快推进，相控阵雷达短临暴雨监测预警试点投入应用，15284 座小型水库雨水情测报设施、8016 座小型水库大坝安全监测设施建成投用。水利工程标准化管理全面启动，全国 48226 座分散管理的小型水库基本实现专业化管护。完善国家蓄滞洪区名录档案，完成全国水库、堤防、水闸基础数据整合集成。水库移民、三峡后续、乡村振兴水利工作扎实推进，水利脱贫攻坚成果持续巩固。

二是水资源节约管理持续强化。深入实施国家节水行动，节水技术标准体系加快完善。建立"十四五"用水总量和强度双控指标体系，严格用水定额和计划管理，严格节水评价，核减取用水量 22 亿 m^3。推进黄河流域深度节水控水，黄河流域和京津冀地区年用水量 1 万 m^3 及以上工业和服务业单位实现计划用水管理全覆盖。13762 个用水单位纳入国家、省、市三级重点监控名录。实施合同节水管理项目 151 个，建成 349 个节水型社会建设达标县（区），建设节水型灌区 182 处，确定 78 个再生水利用配置试点城市，遴选公布 30 项水效领跑者用水产品和 78 家重点用水企业、园区水效领跑者。累计批复 77 条跨省江河、351 条跨地市江河水量分配方案，确定 17 个省份地下水管控指标。实施取用水管理专项整治行动"回头看"，整治近 100 万个取水口违规取用水问题。42 条跨省江河实施水资源统一调度。加快取用水监测计量体系建设，5 万亩以上大中型灌区渠首取水实现在线计量。

三是河湖生态治理保护深入实施。强化河湖生态流量（水位）管理，确定全国 171 条跨省河湖、415 条省内重点河湖生态流量目标。开展幸福河湖建设，完成 2500 多条（个）河湖健康评价，推进福建木兰溪、吉林查干湖、安徽巢湖等一批河湖治理和生态修复。清理整治河湖乱占、乱采、乱堆、乱建问题2.9万个，查处河道非法采砂行为5839起，严肃查处妨碍河道行洪、侵占水域岸线等各类违法违规问题。以流域为单元推进中小河流治理，完成整河治理108条。开展水土保持遥感监管，加快实施水土保持重点工程，完成水土流失治理面积6.3万km²，建设全国水土保持高质量发展先行区5个，创建国家水土保持示范102个。持续推动小水电绿色发展，长江经济带小水电清理整改全面完成，3.4万座小水电站落实生态流量。基本完成85个水美乡村试点县建设，受益村庄4778个。新增20个国家水利风景区。黄河实现连续23年不断流，太湖连续14年实现确保饮用水安全和不发生大面积水质黑臭目标，黑河东居延海实现连续18年不干涸。

四是数字孪生水利建设加快推进。数字孪生流域、数字孪生水网、数字孪生工程完成顶层设计，数字孪生水利技术框架体系基本形成。七大江河和11个重点水利工程数字孪生建设方案编制完成，启动实施94项先行先试任务。结合灌区现代化改造，启动48处数字孪生灌区建设。全国数字孪生平台一级数据底板建设完成，水利智能业务应用体系初步构建。北斗、人工智能、大数据、遥感、物联网、云计算技术在水利业务领域应用不断深化。

五是水利体制机制法治不断健全。强化河湖长制，七大流域全面建立省级河湖长联席会议机制，南水北调输水干线全面推行河湖长制。七大流域管理机构"三定"规定印发实施，流域统一规划、统一治理、统一调度、统一管理制度体系不断完善。推动出台水利工程供水价格管理办法、定价成本监审办法和用水权改革指导意见，加快初始水权分配，中国水权交易所交易3057单、比2021年翻一番。强化水利工程建设质量管理，构建安全生产风险管控"六项机制"，在水利工程建设大规模推进的同时，生产安全事故起数和死亡人数同比实现"双下降"。建立水行政执法与刑事司法衔接、水行政执法与检察公益诉讼协作机制，加强跨区域联动、跨部门联合执法，实施水行政执法效能提升行动，全年立案查处水事违法案件2万余件，推动新阶段水利高质量发展在法治轨道上迈出新步伐。

六是水利行业发展能力不断提升。 七大流域防洪规划修编、水土保持规划编制和全国农田灌溉发展规划编制工作全面启动，黄河流域生态保护和高质量发展水利保障规划、成渝经济圈水安全保障规划等一批重要规划印发实施。完成第三次全国水资源调查评价。水利科技创新加快推进，新筹建14家部级重点实验室，部省共建黄河实验室，16项国家重点研发计划项目获批立项，遴选106项成熟适用水利科技成果推广应用。加强水利标准化工作，在编水利技术标准151项，国际标准化组织小水电技术委员会秘书处落地中国。水利多双边交流合作全面深化，参加第九届世界水论坛，举办交流活动41场，实施国际合作项目71个，8个项目纳入国家"一带一路"建设重点项目，澜湄水资源合作不断走深走实。深化水利"放管服"改革，行政许可事项由37项合并为25项。加大水利人才选拔、培养、引进力度。扎实做好综合政务、财务审计、离退休干部、社团管理、后勤保障、疫情防控等工作。新闻宣传、水文化建设取得新成效。

七是全面从严治党持续纵深推进。 以迎接学习宣传贯彻党的二十大为主线，持续深入学习贯彻习近平新时代中国特色社会主义思想，扎实推动党史学习教育常态化长效化。坚决贯彻落实党中央各项决策部署，持续抓好中央巡视整改。强化部党组巡视工作，深化巡视巡察上下联动，强化问题整改和成果运用，对5家直属单位开展巡视整改后评估。党支部标准化规范化建设不断深化，部属系统37个党支部被评为中央和国家机关"四强"党支部。全面贯彻新时代党的组织路线，加强干部队伍建设，激励干部担当作为，推动干部能上能下。加大对"一把手"和领导班子的监督力度，加强对领导干部配偶、子女及其配偶经商办企业管理，推动选人用人监督检查和问题整改常态化，开展领导干部近亲属违规安排使用倒查及认定处理。持之以恒正风肃纪反腐，加强警示教育、纪律教育、廉洁教育，水利廉政风险防控体系不断健全，水利行风建设不断深化。深化运用监督执纪"四种形态"，严肃惩处违纪违法干部，一体推进不敢腐、不能腐、不想腐。意识形态工作持续强化，精神文明建设成果丰硕，群团工作取得新成效。

2022年水利工作成绩的取得，根本在于有习近平总书记作为党中央的核心、全党的核心掌舵领航，根本在于有习近平新时代中国特色社会主义思想科学指引。得益于有关部门、地方和社会各界的大力支持，得益于全国广大水利干部职工的团结奋斗。在此，我谨代表水利部，向所有关心支持水利发展的各有关方面表示衷心感谢！

在充分肯定成绩的同时，我们必须清醒地看到，水利工作还存在不少问题和差距：防洪排涝减灾体系仍不健全不完善，病险水库除险加固任务依然繁重，蓄滞洪区建设管理严重滞后，面广量大的中小河流和山洪灾害系统治理不够；国家水网总体格局尚未形成，水资源统筹调配能力不高，水利工程互联互通和协同融合不够；部分地区河道断流、湖泊萎缩等问题依然存在，地下水基础研究、监测评估、回补技术等仍较薄弱，维护河湖健康生命任重道远；数字孪生水利建设处于起步阶段，水利工程体系数字化、网络化、智能化水平亟待提升；部分行业、地区水资源利用效率仍需提高，节水支持政策供给还需加大；"两手发力"存在短板，水利对社会资本吸引力不足，现代化管理体制机制尚不健全，水利法治体系有待进一步完善；全面从严治党责任还需进一步压实，大规模水利建设中的腐败风险需要高度警惕，等等。对这些问题和差距，我们务必保持清醒头脑，坚持问题导向、目标导向，加大工作力度，推动有效解决。

二、形势与任务

当前，我国已迈上以中国式现代化全面推进中华民族伟大复兴的新征程。各级水利部门要全面学习、全面把握、全面落实党的二十大精神，深入贯彻习近平新时代中国特色社会主义思想，完整、准确、全面贯彻新发展理念，认真践行习近平总书记治水重要论述精神，坚持"节水优先、空间均衡、系统治理、两手发力"治水思路，坚定不移推动新阶段水利高质量发展，为全面建设社会主义现代化国家、全面推进中华民族伟大复兴作出水利贡献。

一是新征程水利肩负新使命。党的二十大明确提出，从现在起，中国共产党的中心任务就是团结带领全国各族人民全面建成社会主义现代化强国、实现第二个百年奋斗目标，以中国式现代化全面推进中华民族伟大复兴。水利关系国计民生，在国家发展全局中具有基础性、战略性、先导性作用，中国式现代化需要有力的现代化水利支撑保障体系。**实现高质量发展这一首要任务**，水利是基础性支撑和重要带动力量。必须面向建成社会主义现代化强国目标，坚持近期、中期、远期系统规划，做好战略预置，前瞻性谋划推进一批战略性水利工程，适度超前开展水利基础设施建设，加快优化水利基础设施布局、结构、功能和系统集成，提升网络效益，强化对国家重大战略和经济社会高质量发展的支撑保障。**促进人与自然和谐共生**，水是重要控制性要素。必须立足水资源承载能力，统筹水灾害、水资源、水环境、水生态治理，形成水资源节约保护的制度政策体系、标准规范体系、市场化配置体系、技术支撑体系和社会协同环境，有效发挥水作为基础支撑和控制性要素的引导约束作用，促进质量效益型集约发展，推动经济社会发展全面绿色转型。**统筹发展和安全**，水安全是基础性长远性问题。必须充分认识水利在重大基础设施安全保障、防灾减灾和保障人民群众生命财产安全、经济安全、能源安全、生态安全中的重要责任，以"时时放心不下"的责任感，坚定不移贯彻总体国家安全观，统筹各类要素、各方资源、各种手段，切实做到守土有责、守土负责、守土尽责，全面提升国家水安全保障能力。**加快建设农业强国**，水利是命脉所在。必须围绕粮食和重要农产品稳定安全供给这个头等大事，按照新一轮千亿斤粮食产能提升行动要求，科学谋划全国农田灌溉发展，统筹推进灌区骨干工程与高标准农田灌排体系建设，为把牢粮食安全主动权提供水利支撑。总之，我们要牢记"国之大者"，切实把新发展理念落实到水利工作各方面全过程，着力在固底板、补短板、锻长板上下功夫，以水利高质量发展支撑经济社会高质量发展，为推进中国式现代化作出水利贡献。

二是新征程水利面临新形势。党的二十大深刻指出，我国发展进入战略机遇和风险挑战并存、不确定难预料因素增多的时期。受全球气候变化和人类活动影响，近年来极端天气事件呈现趋多趋频趋强趋广态势，暴雨洪涝干旱等灾害的突发性、极端性、反常性越来越明显，突破历史纪录、颠覆传统认知的水旱灾害事件频繁出现。**洪水灾害方面**，2021年郑州"7·20"特大暴雨最大日降雨量接近常年的年降雨量，最大小时降雨量突破了我国大陆气象观测记录历史极值；2021 年黄河中下游秋汛历时之长、洪量之大历史罕见；2021 年塔克拉玛干沙漠地区罕见地发生洪水；2022 年珠江流域连发 8 次编号洪水，其中北江发生 1915 年以来最大洪水。**干旱灾害方面，**一向水量丰沛的流域相继出现罕见旱情，2021 年珠江三角洲部分地区遭遇 1961 年以来最严重干旱；2022 年长江流域遭遇 1961 年有完整记录以来最严重的气象水文干旱，洞庭湖、鄱阳湖提前 3 个月进入枯水期，其中鄱阳湖水位跌破历史最低纪录。**咸潮灾害方面，**2021 年珠江口咸潮上溯带来"旱上加咸"严峻挑战，2022 年长江口出现历史罕见咸潮入侵，珠江三角洲、长江三角洲重点城市供水面临严重困难。从全球看，极端水旱灾害事件也频繁发生。如 2021 年德国西部发生 1910 年以来最大洪水，2022 年欧洲经历了 500 年来最严重干旱。这些都警示我们，当"非常态"成为"常态"，极端天气和罕见水旱灾害在每个地区、每个流域、每个年份都有可能发生。我们要增强风险意识、忧患意识，树牢底线思维、极限思维，践行"两个坚持、三个转变"防灾减灾救灾新理念，以"时时放心不下"的责任感，用大概率思维应对小概率事件，主动防范化解风险，坚决守住水旱灾害防御底线。

三是新征程水利承担新任务。习近平总书记从党和国家事业发展全局的高度，亲自确立国家"江河战略"，亲自谋划完善网络型水利基础设施体系、构建国家水网、提升流域设施数字化网络化智能化水平等战略任务。党的二十大全面部署了未来 5 年乃至更长时期党和国家事业发展的目标任务和大政方针，中央经济工作会议、中央农村工作会议对当前和今后一个时期经济工作、"三农"工作作出了具体部署，对新时代新征程水利工作提出了明确要求，涵盖推动新阶段水利高质量发展的各个领域和各条路径。我们要对表对标习近平总书记治水重要论述和党中央部署要求，从战略和全局高度，把握好全局和局部、当前和长远、宏观和微观、主要矛盾和次要矛盾、特殊和一般的关系，不断提高战略思维、历史思维、辩证思维、系统思维、创新思维、法治思维、底线思维能力，坚定不移推动新阶段水利高质量发展，着力提升水旱灾害防御能力、水资源优化配置能力、水资源集约节约利用能力、大江大河大湖生态保护治理能力，加快推动水利现代化、系统化、智能化、法治化进程。

三、2023 年重点工作

今年是深入贯彻落实党的二十大精神的开局之年，是全面建设社会主义现代化国家开局起步的重要一年。要持续深入学习贯彻党的二十大精神和习近平总书记治水重要论述精神，锚定推动新阶段水利高质量发展目标路径，做到前瞻性思考、全局性谋划、整体性推进水利重点工作。

（一）**坚持以流域为单元，筑牢防御水旱灾害防线**。坚持人民至上、生命至上，坚持安全第一、预防为主，加快完善以水库、河道及堤防、蓄滞洪区为主要组成的流域防洪工程体系，扎实做好水旱灾害防御工作。

加快完善工程布局。全面检视国务院批复的七大流域防洪规划实施情况，逐流域分年度建立项目台账，确保如期完成规划目标任务。水库建设方面，紧盯具有流域洪水控制性的重大工程，积极创造条件，力求尽早开工建设。如黄河流域古贤水库，长江流域姚家平水库、凤凰山水库，珠江流域洋溪水库，等等。河道及堤防建设方面，紧盯大江大河大湖不达标堤防，开展堤防达标建设 3 年提升行动，确保七大江河重要堤防特别是干流堤防到 2025 年全部实现达标。开工建设长江安庆铜陵河段、海河流域漳河治理等工程，加快黄河上游段防洪治理、淮河流域重点平原洼地治理、太湖流域望虞河拓浚和太浦河后续等工程前期工作。蓄滞洪区建设管理方面，按照"分得进、蓄得住、排得出"的要求，对 98 处国家蓄滞洪区进行全面梳理，全面摸清突出问题和短板，逐一建档立卡、逐一明确建设管理目标任务、逐一开展安全运用分析评价，完善国家蓄滞洪区数字一张图。力争开工长江流域洪湖东分块和鄱阳湖康山、河北献县泛区等蓄滞洪区安全建设工程以及淮河流域一般行蓄洪区建设工程，加快推进淮河干流峡山口至涡河口段、浮山以下段行洪区和河北文安洼等蓄滞洪区前期工作。研究出台加强蓄滞洪区运用管理政策。加快七大流域新一轮防洪规划修编。

加快补齐防御短板。加强水文现代化建设，加快现有水文站网现代化改造，重点实施中小河流洪水易发区、大江大河支流、重点水生态敏感区等水文站网建设，新建一批水文站、水位站、雨量站，加强卫星遥感、测雨雷达等技术应用，推进天空地一体化监测，加快构建气象卫星和测雨雷达、雨量站、水文站组成的雨水情监测"三道防线"，进一步延长雨水情预见期、提高精准度。加强水库除险加固、安全鉴定、日常维护、安全保障各环节工作，有序实施128座大中型、3500座小型病险水库除险加固，启动实施新一期病险淤地坝除险加固和老旧淤地坝提升改造工程，汛前基本完成19189座小型水库雨水情测报设施和17400座大坝安全监测设施建设。编制中小河流治理总体方案，按照逐流域规划、逐流域治理、逐流域验收、逐流域建档立卡的要求，以流域为单元实施881条中小河流系统治理。全面完成《全国山洪灾害防治项目实施方案（2021—2023年）》任务，编制新一轮实施方案，增设监测预警站点，动态调整预警阈值，增强山洪灾害防御能力。抓紧水毁防洪工程设施修复，尽快恢复防洪功能。

抓早抓细抓实灾害防御。 锚定"人员不伤亡、水库不垮坝、重要堤防不决口、重要基础设施不受冲击"和确保城乡供水安全目标，贯通"四情"防御，落实"四预"措施，绷紧"降雨—产流—汇流—演进""流域—干流—支流—断面""总量—洪峰—过程—调度""技术—料物—队伍—组织"四个链条，紧盯每一场洪水、每一场干旱，让防御措施跑赢水旱灾害。全面开展水库溢洪道、河道堤防、在建水利工程、淤地坝等重点环节部位汛前检查，及时清除违法违规建构筑物、阻水障碍。加强关键期水文监测预报，雨情水情险情预警信息直达一线。动态模拟预演洪水演进和工程调度过程，迭代更新防汛预案，预置巡查人员、技术专家、抢险力量。及时完善水工程调度方案，最大程度发挥水工程防洪减灾效益。落实水库大坝安全责任制，病险水库主汛期原则上一律空库运行，对因责任不落实、质量不过关等造成垮坝的严肃追责问责。抓好山洪灾害防御，完善防御预案，及时发布预警，落实"叫应"机制。强化抗旱保供水保灌溉，科学调度骨干水利工程，精准对接城乡供水、灌区等用水户，确保城乡居民饮水安全，保障农业灌溉用水需求。

（二）加快建设国家水网，完善水资源调配格局。 以联网、补网、强链为重点，加快建设"系统完备、安全可靠，集约高效、绿色智能，循环通畅、调控有序"的国家水网，着力提升水利基础设施网络效益。

加快建设国家水网主骨架大动脉。抓紧完成南水北调工程总体规划修编，根据国家重大战略新要求、水资源供需新形势、工程功能定位新变化、生态环境保护新理念，对总体规划作出优化调整。推进南水北调后续工程高质量发展，加快中线引江补汉和防洪安全保障工程建设，积极推动东线二期工程立项建设，推进西线工程规划编制并启动先期实施工程可研工作。完善南水北调工程风险防范长效机制，加强多水源联合调度，确保工程安全、供水安全、水质安全。

推进重点区域水网规划建设。按照国家水网总体布局，立足国家重大战略部署和区域水安全保障需求，有序推进区域水网规划建设，支撑国家重大区域战略实施，加强重要经济区、重要城市群、能源基地、粮食主产区、重点生态功能区水安全保障。完善区域水资源配置体系，推进吉林大水网、甘肃白龙江引水、青海引黄济宁、四川引大济岷等重大引调水工程前期工作，增强流域间、区域间水资源统筹调配能力。推进水源调蓄工程建设，加快浙江开化、福建白濑、贵州凤山等重点水源工程建设，力争开工广西长塘、四川三坝、贵州花滩子等水库工程，深化云南清水河、贵州石龙、陕西焦岩等工程前期论证，增加区域水网水资源储备能力和调控能力。

完善省市县水网体系。加快推进省级水网规划建设，做好省市县级水网的合理衔接，构建互联互通、联调联控的网络格局。抓紧完善省级水网建设规划体系，高质量推进省级水网先导区建设，跟踪评估第一批先导区建设工作进展，适时启动第二批先导区建设。推进市县级水网建设，完善市县水网布局，打通水网建设"最后一公里"。

（三）加强农村水利建设，夯实乡村振兴水利基础。坚持循序渐进、稳扎稳打，因地制宜、注重实效，扎实做好农村水利各项工作，推进乡村振兴建设水利任务，加快解决农业农村发展最迫切、农民群众反映最强烈的涉水问题。

强化农村供水保障。巩固拓展水利脱贫攻坚成果，因地制宜完善农村供水工程网络，积极推进城乡供水一体化、农村供水规模化建设及小型工程规范化改造。实施水质提升专项行动，推动优质水源置换，农村集中供水工程净化消毒设施设备配置率达到75%，强化水质检测监测，健全从源头到龙头的水质保障体系，加强农村供水工程标准化管理。健全农村供水问题排查监测和动态清零机制，坚决守住农村供水安全底线。全国农村自来水普及率提升至88%，规模化供水工程覆盖农村人口比例达到57%。

加强现代化灌区建设。围绕实施新一轮千亿斤粮食产能提升行动，加快编制全国农田灌溉发展规划，积极推进大中型灌区续建配套与现代化改造，加快安徽怀洪新河、江西梅江、广西龙云、海南牛路岭等灌区建设进度，开工建设黑龙江三江平原、四川向家坝一期二步、广西下六甲、云南腾冲等大型灌区。加强灌区标准化现代化管理，持续推进数字孪生灌区建设。统筹推进灌区骨干工程与高标准农田灌排体系建设，提高灌排工程运行管护水平和服务能力，夯实粮食安全水利基础和保障。

（四）复苏河湖生态环境，促进人水和谐共生。牢固树立和践行绿水青山就是金山银山的理念，坚持尊重自然、顺应自然、保护自然，站在人与自然和谐共生的高度谋划发展，统筹水资源、水环境、水生态治理，推动重要江河湖库生态保护治理和休养生息，维护河湖健康生命。

健全河湖生态保护标准。加强河湖生态流量监管，推进已建水利水电工程生态流量核定与保障先行先试。深化生态流量监测分析，建立生态流量监测预警机制。建立健全河湖生态流量确定和保障、海（咸）水入侵防治、地下水战略储备和禁限采区划定等标准和技术规范。建立健全幸福河湖建设成效评估指标体系，推进幸福河湖建设。

全面实施母亲河复苏行动。全面开展河湖健康评价，建立全国河湖健康档案，"一河（湖）一策"滚动编制修复保护方案。深入推进母亲河复苏行动，推进80余条（个）河湖生态环境复苏。持续开展京杭大运河贯通补水、华北地区河湖夏季集中补水和常态化补水，持续实现京杭大运河全线贯通。力争实现永定河全年全线有水，白洋淀水面稳定在 $250\,km^2$，潮白河、大清河、滹沱河补水成效进一步巩固，漳河全线贯通。继续开展西辽河流域生态调度，逐步恢复西辽河全线过流。

加大河湖保护治理力度。严格水域岸线空间管控，推进河湖"清四乱"

常态化规范化，坚决遏增量、清存量。压紧压实采砂管理责任，具有采砂任务的河道基本实现采砂规划全覆盖，推行河道砂石采运管理单和河道采砂许可电子证照，保持对非法采砂高压严打态势。强化饮用水水源地监管，加快千人以上供水工程水源保护区划定。排查整治小水电风险隐患，积极稳妥推进小水电分类整改，实施小水电绿色改造和现代化提升工程，逐站落实生态流量，新增 100 座绿色小水电示范电站，再创建 500 座安全标准化电站。认定、复核一批国家水利风景区。加强山区河道管理和乡村河湖管护，持续推进农村水系综合整治。

加快地下水超采综合治理。划定地下水禁采区、限采区，基本完成新一轮地下水超采区划定，推进国家地下水监测二期工程建设。以县为单元确定地下水取水总量、水位控制指标，对不符合控制要求的地区暂停审批新增取用地下水。实施《华北地区地下水超采综合治理实施方案（2023—2025 年）》，统筹"节、控、换、补、管"措施，巩固拓展治理成效。在重点区域，探索实施深层地下水回补。持续推进南水北调工程受水区地下水压采，全面推进三江平原、松嫩平原、辽河平原、西辽河流域、黄淮地区、鄂尔多斯台地、汾渭谷底、河西走廊、天山南北麓、北部湾等 10 个重点区域地下水超采综合治理。开展地下水储备制度建设，加强地下水储备监管。

推进水土流失综合防治。贯彻落实《关于加强新时代水土保持工作的意见》。加快推进七大流域水土保持规划编制，加大长江上中游、黄河中上游、东北黑土区等重点区域水土流失治理力度，在黄土高原多沙粗沙区特别是粗泥沙集中来源区加快实施淤地坝、拦沙坝建设，大力推进坡耕地治理和生态清洁小流域建设，全年新增水土流失治理面积 6.2 万 km^2 以上。持续实施部省两级全覆盖水土保持遥感监管，建立水土保持信用评价制度。优化水土保持监测站点布局。加强水土保持考核，完善水土保持工程建管机制，抓好国家水土保持示范创建和高质量发展先行区建设。

（五）大力推进数字孪生水利建设，支撑保障"四预"工作。数字孪生水利是水利高质量发展的重要标志。按照"需求牵引、应用至上、数字赋能、提升能力"要求，统筹建设数字孪生流域、数字孪生水网、数字孪生工程，构建具有"四预"功能的数字孪生水利体系。

加快构建数字孪生流域。全面完成 94 项先行先试任务。建成 50 万亿次双精度浮点高性能算力资源。建成覆盖省级以上水利部门的数字孪生流域资源共享平台，实现跨层级、多业务、多方式共建共享。实现水利关键信息基础设施和 13 个重要信息系统数据安全防护。

推进数字孪生水网建设。编制数字孪生国家骨干水网建设方案，全力推进数字孪生南水北调工程建设。把数字孪生水网作为省级水网建设重要内容，第一批省级水网先导区数字孪生水网建设要取得标志性成果，应用于水量调度实际工作。积极推进市县等层级数字孪生水网建设。

加快建设数字孪生工程。基本建成数字孪生三峡、小浪底、丹江口、岳城、尼尔基、江垭、皂市、万家寨、南四湖二级坝、大藤峡、太浦闸等重点工程。开展工程安全实时监测、智能快速调度、远程安全集控、多维场景耦合计算与展示等技术攻关。实施已建工程智能化改造。加快推进建筑信息模型（BIM）技术在水利工程全生命周期运用，强化数字赋能水利工程运行管理，全面管控致险、承险、防险要素。

构建水利智能业务应用系统。建成多源空间信息融合洪水预报系统、高精度河流水系分区雨水情预报模型，增强流域水工程防灾联合调度能力，基本实现大江大河重点防洪区域"四预"业务功能。推进全国取用水平台整合，建设生态流量、水量分配监测预警系统，实现 140 条河湖的230 个重要断面生态流量监测预警。整合水利工程建设管理、水利工程运行管理系统，持续拓展水行政执法、河湖监管、节水管理、水土保持、水文管理等业务应用。

（六）完善科技创新体系，增强支撑引领能力。坚持科技是第一生产力、人才是第一资源、创新是第一动力，深入实施人才强国战略、创新驱动发展战略，加快完善水利科技创新体系，支撑引领新阶段水利高质量发展。

加快重大问题科技攻关。实施好水利部重大科技项目计划，完成 42 项水利重大关键技术问题研究和 12 项流域水治理重大关键技术问题研究，进一步强化流域产汇流、土壤侵蚀、地下水、泥沙、水资源调配、工程调度等6项水利专业模型研发。组织做好长江、黄河水科学研究联合基金实施，立项支持60项国家自然科学基金重点项目。抓好"长江黄河等重点流域水资源和水环境综合治理"等"十四五"国家重点研发计划涉水重点专项。强化水利科技创新平台建设，力争在水利行业布局建设更多全国重点实验室。加强水利部重点实验室建设管理，新筹建10家野外科学观测研究站。支持各流域、地方、科研院所、高等院校、科技企业开展水利科技创新基地建设。发挥水利专家智库作用。积极推动成熟适用科技创新成果与水利行业需求精准对接，推广100项成熟适用水利科技成果。

健全完善水利标准体系。持续推进新阶段水利高质量发展重点领域标准制修订，编制水利水电工程设计通用规范等重要技术标准，探索构建流域水利标准体系。加快水利标准"走出去"，积极推动小水电、水文、灌排、水力机械等优势领域国际标准制定，加强与"一带一路"共建国家在水利标准领域的对接合作，提升我国水利技术标准国际影响力。

加强水利战略人才培养。做好水利领军人才、青年科技英才、青年拔尖人才培养选拔和人才创新团队、培养基地建设，实施卓越水利工程师培养工程，支持水利科研单位积极引进急需紧缺人才和高层次人才，加快建设规模宏大、结构合理、素质优良的水利人才队伍。深化人才发展体制机制改革，开展科技人才评价改革试点，构建以应用创新为导向的科技人才评价体系。加强人才国际交流，积极推广水利人才"订单式"培养模式，持续加强基层水利人才队伍建设。让水利事业激励水利人才，让水利人才成就水利事业。

（七）**健全节水制度政策，强化水资源刚性约束**。实施全面节约战略，落实节水优先方针，全方位贯彻"四水四定"原则，不断推进水资源集约节约利用。

深入开展国家节水行动。以农业节水增效、工业节水减排、城镇节水降损为重点，持续推动全社会节水。推动节水评价技术导则、节水型社会评价标准修订工作，深入开展县域节水型社会达标建设，推动南水北调工程受水区全面建设节水型社会。打好黄河流域深度节水控水攻坚战，探索推动高耗水行业强制性用水定额管理。推动长江经济带年用水量 1 万 m³

及以上的工业和服务业单位计划用水管理全覆盖。推动建成一批节水型企业，全国节水型高校建成比例达到40%。制修订5项以上工业服务业用水定额国家标准和不少于200项省级用水定额。强化非常规水源利用，持续推进78个典型地区再生水利用配置试点。拓展节水科普宣传教育，持续增强全社会节水意识。

实施用水总量强度双控。 推动出台水资源刚性约束制度，强化万元地区生产总值用水量、万元工业增加值用水量、农田灌溉水有效利用系数等关键用水指标管控。基本完成全国跨省重要江河流域水量分配，加快跨市县江河水量分配。严格水资源论证和取水许可管理，推进水资源管理领域信用体系建设。制定水资源短缺地区、超载地区判定标准，暂停水资源超载地区新增取水许可。全面完成取用水管理专项整治行动整改提升，加快取水监测计量体系建设。进一步完善水资源管理考核内容，确保水资源管理目标责任有效落实。

健全完善节水支持政策。 加快用水权初始分配，完善用水权交易管理、数据规则、技术导则等政策体系，推进统一的全国水权交易系统部署应用，规范开展区域水权、取水权、灌溉用水户水权等用水权交易。大力推广合同节水管理，在公共机构、高耗水工业和服务业、园林绿化等领域实施100项以上合同节水管理项目。推进水效标识、节水认证等机制创新。联合有关部门研究制定"节水贷"金融服务政策措施和税收优惠政策，引导金融和社会资本投入节水领域。

（八）完善体制机制法治，提升水利治理能力和水平。 进一步破除体制性障碍、打通机制性梗阻、推出政策性创新，善用法治思维和法治方式推进各项水利工作，更好发挥法治固根本、稳预期、利长远的保障作用。

完善水利法治体系。 全力抓好长江保护法、黄河保护法学习宣传贯彻，加快配套制度建设，用法治力量保护好母亲河。统筹推动涉水法律法规立改废释纂，全面启动水法修订工作，深入开展防洪法修订前期工作，推动节约用水条例、河道采砂管理条例出台，开展河湖、蓄滞洪区、水库大坝安全管理等领域法规制修订，修订水利建设管理领域规章制度。强化水行政执法与刑事司法衔接、水行政执法与检察公益诉讼协作机制落地见效，会同公安机关加大对危害河湖安全违法行为的打击力度，会同最高人民检察院开展有关专项行动，不断提升运用法治思维和法治方式解决水问题的能力和水平。加强水事矛盾纠纷隐患排查和调处化解，维护良好水事秩序。深化水利"八五"普法，加大以案释法宣传力度。

强化流域治理管理。坚持流域系统观念，充分发挥流域防总、流域省级河湖长联席会议等机制和流域管理机构作用，强化流域统一规划、统一治理、统一调度、统一管理。健全流域规划体系，强化流域规划导向约束，压实流域规划实施责任，确保流域规划目标任务全面落实。完善流域治理项目台账，强化流域管理机构对流域内项目建设的指导监督。实施流域控制性水工程联合调度，强化多目标高效耦合，努力实现流域调度"帕累托最优"。全面落实水利部流域管理机构"三定"规定，进一步理顺流域管理事权。

全面强化河湖长制。强化履职尽责，突出最高层级河湖长统领分级分段（片）河湖长职责，压实各级河湖长及相关部门责任，确保管护责任落实到位。建立完善河湖长动态调整机制和河湖长责任递补机制，确保"换届年"责任不脱节、任务不断档。加强各级河湖长履职情况监督检查、正向激励、考核问责，将确保河道行洪安全、水库除险加固和运行管护等纳入河湖长制管理体系。充分发挥全面推行河湖长制工作部际联席会议制度作用，健全"河湖长＋"部门协作机制，服务和保障建设维护安全河湖、健康河湖、幸福河湖。

强化机制保障作用。完善落实党中央重大决策部署有关机制，推进督办具体化、精准化、常态化。充分发挥节约用水工作部际协调机制、黄河流域生态保护和高质量发展统筹协调机制、太湖流域调度协调组、长江河道采砂三部合作机制等部际、部省、省际联动机制作用，形成工作合力。全面推进水利工程标准化管理，加快构建精准化、信息化、现代化水利工程管理矩阵，落实全覆盖管理责任，实施全周期动态监管，强化全要素目标考核，确保每一个工程都能管住管好。健全落实水利安全生产风险管控"六项机制"，抓细抓实各项安全防范措施，坚决消除水利安全生产隐患。加强大中型水库移民后期扶持工作，持续推进三峡后续工作规划实施。

巩固拓展国际交流合作机制，推动"一带一路"建设水利合作高质量发展，办好第18届世界水资源大会，深度参与2023年联合国水大会等重要国际水事活动。全面实行行政许可清单管理，打造水利政务服务品牌。建强管好水利宣传出版阵地，扎实做好财务、审计、信访、保密、档案、后勤保障等工作。

（九）**推进"两手发力"，激发治水管水活力**。加快推进重点领域和关键环节改革攻坚，把稳方向、锚定目标、力求突破。

深化水利投融资改革。坚持多轮驱动，积极争取财政投入，充分发挥政府资金引导带动作用，在创新多元化投融资模式、更多运用市场手段和金融工具上取得新突破。扩大地方政府专项债券利用规模，抓好项目谋划、资源统筹、申报入库、额度落实，增强项目偿债能力。更大力度利用中长期贷款和政策性开发性金融工具，用足用好贷款期限、贷款利率、资本金比例等方面金融支持水利优惠政策，提高项目融资能力。深入推进水利基础设施政府与社会资本合作（PPP）模式规范发展、阳光运行，建立合理回报机制，吸引更多社会资本参与水利工程建设运营。推动水利基础设施投资信托基金（REITs）试点项目实现突破。

深化水价形成机制改革。抓实水利工程供水价格管理、定价成本监审，积极推动水利工程供水价格改革，建立健全科学合理的水价形成机制。把握有利于水资源集约节约利用、有利于灌区可持续发展和良性运行、有利于吸引社会资本投入现代化灌区建设、总体上不增加农民种粮负担的原则，积极稳妥推进农业水价综合改革，分类别分对象实施政策供给，逐灌区设计改革方案。大中型灌区骨干工程计量率提升到70%以上。持续推进水资源税改革。

（十）**压实管党治党责任，一刻不停推进全面从严治党**。深入学习贯彻习近平总书记关于全面从严治党的重要论述精神，按照党的二十大及二十届中央纪委二次全会决策部署，压紧压实各级党组织主体责任、"一把手"第一责任人责任和班子成员"一岗双责"，以党的政治建设为统领，坚持内容上全涵盖、对象上全覆盖、责任上全链条、制度上全贯通，持之以恒推进全面从严治党，为推动新阶段水利高质量发展提供坚强保障。

深刻领悟"两个确立"的决定性意义。坚持不懈用习近平新时代中国特色社会主义思想统一思想、统一意志、统一行动，持续深入抓好党的二十大精神的学习宣传贯彻，不断提高政治判断力、政治领悟力、政治执行力，增强"四个意识"、坚定"四个自信"、做到"两个维护"，坚定不移在政治立场、政治方向、政治原则、政治道路上始终同以习近平同志为核心的党中央保持高度一致。党中央提倡的坚决响应，党中央决定的坚决照办，党中央禁止的坚决杜绝，深化政治机关建设，扎实开展模范机关创建，推动政治机关意识教育不断向机关处室、基层单位延伸。严明政治纪律和政治规矩，严格执行党内政治生活、重大事项请示报告等制度，全面落实意识形态工作责任制。持续抓好中央巡视反馈意见整改落实。科学谋划未来 5 年部党组巡视工作，组织开展常规巡视，进一步加强巡视整改和成果运用。

增强各级党组织功能。坚持党建与业务同谋划、同部署、同落实、同检查，全面提高党建质效，增强各级党组织的政治功能和组织功能。坚持大抓基层的鲜明导向，深入推进党支部标准化规范化建设，深化创建"四强"党支部，不断增强党支部的创造力、凝聚力、战斗力。加强党员教育管理监督，常态化长效化开展党史学习教育。坚持党建带群建，统筹做好离退休干部、工青妇、统战等工作。

加强干部队伍建设。坚持党管干部原则，树立选人用人正确导向，落实新时代好干部标准，坚持把政治标准放在首位，更加注重干部素质能力和担当精神，选拔忠诚干净担当的高素质专业化水利干部，选优配强领导班子。加强优秀年轻干部培养选拔，健全常态化工作机制，增强干部队伍整体效能，确保水利事业后继有人。做好对干部全方位管理和经常性监督，增强对"一把手"和领导班子监督实效。完善干部考核评价体系，坚持激励和约束并重，推动干部能上能下、能进能出，让愿担当、敢担当、善担当蔚然成风。

强化正风肃纪反腐。发扬自我革命精神，统筹推进各类监督力量整合、程序契合、工作融合，把严的基调、严的措施、严的氛围长期坚持下去。坚持把中央八项规定及其实施细则精神作为长期有效的铁规矩、硬杠杠，持续深化纠治"四风"，重点纠治形式主义、官僚主义，坚持不懈为基层减负。全面加强纪律建设，水利系统各级领导干部要严于律己、严负其责、严管所辖。保持反腐败高压态势，紧盯水利工程招投标、水利项目审查审批、水行政执法、水利资质审批监管等重点领域、关键岗位，完善制度机制，强化监督检查，加强廉洁文化建设，一体推进不敢腐、不能腐、不想腐，确保水利行业山清水秀、风清气正。

（编者注：本文选自水利部部长李国英 2023 年 1 月 16 日在全国水利工作会议上的讲话）

为建设人与自然和谐共生的
现代化贡献力量

中共水利部党组理论学习中心组

生态文明建设是关系中华民族永续发展的根本大计。习近平总书记在十九届中央政治局第二十九次集体学习时强调，要充分认识生态文明建设在党和国家事业发展全局中的重要地位，把握进入新发展阶段、贯彻新发展理念、构建新发展格局对生态文明建设提出的新任务新要求，推动建设人与自然和谐共生的现代化。习近平总书记的重要讲话，深刻回答了生态文明建设的一系列重大理论和实践问题，为当前和今后一个时期生态文明建设指明了方向、提供了根本遵循。水是生态环境的控制性要素，水利在生态文明建设全局中具有基础性、先导性、约束性作用。习近平总书记从实现中华民族永续发展的战略高度，提出"节水优先、空间均衡、系统治理、两手发力"治水思路，统筹水灾害防治、水资源节约、水生态保护修复、水环境治理，更加注重尊重自然、顺应自然、保护自然，更加突出节约优先、保护优先、生态优先，指引治水取得历史性成就、发生历史性变革。当前，我国已踏上向第二个百年奋斗目标进军新征程。我们要心怀"国之大者"，坚持以习近平生态文明思想为指导，完整、准确、全面贯彻新发展理念，深入贯彻落实习近平总书记"十六字"治水思路和关于治水重要讲话指示批示精神，不断提升对生态文明建设的规律性认识，保持战略定力，切实担负好生态文明建设的政治责任，坚定不移、久久为功，为实现我国生态环境改善由量变到质变、建设人与自然和谐共生的现代化作出贡献。

一、实施国家节水行动，提升水资源集约节约利用能力

习近平总书记强调，要抓住资源利用这个源头，推进资源总量管理、

科学配置、全面节约、循环利用，全面提高资源利用效率；节水工作意义重大，对历史、对民族功德无量，从观念、意识、措施等各方面都要把节水放在优先位置。这些重要论述凝结着习近平总书记对我国国情水情的深刻洞察和对民族未来的深邃思考。我国人多水少，人均水资源占有量仅为世界平均水平的28%，水资源短缺成为制约生态环境质量和经济社会发展的重要因素。只有立足全局和长远，始终坚持节水优先方针，科学合理利用水资源，才能既支撑当代人过上幸福生活，也为子孙后代留下生存发展根基。党的十八大以来，我们大力实施国家节水行动，推进用水总量和强度双控，统筹农业、工业、城镇节水，2021年全国用水总量控制在6100亿 m³ 以内，万元国内生产总值用水量、万元工业增加值用水量比2015年分别下降32.2%、43.8%，节水成效明显提升。但也要看到，同高质量发展要求相比，我国水资源利用效率仍然偏低，节水潜力巨大。要全方位贯彻以水定城、以水定地、以水定人、以水定产原则，强化水资源刚性约束，大力推动全社会节约用水，加快推进用水方式由粗放向集约节约的根本性转变，促进经济社会全面绿色转型。

精打细算用好水资源。全面深入实施国家节水行动，打好深度节水控水攻坚战，以节约用水扩大发展空间。充分发挥用水定额的刚性约束和导向作用，深入推进县域节水型社会达标建设，大力推进农业节水增效、工业节水减排、城镇节水降损，挖掘水资源利用的全过程节水潜力。持续加强节水技术研究，强化节水宣传教育，增强全社会节约用水意识。

从严从细管好水资源。实施水资源刚性约束制度，健全省、市、县三级行政区用水总量和强度双控指标体系。严守水资源开发利用上限，强化规划和建设项目水资源论证，规范取水许可管理，推进水资源超载地区暂停新增取水许可，坚决抑制不合理用水需求。健全水资源监测体系，实施全过程用水监管。建立健全节水制度政策。进一步推动将节水作为约束性指标纳入缺水地区党政领导班子和领导干部政绩考核，坚定不移推动绿色低碳发展。推进合同节水、水效标识、节水认证等机制创新，完善节水产业支持政策，落实节水税收优惠、财政金融支持等政策措施，促使用水主体从"要我节水"向"我要节水"转变。

二、复苏河湖生态环境，提升河湖生态保护治理能力

习近平总书记强调，人与自然是生命共同体，要多谋打基础、利长远的善事，多干保护自然、修复生态的实事，多做治山理水、显山露水的好事；要统筹水资源、水环境、水生态治理，加强江河湖库污染防治和生态保护；要有序实现河湖休养生息，让河流恢复生命、流域重现生机。这些重要论述充分体现了习近平总书记坚持人与自然和谐共生的科学自然观。只有牢固树立人与自然和谐共生理念，加强江河湖泊保护修复，还河湖以休养生息空间，才能让人民群众进一步享受到青山常在、绿水长流、鱼翔浅底的美好生活。党的十八大以来，习近平总书记赴地方考察调研几乎都会考察江河湖泊保护治理情况，并亲自擘画国家"江河战略"，走遍长江、黄河上中下游省区市，5 次主持召开座谈会研究部署长江经济带发展、黄河流域生态保护和高质量发展。我们坚持山水林田湖草沙一体化保护和系统治理，大力推进河湖生态保护修复，水土流失实现面积和强度双下降的历史性转变，江河湖泊面貌实现历史性改善。特别是下大气力实施华北地区地下水超采综合治理和河湖生态补水，2021 年底京津冀治理区浅层地下水水位较 2018 年同期总体上升 1.89 m，深层承压水水位平均回升 4.65 m，永定河、滹沱河、大清河、拒马河、潮白河等多年断流河道全线贯通，白洋淀重现生机。今年 4 月 28 日，京杭大运河实现近百年来首次全线贯通。但也要看到，我国河湖生态环境问题还没有得到根本解决，一些河湖生态仍然十分脆弱。要坚持绿水青山就是金山银山理念，遵循治水规律，综合施策、精准施治，以更大力度加强江河湖泊生态保护治理，维护河湖健康生命，实现河湖功能永续利用。

实施河湖生态环境复苏行动。针对各地断流河流、萎缩干涸湖泊，制定"一河一策""一湖一策"，加快修复水生态环境。开展母亲河复苏行动，大力推进京津冀地区河湖复苏，持续恢复白洋淀、永定河、滹沱河、大清河、潮白河、拒马河等，继续实施京杭大运河贯通补水工作，扩大河湖生态补水范围，让越来越多的河湖恢复生命，越来越多的流域重现生机。

加强河湖保护治理。深入落实国家"江河战略",扎实做好黄河流域生态保护和高质量发展、长江经济带发展涉及水利的各项工作。全面确定全国重点河湖基本生态流量保障目标,推进小水电分类整改,加强生态流量日常监管。加强河湖水域岸线空间分区分类管控,重拳出击整治侵占、损害河湖乱象,因地制宜实施河湖空间带修复,建设造福人民的幸福河湖。

强化地下水超采治理。以对历史负责的态度做好地下水超采治理工作,加强开发利用管理和分区管控,实施取水总量、水位双控管理。持之以恒抓好华北地区地下水超采综合治理,统筹实施其他重点区域超采治理,通过水源置换、生态补水、节约用水、管控开采等措施,压减开采量,增加储量。加强地下水基础研究和监测评估。

推进水土流失综合防治。推进全国水土保持高质量发展先行区建设和国家水土保持示范创建。加大长江上中游、黄河中上游、东北黑土区等重点区域水土流失治理力度,突出抓好黄河多沙粗沙区特别是粗泥沙集中来源区综合治理。以山青、水净、村美、民富为目标,打造一批生态清洁小流域。

三、加快构建国家水网,提升水资源优化配置能力

习近平总书记指出,坚持人口经济与资源环境相均衡的原则,是生态文明建设的一个重要思想。总书记多次研究国家水网重大工程,强调水网建设起来,会是中华民族在治水历程中又一个世纪画卷,会载入千秋史册。这些重要论述彰显了习近平总书记高瞻远瞩的战略眼光和宏阔的战略格局。建设国家水网是解决我国水资源时空分布不均问题的根本举措。只有立足流域整体和水资源空间均衡配置,科学谋划建设跨流域、跨区域水资源优化配置体系,才能全面增强我国水资源统筹调控能力、供水保障能力、战略储备能力。

党的十八大以来,我们科学推进实施一批重大引调水工程和重点水源工程。全国水利工程供水能力超过 8900 亿 m^3,初步形成"南北调配、东西互济"的水资源配置总体格局,有力保障了国家经济安全、粮食安全、生态安全和城乡居民用水安全。但也要看到,我国水资源优化配置格局还

不完善，水利基础设施网络效益还没有充分发挥出来。习近平总书记在部署推进南水北调后续工程高质量发展时强调，进入新发展阶段、贯彻新发展理念、构建新发展格局，形成全国统一大市场和畅通的国内大循环，促进南北方协调发展，需要水资源的有力支撑。我们要遵循确有需要、生态安全、可以持续的重大水利工程论证原则，谋划建设"系统完备、安全可靠，集约高效、绿色智能，循环通畅、调控有序"的国家水网，把联网、补网、强链作为建设重点，实现经济效益、社会效益、生态效益、安全效益相统一。

构建国家水网之"纲"。 统筹存量和增量，加强互联互通，以大江大河大湖自然水系、重大引调水工程和骨干输配水通道为纲，加快构建国家水网主骨架和大动脉。推进南水北调后续工程高质量发展，充分发挥南水北调工程优化水资源配置、保障群众饮水安全、复苏河湖生态环境、畅通南北经济循环的生命线作用。科学推进一批跨流域跨区域重大引调排水工程规划建设，构建重要江河绿色生态廊道。

织密国家水网之"目"。 结合国家、省区市水安全保障需求，以区域河湖水系连通工程和供水渠道为目，加强国家重大水资源配置工程与区域重要水资源配置工程的互联互通，形成区域水网和省市县水网体系，改善河湖生态环境质量，提升水资源配置保障能力和水旱灾害防御能力。

打牢国家水网之"结"。 综合考虑防洪、供水、灌溉、航运、发电、生态等功能，以控制性调蓄工程为结，加快推进列入流域及区域规划、符合国家区域发展战略的控制性调蓄工程和重点水源工程建设，提升水资源调控能力。

四、强化流域治理管理，提升流域生态系统质量和稳定性

习近平总书记强调，要坚持系统观念，从生态系统整体性出发，推进山水林田湖草沙一体化保护和修复，更加注重综合治理、系统治理、源头治理；要善用系统思维统筹水的全过程治理；要从生态系统整体性和流域系统性出发，追根溯源、系统治疗。这些重要论述深刻揭示了治水规律。水的自然属性决定了流域内山水林田湖草沙等各生态要素和上下游、左右

岸、干支流等各类单元紧密联系、相互影响、相互依存,构成了流域生命共同体。只有牢牢把握流域性这一江河湖泊最根本、最鲜明的特性,坚持全流域"一盘棋",实施综合治理、系统治理、源头治理,才能最大程度保障流域水安全。党的十八大以来,我们坚持以流域为单元,统筹实施治水管水,取得明显成效。比如,黄河流域通过实施全流域水资源统一调度,成功实现黄河连续22年不断流;面对2021年严重洪涝灾害,统筹调度各流域水库、河道及堤防、蓄滞洪区等工程,打赢防汛抗洪硬仗。但也要看到,流域统一治理管理还不到位,还存在重城区不重郊区、重局部不重整体等现象。要坚持系统观念,以流域为单元,推进山水林田湖草沙一体化保护和修复,统筹全要素治理、全流域治理、全过程治理,一体强化流域水资源、水生态、水环境保护治理和水灾害防治能力。

强化流域统一规划。立足流域整体,科学把握流域自然本底特征、经济社会发展需要、生态环境保护要求,完善流域综合规划,健全定位准确、边界清晰、功能互补、统一衔接的流域专业规划体系,增强流域规划权威性,构建流域保护治理整体格局。

强化流域统一治理。坚持区域服从流域的基本原则,统筹协调上下游、左右岸、干支流关系,综合考虑水利工程功能定位、区域分布,科学确定水利工程布局、规模、标准,统筹安排水利工程实施优先序,做到目标一致、布局一体、步调有序。

强化流域统一调度。强化流域生态、供水、防洪、发电、航运等多目标统筹协调调度,建立健全各方利益协调统一的调度体制机制,强化流域生态流量水量统一调度、防洪统一调度、水资源统一调度,做到全流域统筹、点线面结合,努力实现流域涉水效益"帕累托最优"。

强化流域统一管理。构建流域统筹、区域协同、部门联动的管理格局,加强流域综合执法,推进流域联防联控联治,打破区域行业壁垒,强化流域河湖统一管理、水权水资源统一管理,一体提升流域管理能力和水平。

五、推进智慧水利建设,强化预报预警预演预案功能

习近平总书记指出,数字技术正以新理念、新业态、新模式全面融入

人类经济、政治、文化、社会、生态文明建设各领域和全过程。习近平总书记关于网络强国的重要思想，为我们提升水利数字化、网络化、智能化水平提供了科学指南。我国江河水系众多，保护治理是一个庞大复杂的系统工程，只有依托现代信息技术变革治理理念和治理手段，提供信息快速感知、智能分析研判、科学高效决策的强大技术驱动，才能实现江河保护治理效能全面提升。党的十八大以来，我们大力推进智慧水利建设，建成各类监测站点43万余处，积极应用卫星遥感、无人机、人工智能等新技术，加快治水管水各领域信息化管理步伐。但也要看到，水利业务智能程度相对滞后。国家"十四五"新型基础设施建设规划明确提出，要推动大江大河大湖数字孪生、智慧化模拟和智能业务应用建设。要按照"需求牵引、应用至上、数字赋能、提升能力"要求，全面推进算据、算法、算力建设，以数字化场景、智慧化模拟、精准化决策为路径，加快构建具有预报、预警、预演、预案功能的智慧水利体系。

加快建设数字孪生流域。以物理流域为单元、时空数据为底座、数学模型为核心、水利知识为驱动，建设数字孪生流域，对物理流域全要素和水利治理管理活动全过程进行数字映射、智能模拟、前瞻预演，与物理流域同步仿真运行、虚实交互、迭代优化，实现对物理流域的实时监控、发现问题、优化调度。建设数字孪生水利工程，支撑生态安全、经济安全、工程安全等多目标联合调度。

加快完善水资源水生态监测预警体系。建设布局合理、功能齐全、高度共享、智能高效的水资源水生态综合监测预警体系，充分应用新型信息技术，构建天空地一体化基础信息采集系统。建设水资源水生态承载能力动态数据库和计量、仿真分析以及预警系统。

加快推进水利智能业务应用。构建流域防洪、水资源管理调配、河湖管理、水土保持等覆盖水利主要业务领域的智能化应用和管理体系，实现突发水事件、水生态过程调节等模拟仿真预演，支撑精准化决策。

六、完善体制机制法治，提升水利治理管理能力和水平

习近平总书记强调，要深入推进生态文明体制改革，强化绿色发展法

律和政策保障；保障水资源安全，无论是系统修复生态、扩大生态空间，还是节约用水、治理水污染等，都要充分发挥市场和政府的作用。这些重要论述为我们提升水利治理管理能力和水平指明了方向。只有牢牢把握坚持和完善生态文明制度体系、促进人与自然和谐共生的总体要求，实行最严格的制度、最严密的法治，善用体制机制法治，才能把制度优势更好转化为治理效能。党的十八大以来，党中央对江河湖泊保护治理体制机制法治作出一系列重要部署，习近平总书记亲自部署推动全面推行河湖长制等重大改革，推动水利治理体制不断完善。要坚持目标导向、问题导向、效用导向，善用体制机制法治，不断提升水利治理能力和水平。

强化河湖长制。压紧压实各级河湖长职责，明确各部门河湖保护治理任务，完善基层河湖巡查管护体系。充分发挥七大流域省级河湖长联席会议机制作用，强化上下游、左右岸、干支流管理责任。加强对河湖长履职情况的监督检查、正向激励和考核问责。

促进"两手发力"。全面推开水资源税改革试点。建立水流生态保护补偿机制、生态产品价值实现机制，让保护修复生态环境获得合理回报。完善水利工程供水价格形成机制。推进用水权改革，建立健全统一的水权交易系统，推进用水权市场化交易。

完善水利法治。推动黄河保护法、节约用水条例等尽早出台，抓好长江保护法、地下水管理条例等配套制度建设。强化水行政执法与刑事司法衔接、与检察公益诉讼协作，依法严厉打击涉水违法行为，提升运用法治思维和法治方式解决水问题的能力和水平。

（编者注：原文刊载于《求是》2022年第11期）

全面提升水利科技创新能力
引领推动新阶段水利高质量发展

李国英

一、树立强烈的水利科技创新使命感责任感紧迫感

科技是国家强盛之基，创新是民族进步之魂。要准确把握新阶段水利科技工作面临的新形势新任务新要求，只有大力加快水利科技创新步伐，才能为水利发展质量变革、效率变革、动力变革提供更强大牵引力和驱动力。

从国家发展战略看。习近平总书记深刻指出，科技创新是核心，抓住了科技创新就抓住了牵动我国发展全局的牛鼻子。党的十八大以来，以习近平同志为核心的党中央坚持把科技创新摆在国家发展全局的核心位置，实施创新驱动发展战略，部署建设世界科技强国。我们要心怀"国之大者"，从党和国家事业发展全局的高度，进一步增强政治责任感和历史使命感，找准水利科技创新在加快建设创新型国家中的历史方位和时代坐标，切实把习近平总书记重要指示和党中央决策部署贯彻落实到加快水利科技创新的实际行动中。

从科技发展形势看。当前，新一轮科技革命和产业变革加速演进，科学研究范式正在发生深刻变革，学科交叉融合态势更加明显，基础研究、应用基础研究和技术创新相互带动作用不断增强，重大科学研究进入"大科学时代"。以信息技术、人工智能为代表的新兴科技快速发展，人类正在进入"人机物"三元融合的万物智能互联时代，各种新技术新运用不断涌现。水利科技创新要把握世界科技发展新形势、新趋势，准确识变、科学应变、主动求变，牢牢掌握水利科技创新主动权，进而赋能推动新阶段水利高质量发展的先进引领力和强劲驱动力。

从水利高质量发展需求看。经过多年努力，我国水利科技创新不断取得长足发展，"跟跑"领域差距进一步缩小，"并跑""领跑"领域进一步扩大。但从相对于推动新阶段水利高质量发展对水利科技创新的要求看，我国水利科技创新仍存在不少短板弱项，比如，原始创新能力不够强，基础研究和前沿技术研究还有弱项，基于开放复杂巨系统和多学科多领域交叉研究薄弱，与新一代信息技术融合度不够高，创新体系效能提升有短板，等等。进入新发展阶段、贯彻新发展理念、构建新发展格局，锚定全面提升国家水安全保障能力目标，必须推动水利向形态更高级、基础更牢固、保障更有力、功能更优化的阶段演进。推动新阶段水利高质量发展，比以往任何时候都更需要水利科技创新的支撑和引领，这是水利科技创新大有可为的历史机遇，也是必须大有作为的历史重任。

二、新阶段水利科技创新的目标和任务

新阶段水利科技创新工作要深入贯彻习近平总书记"十六字"治水思路和关于治水重要讲话指示批示精神、关于科技创新重要论述精神，坚持面向世界科技前沿、面向经济主战场、面向国家重大需求、面向人民生命健康，认真落实创新驱动发展战略，围绕推动新阶段水利高质量发展的总体目标和实施路径，全面提升水利科技创新支撑能力和引领能力，实现水利领域高水平科技自立自强。

一要加快重大问题科技攻关。要立足我国国情水情，坚持需求导向、问题导向、效用导向，集中力量、集智攻关、重点突破，努力形成一批原创性、引领性研究成果，开发一批解决水利现代化最需要、最紧迫问题的高新技术，创造一批具有核心知识产权和高附加值的技术产品。在水旱灾害防御方面，重点开展洪水形成演变规律、气候变化背景下特大洪涝干旱风险识别与应对策略等研究，以及防洪抗旱预报预警预演预案技术体系等研发。在水资源集约节约利用和优化配置方面，重点开展流域水资源条件变化及规律、黄淮海流域节水潜力和需求预测、黄河流域泥沙动态调控等研究。在河湖保护治理方面，重点开展地下水运动规律、河湖生态廊道退化与复苏机理、泥沙运动和河床演变基础理论、重力侵蚀和水土保持碳汇

机理等研究，以及地下水流场模拟和预警、回补技术，复苏河湖生态环境技术体系等研发。在水工程建设运行方面，重点开展水利工程全生命周期性能演化机理与安全调控理论、梯级水库风险孕育机制及安全调控理论等研究，以及国家水网智能化技术、复杂条件下高坝大库建设关键技术、长距离大埋深高地应力隧洞施工及安全运行维护技术、堤坝工程隐伏病险探测治理技术与装备等研发。

二要强化水利科技创新力量。创新基地、科研院所、高等院校、高新企业及其水利科技工作者，是水利科技创新的中坚力量。要抓住国家重点实验室体系重组机遇，加强与京津冀协同发展、长江经济带发展、粤港澳大湾区建设、长三角一体化发展、黄河流域生态保护和高质量发展等重大国家战略衔接，力争在水利行业布局新建更多全国重点实验室。针对推动新阶段水利高质量发展需求和现有部级重点实验室布局短板，围绕实施重大国家战略和统筹水灾害防治、水资源节约、水生态保护修复、水环境治理，在智慧水利建设、国家水网建设、复苏河湖生态环境、水工程安全运行、水安全保障等重点领域，筹建、新建一批部级重点实验室。鼓励并支持各流域、地方、科研院所、高等院校、科技企业等开展水利科技创新基地建设。要发挥好部属科研院所国家队作用，以水利发展战略需求为导向，自觉履行使命，积极承担重大水利科技任务，加快突破关键核心技术。要发挥好高水平研究型大学基础研究深厚、学科交叉融合的优势，加强与治水实践的对接，使之成为水利基础前沿研究的生力军。要发挥好水利高新企业在市场需求、集成创新、组织平台方面的优势，增强在研制高精技术装备、推广应用先进成果等方面的重要作用。要积极构建产学研用各创新主体相互协同的创新联合体，推动创新链、转化链、产业链、应用链融合发展。

三要强化智慧水利科技支撑。要坚持数字化、网络化、智能化主攻方向，按照"需求牵引、应用至上、数字赋能、提升能力"的智慧水利建设要求，聚焦构建数字孪生流域、数字孪生水利工程，加快形成智慧水利理论基础和技术架构。要加快研究天空地一体化水利感知技术，加快推进建筑信息模型（BIM）技术在水利工程全生命周期运用，支撑物理流域、物理工程监测系统优化布局，实现高频乃至在线运行，保持数字孪生流域与物理流域、数字孪生水利工程与物理工程交互的精准性、同步性、及时性。要充分考虑水利科学发展进程和实践需求，研发建构基于机理揭示和规律把握的数学模拟系统，加快推进水文、水力学、泥沙动力学、水资源、水土保持、水环境、水利工程安全评价等水利专业模型技术攻关，提高水利专业模型组件耦合度，确保数字孪生流域模拟过程和流域物理过程实现高保真，为实现对物理流域全要素和水利治理管理活动全过程前瞻预演提供更加精准的科技支撑。

四要加强水利标准化工作。着眼推动新阶段水利高质量发展需要，着力推进水旱灾害防御、国家水网建设、复苏河湖生态环境、维护河湖健康生命、智慧水利建设、水资源集约节约利用等领域标准制修订，加快强制性标准编制，改革标准制订发布机制，全面构建推动新阶段水利高质量发展的技术标准体系。积极参与国际水利标准制订，加快我国水利技术标准"走出去"步伐，加强与"一带一路"共建国家在水利标准领域的对接合作，推动我国水利技术标准在援外水利项目、澜湄水资源合作、水利国际工程等领域的应用，着力提升我国水利技术标准国际影响力。

五要做好水利科技创新成果推广转化。强化需求凝练、成果集合、示范推广、成效跟踪，健全完善成果推广工作链条。积极推动成熟适用水利科技创新成果和水利行业需求精准对接，不断提升水利科技创新成果推广的针对性、实用性。要加强水利科普，打造一批高品质、有影响力的水利科普产品、活动、基地。利用科普基地和各类科普宣介平台，加强水利科技创新成果的宣传、展示、推介，发挥科普对于水利科技创新成果转化的促进作用。要主动融入全球创新网络，多层次、宽领域、全方位开展水利科技国际合作，鼓励具有自主知识产权的水利技术产品走出国门，推动我国水利科技专家在国际水事活动中发挥更大作用。

三、凝聚新阶段水利科技创新的智慧力量

推动新阶段水利高质量发展，不仅需要形成贯通产学研用的水利科技创新链条，而且还要充分发挥链条各环节主体积极性，凝聚智慧和力量，

共同促进水利科技创新工作。

一要强化组织领导。坚持和加强党对水利科技创新的领导，各级党组（党委）要将水利科技创新摆在更加突出的位置，把水利科技工作纳入重要议事日程，确保水利科技创新工作有人负责、科研任务有人落实、科研成果有人及时转化，形成推动水利高质量发展靠水利科技创新、上下一心抓水利科技创新的共识。要坚持"抓战略、抓改革、抓规划、抓服务"定位，进一步改进科技管理工作，加快制定落实相关政策措施，及时研究解决实践中的困难和问题。水利行业各级领导干部要不断提升自身科学素养，把握水利科技创新规律，善于运用创新思维、科学方法破解推动新阶段水利高质量发展难题。

二要优化投入机制。坚持"两手发力"，营造良好的水利科技投入政策制度环境，健全科研经费稳定支持机制，探索构建多元化、多渠道水利科技投入格局。要在稳定和扩大现有经费渠道基础上，积极争取国家和地方科技计划更多支持。要创新投入机制，充分发挥财政资金带动作用，积极吸引社会资本、企业资本、金融资本投入水利科技创新，推动设立专项基金，特别是要稳步增加基础研究经费投入，加快创新链、转化链、产业链、应用链精准对接、融合发展，让机构、力量、研发、成果都充分活跃起来。

三要深化体制改革。深入贯彻落实《科技体制改革三年攻坚方案（2021—2023年）》总体部署，进一步破除制约水利科技创新的体制机制障碍。要建立科研院所研究方向布局优化调整协调机制，加快推动水利科技创新向推动新阶段水利高质量发展聚焦。要创新科研院所人事、薪酬、评价制度，赋予科研院所更大自主权，建立健全与使命、责任、贡献相匹配的保障机制、激励机制。要建立重大科研任务"军令状"责任制，强化重大科技攻关稳定支持。要改革重大研究和科技项目立项及组织管理方式，大力推行"揭榜挂帅""赛马"等新型管理制度，强化公平竞争、责任落地。要不断完善水利科技奖励提名制和评审机制，压实主体责任，提高奖励质量，形成导向鲜明、结构合理、标准规范、权威性公信力强、符合水利行业特点的科技奖励制度。

四要夯实人才基础。深入贯彻落实人才强国战略，遵循创新型科技人才成长规律，建立健全人才培养和使用机制。要把科技人才培养和科研任务部署结合起来，把科研任务完成情况作为科技人才选拔培养的主要指标，依托重大科研任务培养帅才型科学家，在重点研发项目计划中全面推行青年科学家项目。要建立以信任为基础的人才使用机制，赋予科技人才更大技术路线决定权、更大经费支配权、更大资源调度权，保障科技人员科研工作时间，心无旁骛创新创造。要加快集聚一批具有国际水平的水利科技人才、科技领军人才和高水平创新团队，加快培养一大批水利青年科技人才，加快建设一支规模宏大、结构合理、充满活力的水利科技创新人才队伍。让水利事业激励水利人才，让水利人才成就水利事业。

（编者注：本文选自水利部部长李国英 2022 年 4 月 22 日在水利科技工作会议上的讲话）

《关于加强新时代水土保持
工作的意见》印发

水利部水土保持司

水土保持是江河保护治理的根本措施，是生态文明建设的必然要求。2022 年 12 月 29 日，中共中央办公厅、国务院办公厅印发《关于加强新时代水土保持工作的意见》（以下简称《意见》），这是中央首次专门印发关于水土保持工作的文件。《意见》擘画了新时代水土保持工作的宏伟蓝图，是推动新时代水土保持事业高质量发展的纲领性文件，在新中国水土保持发展史上具有重要里程碑意义。

一、《意见》出台的背景和意义

党中央、国务院高度重视水土保持工作。从新中国成立之初党领导人民群众大规模治山治水，到 20 世纪 80 年代初国家实施重点治理、1991 年水土保持法颁布实施，再到 2010 年水土保持法修订、2015 年国务院批复《全国水土保持规划（2015—2030 年）》，水土保持基本形成了一套自上而下的法律法规、规划和政策标准体系，走出了一条适合中国国情、符合自然规律、具有中国特色的水土流失综合防治之路。

党的十八大以来，在以习近平同志为核心的党中央的坚强领导下，我国水土保持工作取得显著成效，水土流失面积和强度持续呈现"双下降"态势，为促进生态环境改善和经济社会发展发挥了重要作用。据水利部最新监测成果，2021 年全国水土流失面积为 267.42 万 km^2，较 10 年前减少 27.49 万 km^2，强烈及以上等级面积占比由 33.8% 下降至 18.93%。同时，水土流失治理有效改善了农业生产条件和农村人居环境，培育了适合当地的特色产业，促进了地方经济社会发展。甘肃省定西市的土豆、静宁县的苹果等特色产业，陕西省榆林市高西沟、甘肃省定西市花岔等特色小流域及甘肃省庄浪梯田、宁夏回族自治区彭阳梯田等靓丽风景线，有效增加了优质生态产品供给，越来越多的水土流失严重地区实现了从"浊水荒山"到"绿水青山"再到"金山银山"的蜕变，取得了显著的生态效益、经济效益和社会效益，人民群众的获得感、幸福感、安全感不断增强。

但总体来看，我国水土流失量大面广、局部地区严重的状况依然存在，水土流失防治成效还不稳固，防治任务仍然繁重。党的十九届五中全会和《中华人民共和国国民经济和社会发展第十四个五年规划和 2035 年远景目标纲要》对水土保持工作作出安排部署。党的二十大强调，要推动绿色发展，促进人与自然和谐共生，这对水土保持工作提出了新的更高要求。

在中央层面制定出台《意见》，对加强新时代水土保持工作进行系统谋划和总体部署，进一步明确总体要求，提出主要目标，部署重大举措，明确实施路径，对于统一全党意志，加快构建党委领导、政府负责、部门协同、全社会共同参与的水土保持工作格局，全面提升水土保持功能和生态产品供给能力，推动经济社会发展全面绿色转型，促进人与自然和谐共生具有重大意义。

二、《意见》重点内容

《意见》分为三大板块，共 6 个部分。第一板块是总体要求。第二板块包括第二至第五部分，是四项重点任务。第三板块为第六部分，是保障措施。

（一）总体要求

在指导思想上，《意见》强调，加强新时代水土保持工作必须坚持以习近平新时代中国特色社会主义思想为指导，深入贯彻党的二十大精神，全面贯彻习近平生态文明思想，完整、准确、全面贯彻新发展理念，构建新发展格局，推动高质量发展，认真落实"节水优先、空间均衡、系统治理、两手发力"治水思路，牢固树立和践行绿水青山就是金山银山的理念。

在工作要求上，《意见》强调，要坚持生态优先、保护为要，建立严格的水土流失预防保护和监管制度，守住自然生态安全边界，提升生态系统质量和稳定性。要坚持问题导向、保障民生，充分发挥水土保持的生态效益、经济效益和社会效益，不断增强人民群众的获得感、幸福感、安全感。要坚持系统治理、综合施策，从生态系统整体性和流域系统性出发，因地制宜、科学施策，坚持不懈、久久为功。要坚持改革创新、激发活力，深化水土保持体制机制创新，加强改革举措系统集成、精准施策，进一步增强发展动力和活力。

在主要目标上，《意见》提出，到2025年，水土保持体制机制和工作体系更加完善，管理效能进一步提升，人为水土流失得到有效管控，重点地区水土流失得到有效治理，水土流失状况持续改善，全国水土保持率达到73%。到2035年，系统完备、协同高效的水土保持体制机制全面形成，人为水土流失得到全面控制，重点地区水土流失得到全面治理，全国水土保持率达到75%，生态系统水土保持功能显著增强。

（二）重点任务

《意见》明确了四个方面重点任务。

一是全面加强水土流失预防保护。核心是落实"节约优先、保护优先、自然恢复为主"的方针，结合重要生态系统保护和修复重大工程，统筹推进水土流失预防保护。包括突出抓好水土流失源头防控、加大重点区域预防保护力度、提升生态系统水土保持功能三个方面内容。

二是依法严格人为水土流失监管。重点是落实用最严格制度最严密法治保护生态环境的要求，聚焦有效管住人为水土流失增量提出的政策措施。包括健全监管制度和标准、创新和完善监管方式、加强协同监管、强化企业责任落实四个方面内容。

三是加快推进水土流失重点治理。坚持山水林田湖草沙一体化保护和系统治理，聚焦服务保障国家重大战略，明确水土流失治理的重点任务。包括全面推动小流域综合治理提质增效、大力推进坡耕地水土流失治理、抓好泥沙集中来源区水土流失治理三个方面内容。

四是提升水土保持管理能力和水平。按照推进国家治理体系和治理能力现代化的要求，对健全规划体系、完善工程建管机制、加强考核、强化监测评价、加强科技创新五个方面进行了部署。

（三）保障措施

《意见》明确了四个方面措施。

一是加强组织领导。实行中央统筹、省负总责、市县乡抓落实的工作机制。地方各级党委和政府要切实担负起水土保持责任，进一步加强组织建设、队伍建设、制度建设，明确目标任务和具体举措，推进解决重点难点问题，确保党中央、国务院决策部署落到实处。

二是强化统筹协调。各相关部门按照职责分工做好相关工作，加强政策支持协同，推动重点任务落实。地方各级政府要建立健全协调机制，研究解决重要问题，抓好督促落实。

三是加强投入保障。中央财政继续支持水土保持工作。地方各级政府要多渠道筹措资金，保障水土保持投入。综合运用产权激励、金融扶持等政策，支持引导社会资本和符合条件的农民合作社、家庭农场等新型农业经营主体开展水土流失治理，建立水土保持生态产品价值实现机制。

四是强化宣传教育。采取多种形式广泛开展水土保持宣传教育，普及水土保持法律法规和相关制度。将水土保持纳入国民教育体系和党政领导干部培训体系，强化以案释法、以案示警，引导全社会强化水土保持意识。

三、全面做好《意见》贯彻落实

下一步，水利部要深入学习贯彻习近平生态文明思想和习近平总书记治水重要论述精神，锚定《意见》确定的新时代水土保持工作目标，坚持生态优先、保护为要，坚持问题导向、保障民生，坚持系统治理、综合施策，坚持改革创新、激发活力，不断提高战略思维、历史思维、辩证思维、系统思维、创新思维、法治思维、底线思维能力，前瞻性思考、全局性谋划、整体性推进水土保持工作，扎实推动新时代水土保持高质量发展。要坚持山水林田湖草沙一体化保护和系统治理，坚持尊重自然、顺应自然、保护自然，坚持节约优先、保护优先、自然恢复为主，全面加强水土流失预防保护，依法强化人为水土流失监管，科学推进水土流失治理，加快建立水土保持工作协调机制和水土保持目标责任考核制度，强化水土保持监测评价，不断提升水土保持管理能力和水平，全面提升水土保持功能，守住自然生态安全边界。要认真落实中央统筹、省负总责、市县乡抓落实的工作机制，逐级压实责任，确保党中央、国务院决策部署落到实处，为推动绿色发展，促进人与自然和谐共生作出应有贡献。

王海燕　执笔

蒲朝勇　陈琴　审核

《中华人民共和国黄河保护法》颁布

水利部政策法规司

黄河是中华民族的母亲河，保护黄河是事关中华民族伟大复兴的千秋大计。制定黄河保护法是党中央部署的重大立法任务，习近平总书记对此作出重要指示批示。2022年10月30日，《中华人民共和国黄河保护法》（以下简称《黄河保护法》）由中华人民共和国第十三届全国人大常委会第三十七次会议审议通过，并以中华人民共和国主席令（第一二三号）公布，自2023年4月1日起施行。《黄河保护法》的颁布施行，是深入贯彻落实习近平总书记关于黄河流域生态保护和高质量发展重要讲话精神的重要举措，为在法治轨道上推进黄河流域生态保护和高质量发展提供了坚实保障，在中华民族黄河治理史上具有重要里程碑意义。

一、立法过程

（一）起草阶段

为落实习近平总书记和党中央、国务院决策部署，成立由水利部、国家发展改革委为组长单位，国务院其他部门和水利部黄河水利委员会（以下简称黄委）共14家单位组成的黄河立法起草工作小组，负责起草法律草案，具体组织协调工作由水利部承担。

水利部迅速落实党中央、国务院的决策部署，2020年11月20日，部际黄河立法起草工作小组在水利部召开启动会议，讨论通过了起草工作方案、工作规则、重点任务清单等文件，全面部署起草工作。水利部同步成立了黄河立法领导小组，组成起草工作专班，全面对接部际黄河立法起草工作小组各项工作。

水利部会同有关部门反复学习领会并认真贯彻落实习近平总书记关于黄河流域生态保护和高质量发展重要讲话精神，集中攻坚、压茬推进起草工作。开展 10 个专题研究，赴河南、山东、甘肃、陕西等省（自治区）开展综合调研，召开立法座谈会，听取流域 9 省（自治区）人民政府的意见。开展专项调研、专题座谈会、专家咨询，为起草工作提供支撑。2020 年 12 月 30 日，经专家咨询论证和部际联络员会议研究通过，水利部办公厅印发《黄河立法草案框架》，明确黄河立法的框架结构和主要规范内容。2021 年 4 月 29 日，水利部、国家发展改革委会同有关部门起草并多次修改完善，形成黄河保护立法草案稿征求中央有关部门单位、流域 9 省（自治区）人民政府意见，同步公开征求社会公众意见。在充分吸纳各方面意见的基础上，反复修改并经部际联络员会议研究形成草案，2021 年 6 月 8 日水利部部务会议审议通过。会后，水利部会同国家发展改革委修改完善，于 6 月 25 日联合将草案送审稿报送国务院。

（二）审查审议阶段

司法部会同水利部、国家发展改革委等部门广泛征求中央有关部门、地方政府、行业协会等方面意见，开展实地调研，召开专家论证会和地方立法座谈会，反复研究修改，形成了《黄河保护法》草案。2021 年 10 月 8 日，国务院常务会议讨论通过了《黄河保护法》草案，提请全国人大常委会审议。

全国人大常委会将制定《黄河保护法》列入年度立法工作计划。审议修改期间，全国人大宪法法律委、全国人大常委会法工委深入黄河流域开展调查研究，征求中央有关部门、流域 9 省（自治区）人大常委会、基层立法工作联系点、部分全国人大代表和社会公众意见，开展专家咨询，确保立法质量。2021 年 12 月和 2022 年 6 月、10 月，十三届全国人大常委会三次审议并全票通过。

水利部充分发挥牵头起草部门专业作用，全力配合支撑国家立法机关审查审议，参与协调、调研、论证和专题审查，及时完成 150 余个问题的论证说明，对人大三次审议和其他方面提出的意见建议，客观公正第一时间提出修改完善方案，推动《黄河保护法》顺利出台。

二、主要内容

《黄河保护法》设总则、规划与管控、生态保护与修复、水资源节约集约利用、水沙调控与防洪安全、污染防治、促进高质量发展、黄河文化保护传承弘扬、保障与监督、法律责任和附则，共 11 章 122 条，构建了科学有效的法律制度体系。主要内容如下。

一是规定了黄河保护治理规划体系。明确建立以国家发展规划为统领，以空间规划为基础，以专项规划、区域规划为支撑的黄河流域规划体系，依法编制黄河流域综合规划、水资源规划、防洪规划，发挥规划的引领、指导、约束作用。

二是规定了流域生态保护修复制度。针对流域生态环境脆弱等问题，对水源涵养区保护修复、黄土高原水土保持、河口湿地保护、河口流路治理、河湖生态流量管控、地下水超采综合治理等作出了全面规定。

三是规定了流域水资源节约集约利用制度。针对黄河流域水资源短缺这个最大矛盾，坚持以水定城、以水定地、以水定人、以水定产，强化水资源刚性约束，建立健全规划水资源论证制度，对用水总量控制、强制性用水定额、节水管理、水资源配置工程建设等作出了全面规定。

四是规定了流域水沙调控和防洪安全制度。聚焦洪水风险这个最大威胁，紧紧抓住水沙关系调节"牛鼻子"，对建设水沙调控和防洪减灾工程体系、完善水沙调控和防洪防凌调度机制、加强水文和气象监测预报预警、实施河湖治理等作出了全面规定。

五是完善流域治理保护体制机制。明确国家建立黄河流域统筹协调机制，明确各级政府及其有关部门的职责分工，建立省际河湖长联席会议制度，首次明确了黄委及其所属管理机构的水行政监督管理职责。

《黄河保护法》对污染防治、促进高质量发展、黄河文化保护传承弘扬、保障与监督、法律责任等做出整体性、衔接性制度安排。

三、抓好贯彻实施

一是组织好学习和宣传。组织干部职工学习掌握《黄河保护法》的各项规定，提高依法行政能力。做好普法宣传工作，充分利用传统媒体和新媒体，集中宣传与常态宣传相结合，让《黄河保护法》在黄河流域"家喻户晓"，推动尊法学法守法用法成为全社会的习惯和自觉。

二是全面履行法定职责。坚持法定职责必须为，水利部制定印发贯彻实施《黄河保护法》分工方案，逐条梳理《黄河保护法》规定的水行政管理职责，细化为 77 项具体贯彻落实措施，明确责任单位和完成时限，全面履行法律赋予的职责。

三是加强执法司法。加大水行政执法力度，深入推进水行政执法与刑事司法衔接、水行政执法与检察公益诉讼协作，强化全流域联防联控联治，依法打击各类水事违法行为，让严格的法律责任落地见效。

谢浩然　王坤宇　执笔

李晓静　审核

专栏一

稳住经济大盘 19 项水利措施

水利部规划计划司

为贯彻中央财经委员会第十一次会议精神，认真落实国务院第 167 次常务会议部署以及全国稳住经济大盘电视电话会议和扎实稳住经济一揽子政策措施要求，水利部细化提出推进工程建设、深化水利投融资改革、做好防汛抗旱和安全生产工作等 19 项具体措施，逐项明确责任主体、质量标准、完成时限，实施周会商、月调度，以超常规力度加快水利基础设施建设，为保持经济运行在合理区间作出水利贡献。

在加快推进工程建设方面。制定印发《水利部关于加快省级水网建设的指导意见》，明确加快推进省级水网建设的总体要求和任务措施，从省级水网规划编制、工程建设、体制机制、组织保障等方面提出工作要求。全面启动南水北调工程总体规划修编，积极推进东线二期、黄河古贤、江西鄱阳湖水利枢纽等工程前期工作，开工建设南水北调中线引江补汉、淮河入海水道二期、环北部湾广东水资源配置等一批具有战略意义的工程。统筹推进病险水库除险加固、灌区建设与改造、中小河流治理、山洪灾害防治等项目，按期完成年度目标任务。

在深化水利投融资改革方面。积极协调有关金融机构加大支持力度，联合中国人民银行、国家开发银行、中国农业发展银行等多家银行印发系列指导意见，出台关于延长贷款期限、优惠贷款利率和降低项目资本金比例要求等一系列含金量高、可操作性强的信贷优惠政策，着力强化水利资金保障。积极推进水利基础设施政府和社会资本合作（PPP）模式发展和投资信托基金（REITs）试点，引导各类社会资本参与水利建设运营，进一步拓宽了水利基础设施建设长期资金筹措渠道。

在做好防汛抗旱和安全生产工作方面。各级水利部门扛牢水旱灾害防御天职，科学精细调度，成功抗御北江 1915 年以来最大洪水、珠江流域性较大洪水，全国水库无一垮坝，大江大河干流堤防无一决口，全年因洪涝死亡失踪人数为新中国成立以来最低；实施"长江流域水库群抗旱保供水联合调度"专项行动和抗咸潮保供水专项行动，确保大旱之年实现供水无虞、粮食丰收，有力保障上海供水安全。建立健全风险查找、研判、预警、防范、处置、责任等"六项机制"，全年未发生水利生产安全重特大事故，水利安全生产形势总体保持平稳。

袁 浩 徐 吉 尤传誉 执笔

李 明 审核

专栏二

水利建设投资首次突破 1 万亿元

水利部规划计划司

2022 年，水利建设投资首次突破 1 万亿元关口，是新中国成立以来水利建设投资完成最多的一年，推动水利基础设施建设实现跨越式发展。

一、水利建设投资落实情况

2022 年，全国共落实水利建设投资 11564 亿元，较 2021 年增加 44%，其中，广东、云南、浙江等 12 个省份落实水利建设投资超过 500 亿元。从投资来源看，中央和地方政府财政投入 6324.07 亿元，占落实总投资的 55%；地方政府专项债券 2036.38 亿元，占比 17%；金融信贷资金 2296.02 亿元，占比 20%；社会资本 907.52 亿元，占比 8%（见图 1）。

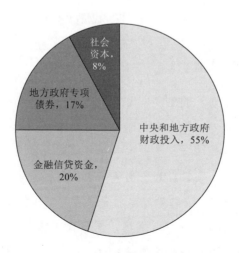

图 1　2022 年水利建设投资落实情况（分来源）

二、水利建设投资完成情况

2022 年，全国共完成水利建设投资 10893 亿元，较 2021 年增加 43.8%，从项目类型来看，流域防洪工程体系建设完成投资 3238.6 亿元，占比 30%；国家水网重大工程建设完成投资 4470.50 亿元，占比 41%；复苏河湖生态环境建设完成投资 2320.50 亿元，占比 21%；数字孪生水利建设等完成投资 862.90 亿元，占比 8%（见图 2）。

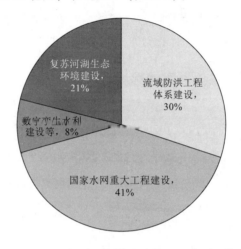

图 2　2022 年水利建设投资完成情况（分项目类型）

三、主要工作措施

一是强化部署推动。成立以李国英部长为组长的全面加强水利基础设施建设领导小组，制定工作方案，细化实化稳住经济大盘 19 项水利措施，将年度任务精准到具体项目，将工作责任明确到具体单位，构建脉络清晰的项目推进矩阵，建立项目台账、实施清单管理，节点控制到天、责任压实到人，形成上下联动、分工明晰、推进有力的工作格局。

二是健全工作机制。建立月调度、周会商工作机制，聚焦投资落实、建设进度、质量安全等重点问题关键环节，实行挂图作战，节点管控，加强分析研判和组织协调，分类施策，及时解决重点难点问题。2022 年组织开展调度会商 33 次。建立重大工程周报、专报、投资计划执行月报制，及时跟踪掌握项目进展，加强指导督促，全力打通项目推进过程中的堵点。每月对投资落实和完成情况进行通报排名，层层传导压力。对发现的问题，综合采取通报、约谈、督办等多种方式，督促相关单位抓好整改落实。

三是加强沟通协调。为加快重大水利工程前期工作，推动项目尽早开工，水利部与国家发展改革委、自然资源部、生态环境部、国家林业和草原局等部门建立重大水利项目推进部门会商机制，主动沟通、联合会商、协同发力，对审批立项中的难点问题一项一项地推、一个环节一个环节地盯，加快要件办理和立项审批进程。特别是对南水北调中线引江补汉等战略意义重大的项目，在可研审批的关键节点，加密会商频次，每天进行跟踪督促。

四是畅通融资渠道。深化水利投融资机制改革，聚焦地方政府专项债券、政策性开发性商业性金融支持、政府和社会资本合作（PPP）、投资信托基金（REITs）试点，分别出台指导文件，及时进行部署安排，组织开展大规模培训，覆盖省市县 2.4 万人次。同时，组织金融机构、社会资本方和地方进行项目对接，总结推广各地典型经验和案例，全力指导地方拓展水利基础设施长期融资渠道。

袁　浩　徐　吉　尤传誉　执笔

李　明　审核

专栏三

京杭大运河实现百年来首次全线通水

水利部水资源管理司

　　京杭大运河是我国古代建造的伟大工程，历史悠久，工程浩大，受益广泛，是活态遗产。习近平总书记就大运河保护传承利用作出批示，要求保护好、传承好、利用好大运河这一祖先留给我们的宝贵遗产。

　　为改善大运河水资源条件，恢复大运河生机活力，水利部联合北京、天津、河北、山东4省（直辖市）人民政府开展了京杭大运河2022年全线贯通补水工作。以京杭大运河黄河以北707 km河段作为主要补水贯通线路，北起北京市东便门，经通惠河、北运河至天津市三岔河口，南起山东省聊城市位山闸，经小运河、卫运河、南运河至天津市三岔河口，涉及北京、天津、河北、山东4个省（直辖市）和8个地级行政区。

　　为做好京杭大运河全线贯通补水工作，水利部和北京、天津、河北、山东4省（直辖市）人民政府及京杭大运河沿线市（区）人民政府、中国南水北调集团有限公司开展了以下工作：一是加强河道清理整治。共排查整治黄河以北补水河段河道内障碍物137处，协调补水河道内施工项目1处，清理河道内垃圾5600多 m^3。二是抓好水量联合调度。统筹南水北调东线一期北延工程供水、岳城水库、密云水库、潘庄引黄、沿线再生水及雨洪水等水源，为京杭大运河累计提供补水8.4亿 m^3，超额完成计划补水量。其中，南水北调东线北延工程补水1.89亿 m^3，密云水库补水0.31亿 m^3，潘庄引黄补水0.72亿 m^3，岳城水库累计补水3.47亿 m^3，再生水及雨洪水累计补水2.01亿 m^3。三是实施水源置换。补水期间，京杭大运河及补水沿线累计引出农业灌溉水量3.42亿 m^3，置换天津静海区、滨海新区，河北沧州、衡水等地约77.71万亩耕地的地下水灌溉用水。四是强化水污染防治。补水期间，加大对补水沿线污染源风险排查力度，严格入河排污口监管，严格落实污水处理达标排放，严禁非法排污，加强水质监测，确保河道水质安全。五是加强动态跟踪监测。完成56处地表水站每日水位、流量监测，836处地下水站实时水位监测，开展27处地表水水质断面、7处水生态断面和90处地下水水质站的采样监测，完成4次补水沿线遥感监测。六是加大管水护水力度。加强巡护管理，累计日常巡查超3000次，巡河里程超5万km，劝阻钓鱼、非法取水等行为，保障了沿河居民安全和输水安全。

京杭大运河全线贯通补水取得了显著成效。一是地下水有效入渗回补。京杭大运河黄河以北河段及补水路径河道入渗地下水量2.69亿 m³，占水源补水总量的32%。2 km范围内地下水水位平均回升1.44 m，5 km范围内地下水水位平均回升1.33 m。二是压减深层承压水开采。天津、河北等地利用京杭大运河贯通补水契机，结合东线北延、引黄、当地水库等调度计划，有序增加大运河沿岸春灌期农业灌溉引水量，减少了深层承压水开采量4902.3 万 m³。深层承压水水位变化趋势向好，与2021 年同期对比，水源置换区深层承压水水位平均回升9.68 m。三是河湖生态环境改善。京杭大运河黄河以北河段水面面积达到45.1 km²，较补水前增加4.1 km²；补水水源路径河道以及衡水湖水面面积增加12.4 km²。与2021 年同期相比，京杭大运河黄河以北河段有水河段长度增加163.4 km，水面面积增加16.6 km²，卫运河、南运河等干涸、断流河段实现水流贯通。京杭大运河水生态监测断面补水后浮游植物物种数较补水初期上升，多样性指数增加，水生态状况改善。四是促进大运河文化保护传承利用。京杭大运河全线贯通重塑了大运河文化现实载体，助推了大运河文化焕发活力，带动了沿线各地保护传承利用大运河文化的积极性，增强了民族自豪感和凝聚力。

廖四辉　严聆嘉　执笔
杨得瑞　杜丙照　审核

专栏四

"十三五"以来水利发展主要指标

水利部规划计划司

指 标 名 称	单位	2016 年	2017 年	2018 年	2019 年	2020 年	2021 年
1. 耕地灌溉面积	万亩	100711	101724	102407	103019	103742	104414
其中：本年新增面积	万亩	2342	1605	1243	1170	1305	1671
2. 除涝面积	万亩	34600	35736	36393	36795	36879	36720
3. 水土流失治理面积	万 km²	120	126	132	137	143	150
其中：本年新增面积	万 km²	5.6	5.9	6.4	6.7	6.4	6.8
4. 万亩以上灌区	处	7806	7839	7881	7884	7713	7326
其中：30 万亩以上	处	458	458	461	460	454	450
万亩以上灌区耕地灌溉面积	万亩	49568	49893	49986	50252	50457	53249
其中：30 万亩以上	万亩	26647	26760	26698	26991	26733	26802
5. 水库总计	座	98460	98795	98822	98112	98566	97036
其中：大型	座	720	732	736	744	774	805
中型	座	3890	3934	3954	3978	4098	4174
总库容	亿 m³	8967	9035	8953	8983	9306	9853
其中：大型	亿 m³	7166	7210	7117	7150	7410	7944
中型	亿 m³	1096	1117	1126	1127	1179	1197
6. 堤防长度	万 km	29.9	30.6	31.2	32.0	32.8	33.1
保护耕地	万亩	61631	61419	62114	62855	63252	63288
保护人口	万人	59468	60557	62837	67204	64591	65193
7. 水闸总计	座	105283	103878	104403	103575	103474	100321
其中：大型	座	892	892	897	892	914	923

续表

指 标 名 称	单位	2016 年	2017 年	2018 年	2019 年	2020 年	2021 年
8. 水灾							
受灾面积	万亩	14165	7795	9640	10020	10785	7140
9. 旱灾							
受灾面积	万亩	14809	14920	11096	13167	12528	6672
成灾面积	万亩	9196	6735	5501	6270	6122	3416
10. 年末全国水电装机容量	万 kW	33153	34168	35226	35564	36972	39184
全年发电量	亿 kW·h	11815	11967	12329	12991	13540	13419
11. 农村水电装机容量	万 kW	7791	7927	8044	8144	8134	8290
全年发电量	亿 kW·h	2682	2477	2346	2533	2424	2241
12. 水利工程供水量	亿 m³	6040	6043	6016	6021	5813	5920
13. 完成水利建设投资	亿元	6099.6	7132.4	6602.6	6711.7	8181.7	7576.0

注　1. 本表不包括香港特别行政区、澳门特别行政区以及台湾省的数据。

2. 本表中水利发展主要指标已与第一次全国水利普查数据进行了衔接；其中，堤防长度与水利普查成果衔接后，进一步明确为 5 级及以上堤防。

3. 农村水电的统计口径为装机容量 5 万 kW 及以下水电站。

4. 水利建设投资指中央及地方各级政府完成的水利建设的各项财政资金（包括预算内非经营性基金、国债专项资金和水利建设基金等）和政府部门自筹投资等。

汪习文　张光锦　张　岚　张慧萌　执笔

谢义彬　审核

水旱灾害防御篇

2022 年水旱灾害防御工作综述

水利部水旱灾害防御司

2022 年，我国极端天气事件偏多，洪旱交叠、情势偏重，珠江、辽河等流域发生大洪水，珠江流域东江、韩江和长江流域发生严重气象水文干旱，防汛抗旱"双线作战"，水旱灾害防御任务艰巨。水利部坚决贯彻习近平总书记重要指示精神，按照党中央、国务院决策部署，坚持人民至上、生命至上，树牢底线思维、极限思维，强化"四预"措施，贯通"四情"防御，绷紧"四个链条"，科学精准调度水工程，抓实抓细各项防范应对措施，全力以赴打赢了防汛抗旱两场硬仗。

一、汛情旱情

一是降雨南北多中间少。2022 年，全国共出现 46 次强降雨过程，平均降雨量 591 mm，较常年同期偏少 4%。松花江流域南部、辽河流域大部、黄河流域中游北部、淮河沂沭泗水系及山东半岛、珠江流域中部东部降雨量偏多 1~3 成；长江流域大部、太湖流域、浙闽地区偏少 1~2 成。

二是珠江流域旱涝急转。2021 年秋至 2022 年春，珠江流域中东部遭遇 60 年来最严重旱情，叠加河口咸潮异常活跃，粤港澳大湾区、粤东、闽南等地供水一度面临严重威胁。2022 年入汛后旱涝急转，5 月下旬—7 月上旬，珠江连续发生 2 次流域性较大洪水，西江、北江、韩江发生 8 次编号洪水，其中北江发生 1915 年以来最大洪水。

三是长江流域发生大旱。7—10 月，长江流域持续高温少雨，降雨量为 1961 年以来同期最少；流域来水较常年同期偏少 4 成多，其中 8 月上中下游同枯，中下游水位跌破有实测记录以来极低值，洞庭湖、鄱阳湖提前进入枯水期；长江口遭遇历史罕见咸潮侵袭；三角洲城市群供水、山丘区农村饮水、时令灌溉及发电、航运一度面临较大威胁。

四是北方局地汛情罕见。辽河发生 1995 年以来最大洪水，支流绕阳河发生 1951 年以来最大洪水。新疆维吾尔自治区塔里木河干流持续超警达 80 天。青海省那棱格勒河发生大洪水。台风"梅花"在浙江省、上海市登陆后，一路北上登陆山东省、辽宁省，为 1949 年以来首个 4 次登陆不同地区的台风，带来大范围长历时的强降雨洪水。

五是山洪灾害致灾性强。局地极端强降雨频繁，山洪灾害呈突发、多发、重发态势。其中 7 月中旬—8 月中旬，黑龙江省五大连池市，四川省平武县、北川县、彭州市，山西省中阳县，青海省大通县相继发生 6 起严重山洪泥石流灾害。

二、水旱灾害防御工作

针对严峻的汛情旱情，水利部坚持把人民群众生命安全放在首位，把防汛抗旱天职始终牢牢扛在肩上，锚定"人员不伤亡、水库不垮坝、重要堤防不决口、重要基础设施不受冲击"和确保城乡供水安全、保障粮食作物时令用水需求目标，部署各地抓好水旱灾害防御各项工作。

一是锚定防御目标，超前部署、靠前指挥。密切监视雨情、水情、汛情、旱情，逐日跟踪分析，滚动会商研判 186 次，主汛期建立部长周专题会商机制，国家防总副总指挥、水利部部长李国英以上率下，主持会商 20 次，紧要关头率队赴珠江、辽河、长江流域一线，现场会商研判及指挥调度防汛抗洪、抗旱保供水工作。水利部启动水旱灾害防御应急响应 19 次，每天以"一省一单"形式将预报降雨量超过 25 mm 或 50 mm 范围内的县（市、区）和水库名单发至相关地方，提醒做好强降雨防范；先后派出 79 个工作组、专家组深入基层，商财政部安排水利救灾资金 83.96 亿元，指导支持地方做好水旱灾害防御工作。及时主动发布汛情旱情及防御工作情况，积极回应社会关切，营造良好氛围。

二是做好防御准备工作，消除风险隐患。修订印发《水利部水旱灾害防御应急响应工作规程》，变"过去完成时"为"将来进行时"，将防御关口前移。召开水旱灾害防御工作视频会议，逐流域召开防总会议提前安排部署，开展洪水调度和防御演练，选取历史典型洪涝灾害案例进行模拟实战、检验队伍。举办水旱灾害风险管理网上专题班，针对性调训全国 3398 名县（市）党委、政府分管负责同志。针对水库防汛"三个责任人"落实情况，重点对堤防险工险段、穿堤建筑物和水库大坝、溢洪道、放空设施等关键部位安全隐患情况进行排查整治。开展河道行洪能力复核和妨碍河道行洪突出问题大排查大整治，确保河道行洪畅通。

三是绷紧"四个链条"，落实"四预"措施。各级水文部门遵循暴雨洪水形成演进规律，绷紧"降雨—产流—汇流—演进"链条，强化监测、收集数据、完善模型，滚动更新洪水预报 42.4 万站次；坚持全流域"一盘棋"，绷紧"流域—干流—支流—断面"链条，加强关键控制性水文断面全要素监控，及时发布江河洪水干旱水情预警 2848 次；精准分析研判洪水演进各要素，绷紧"总量—洪峰—过程—调度"链条，对工程调度和洪水演进进行动态模拟预演，提前采取调度措施；督促指导地方绷紧"技术—料物—队伍—组织"链条，迭代更新防御预案，预置巡查人员、技术专家、抢险力量和料物，做到险情抢早、抢小、抢住。"四个链条"环环相扣，"四预"措施协同发力，牢牢掌握了防御工作主动权。

四是精细调度水工程，发挥防洪减灾效益。联合调度运用流域防洪工程体系，综合考虑上下游、干支流、左右岸，采取"拦、分、蓄、滞、排"措施，有效防御江河洪水。汛期全国 4151 座（次）大中型水库投入调度运用，拦蓄洪水 925 亿 m^3，减淹城镇 1649 个（次），减淹耕地 1530 万亩，避免人员转移 690 万人（次）。珠江洪水期间科学调度西江龙滩、大藤峡等水库群和北江飞来峡、乐昌峡等水库群拦洪削峰错峰，果断启用北江潖江蓄滞洪区，及时利用北江芦苞闸、西南闸分泄洪水，极大减轻了粤港澳大湾区防洪压力，确保了西江、北江干流和珠江三角洲防洪安全。指导调度辽河流域绕阳河上游红旗水库尽量压减下泄流量，为决口封堵创造了有利条件。

五是聚焦"三个精准"，全力抗旱保供水。精准范围、精准对象、精准措施，全力做好抗旱保供水工作。珠江流域构筑当地水库抢抓时机蓄水补库、近地水库适时调水压咸、远地水库储备水源持续补水的供水保障"三道防线"，多次实施应急压咸补水，确保了香港、澳门和珠江三角洲、粤东闽南等地供水安全。实施 2 轮"长江流域水库群抗旱保供水联合调度"专项行动，为下游补水 62 亿 m^3，保障了 356 处大中型灌区 2856 万亩水稻等秋粮作物及众多小型灌区灌溉用水需求。实施抗咸潮保供水专项行动，精准调度三峡水库向下游补水 41 亿 m^3，中下游沿程采取引水管控措施，有效压制咸潮，以长江为水源的水库精准对接三峡水库补水径流过程和引水窗口，全力引水；加大引江济太力度，打通太湖供水河网、河网供水陈行水库通道，满足以太湖为水源的供水需求，打赢了上海供水保障硬仗。商财政部安排中央水利救灾资金 65 亿元，指导支持旱区因地制宜采取延伸管网、开辟新水源、临时架设泵站、拉水送水等措施，确保农村群众饮水安全，保障大牲畜和农作物灌溉用水。

六是及时发布预警，全力防范山洪风险。印发《关于加强山洪灾害防御工作的指导意见》。强化山洪灾害监测预警，充分考虑前期降雨造成的产汇流条件变化，指导地方动态调整预警阈值，延长预见期。会同中国气象局发布山洪灾害气象预警 140 期，其中在中央电视台播出 43 期；各地启动预警广播 38.6 万次，向 786 万名相关防汛责任人和社会公众发送预警短信 19.8 亿条，为危险区人员转移赢得了时间。

七是开展复盘分析，及时查漏补缺。针对 2022 年洪涝干旱交替发生、山洪泥石流、持续高温少雨、冰川融雪洪水、地震引发堰塞湖等多灾种并发的极端情况，坚持问题导向、结果导向，全面系统调查分析，客观还原灾害防御过程，深入分析问题原因，总结经验教训，举一反三，及时补短板、堵漏洞、强弱项，时刻做好迎战更严重水旱灾害的准备。

通过精准调度、科学防控，2022 年全国因山洪灾害死亡失踪人数大幅减少，为 2000 年以来最低值；全国水库无一垮坝，大江大河干流堤防无一决口，有力保障了重要基础设施不受冲击；旱情影响最大限度得以减轻，大旱之年实现供水无虞、粮食丰收，确保了粤港澳大湾区、长三角地区供水安全。

下一步，按照党中央、国务院决策部署，各流域、地方将加快构建抵御水旱灾害防线，提升水旱灾害防御能力，保障防洪安全、供水安全和粮食安全。一是完善流域防洪工程体系。加快完善流域防洪工程体系，提高河道泄洪及堤防防御能力，增强流域洪水调控能力，确保蓄滞洪区关键时刻能够发挥关键作用。二是推进"四预"能力建设。提升雨情、汛情、旱情、工情、灾情实时监测能力，缩短预报时间，延长预见期，提高预报精准度，及时发布预警。对工程调度和洪水演进进行动态模拟预演，迭代更新预案。三是完善水旱灾害防御体制机制。完善水旱灾害防御规章制度体系，健全会商研判、应急值守、指导支持等工作机制，落实各项责任和措施。落实水利工程汛前检查、汛期巡查抢护责任制，动态排查消除防汛风险隐患。

王　为　火传鲁　詹前壕　执笔
王章立　审核

2022 年全国雨水情特点

水利部信息中心

2022 年全国平均降水量 591 mm，较常年同期偏少 4%，共发生 46 次强降雨过程，吉林、内蒙古、陕西、云南、广东、广西等省（自治区）48 个县日降水量突破历史极值。主要江河共发生 10 次编号洪水，有 28 个省（自治区、直辖市）626 条河流发生超警以上洪水，90 条河流超保、27 条河流发生有实测资料以来最大洪水；全国主要江河年径流量总体偏少，其中长江、黄河、淮河等主要江河偏少 2~4 成。2022 年，西北太平洋和南海共生成 25 个台风，数量接近常年，其中 4 个登陆我国大陆，较常年同期偏少 3.2 个。全国雨水情主要呈现以下特点。

一、降雨南北多中间少，局地暴雨多发

海河流域西部南部、松花江流域南部、辽河流域大部、黄河流域中游北部、淮河沂沭泗水系及山东半岛、珠江流域中部东部降雨偏多 1~3 成，长江流域大部、太湖流域、浙闽地区偏少 1~2 成。降雨阶段性区域性特征明显，6 月下旬至夏末，主雨带由华南、江南南部跳至西南北部、西北东部、华北、东北等地，造成西南、西北、东北等地部分地区局地暴雨频发，四川、贵州、云南、陕西、甘肃、辽宁、吉林等省多次出现小时降雨量超过 100 mm。

二、珠江发生流域性较大洪水，北江发生 1915 年以来最大洪水

珠江、淮河、辽河等主要江河共发生 10 次编号洪水，其中珠江流域洪水时空集中、量级大，6 月连续发生 2 次流域性较大洪水，西江、北江、韩江共出现 8 次编号洪水，北江发生 1915 年以来最大洪水、重现期超百

年，北江及支流连江、灵渠等 3 条河流发生有实测资料以来最大洪水，北江干流英德站最大超警达 9.97 m。

三、东北西北洪水频发重发，超警早历时长

东北地区辽河干流超警历时达 47 天，辽宁省绕阳河、吉林省鸭绿江上游发生有实测资料以来最大洪水；新疆维吾尔自治区塔里木河支流托什干河、阿克苏河融雪洪水发生时间分别较 2021 年提前 42 天、27 天，塔里木河干流持续超警达 80 天；西北地区青海省那棱格勒河发生大洪水致使水利枢纽工程上游围堰发生溃决，内蒙古自治区黑河干流发生超保洪水，陕西省泾河出现 1965 年有实测资料以来最高水位，均为历史罕见。

四、长江流域发生罕见伏秋连旱，范围广程度重

7—9 月，长江流域持续高温少雨，大部高温日超过 30 天，上中游部分地区超过 50 天，全流域面平均降水量为 1961 年以来同期最少；长江上中游干流径流量为 1949 年以来同期最少，中下游干流及洞庭湖、鄱阳湖出现 1949 年以来同期最低水位，其中江西省鄱阳湖湖区星子站及赣江外洲站、抚河李家渡站等主要河流水位跌破有实测资料以来最低；大通站流量比往年提前 3 个月达到低值（旱警流量 10000 m³/s），长江口地区遭遇咸潮侵袭明显偏早。

孔祥意　刘佳伟　执笔

蔡　阳　钱　峰　审核

全力做好长江流域抗旱保供水工作

水利部水旱灾害防御司　水利部农村水利水电司

2022 年 7—10 月，长江流域发生 1961 年有完整记录以来最严重的气象水文干旱。在党中央、国务院坚强领导下，水利部科学谋划、强化"四预"、精准调度、有序应对，旱区各地加大投入、多措并举、合力抗旱，实现了大旱之年粮食丰收、供水无虞。

一、旱情过程及特点

7 月，长江上游旱情开始露头，并向中下游发展蔓延。8 月中旬旱情迅猛发展，并于 8 月 25 日达到高峰，流域耕地受旱面积 6632 万亩，有 81 万人、92 万头大牲畜因旱发生临时饮水困难。8 月 26 日—10 月底，流域部分地区出现降雨过程，秋粮作物陆续收割，因旱饮水困难群众用水需求通过应急供水措施得以保障，干旱逐步解除，但流域来水、蓄水仍呈偏少态势，局部山丘区群众饮水困难仍然持续。旱情主要有以下特点。

一是少雨高温叠加，气象干旱异常严重。7—10 月，长江流域累计面降雨量 291 mm，比多年平均值偏少 39%；35℃以上高温日数长达 45.6 天，其中湖南省 55.3 天、重庆市 44.9 天。

二是洪旱快速转换，汛期上、中、下游同枯。6 月上旬，先后有 97 条河流发生超警以上洪水。7—10 月，上、中、下游来水持续偏枯，流域来水总量（大通站）2318 亿 m^3，较常年同期偏少近 5 成。8—10 月，长江中下游主要控制站均创有实测记录以来同期最低水位。洞庭湖、鄱阳湖提前 3 个多月进入枯水期。

三是旱情发展迅速，与灌溉关键期重叠。8 月中旬旱情迅速发展，仅 14 天即达到高峰，耕地受旱面积增加近 6 倍。8 月中旬—9 月，正值中稻、晚稻等秋粮作物生长需水高峰期，望天田、灌区末端和工程配套不完善地区农作物受旱严重。

四是局地水源不足，城乡供水受到威胁。流域上中游山丘区因持续干旱导致部分中小型水库水位低于死水位，大量小塘坝、小水池、山泉、小溪干涸，群众饮水困难问题突出。上海市长江口水源地受咸潮上溯加剧影响，无法引水补库，严重威胁上海市供水安全。赣江南昌站水位持续下跌，赣江上游水库群蓄水无法满足南昌市枯水期供水保障要求。

五是影响时长面广，波及生态航运发电。长达4个月，覆盖上、中、下游的长江流域严重干旱波及生态、航运、发电等诸多方面。洞庭湖、鄱阳湖面积大幅缩减，鸟类、鱼类等动物生存栖息环境恶化，湖区生态系统受损。主要依靠水力发电的四川省日发电能力一度下降5成，不得不采取企业、公共设施限电措施。长江航道等级下降，航道承载能力较丰水季节和往年同期大幅度降低。

六是历史对比分析，损失影响明显偏轻。与2006年、2011年、2013年、2019年历次典型干旱相比，2022年的气象水文干旱最重，但得益于水利工程体系的不断完善以及积极有力的抗旱减灾措施，粮食生产实现丰收，因旱人畜饮水困难情况明显轻于其他几个干旱年份。

二、抗旱工作

针对严峻旱情形势，水利部锚定"确保旱区群众饮水安全，保障规模化养殖、大牲畜饮水和秋粮作物时令灌溉用水"目标，精准范围、精准对象、精准措施，积极采取有效措施，组织旱区全力抗旱，最大限度减轻了干旱影响和损失。

一是周密部署，提前谋划"总体战"。早在7月上旬长江流域旱情发展初期，李国英部长即召开抗旱专题会商会，为长江流域抗旱工作把脉定策；干旱期间，李国英部长多次召开抗旱专题会商会，全面部署抗旱工作，并赶赴重庆、湖北、湖南、江西等省（直辖市），与相关省（直辖市）领导共商抗旱对策。田学斌副部长、刘伟平副部长多次召开会商会或视频会，对抗旱工作作出安排。四川、重庆、湖北、湖南、江西、安徽等省（直辖市）主要领导主持召开专题会议部署抗旱工作，并深入抗旱一线调研指导。

二是提早蓄水，下好应对"先手棋"。根据雨水情预测和可能发生的旱情，水利部指导流域各省（直辖市）提早谋划水库蓄水，在保障防洪安全的前提下，7月初湖北、湖南、江西、安徽等省多蓄水1~2成；水利部长江水利委员会于7月优化调度三峡水库和支流雅砻江、嘉陵江、乌江骨干水库，增加蓄水近50亿 m^3，为后期抗旱储备了宝贵水源。

三是"预"字当先，争取防御主动权。水利部密切关注长江流域水情、雨情、旱情，滚动预测预报，及时发布干旱预警，加强水量供需分析演算，组织旱区滚动修正完善抗旱预案和调度预案。江西省水利厅实施"三个10天"旱情预警机制，滚动预报未来10天、20天、30天的旱情发展态势，为提前采取措施提供支撑。

四是多措并举，筑牢供水生命线。针对长江口咸潮上溯影响上海市城市供水的严峻局面，水利部启动实施抗咸潮保供水专项行动，采取调度三峡水库向下游补水41亿 m^3、阶段性控制江苏和安徽两省引江流量、指导上海市精准对接长江口大流量抢引补库，以及提前实施引江济太、畅通太湖河网与上海供水应急通道等措施，确保上海市供水安全。针对赣江水位持续走低影响南昌市供水的局面，指导南昌市修建赣江临时抬水围堰，保障南昌市冬春季各水厂正常取水。针对偏远山区农村80多万人出现的因旱临时饮水困难，指导旱区各地采取管网延伸、截潜流、打井挖塘和拉水送水等措施，保障群众生活用水。

五是精细调度，稳住粮食"压舱石"。在长江流域秋粮作物生长关键时段，水利部组织实施2轮"长江流域水库群抗旱保供水联合调度"专项行动，精准调度长江流域75座大中型水库，累计补水62亿 m^3，同时，指导下游精准对接每一个灌区，优化调整灌溉计划，尽力多引、多提、多调，保障了1.83亿亩水稻等秋粮作物灌溉用水需求。旱区各地科学调度水利工程，大中型灌区的抗旱水源全部得以保障，使占总产量71%的大中型灌区粮食丰收，充分发挥了粮食稳产"压舱石"作用。

六是大力支持，送上抗旱"及时雨"。国务院常务会议研究动用中央预备费65亿元重点支持长江流域抗旱。旱区各地也加大投入，加快抗旱项目建设，充分发挥资金抗旱效益。湖北省新建管网2076 km、新建加压站

174 处、打机电井 313 眼、筑拦河坝 96 处、新建水源 991 处，有效解决群众饮水困难问题。湖南省利用地下水位浅、水量大的优势，新打机井 9000 余眼，修复和改造机井 4000 余眼，发挥地下水抗旱战略储备水源作用。

七是分类指导，当好基层抗旱参谋。在旱情发展不同阶段，水利部先后发出 12 个通知，对旱情监测、水库调度、供水保障、水源管理和完善预案等提出具体指导意见；派出 9 个工作组协助指导地方因地制宜落实抗旱措施。湖南省实施"千名水利干部到田间"行动，各级水利部门累计派出工作组 1834 批（次）11884 人（次），深入田间地头指导做好引水、调水、提水、送水、保水等抗旱减灾服务。

三、下一步工作重点

一是提升干旱监测能力。加快推进全国旱情监测预警综合平台建设，综合运用气象、水文、墒情等多源数据监测结果，结合下垫面情况，实现旱情综合监测评估，定期发布全国旱情监测预警成果。整合旱情遥感监测数据资源，深化遥感旱情监测产品在抗旱业务中的应用。加密长江口咸潮监测站点布设，提升咸情巡测能力。

二是强化抗旱"四预"措施。加强气象水文中长期预报模式及方法研究成果应用，提高旱情预见期和预报精度。完善水文和综合干旱预警指标体系，科学划分预警等级。继续推进旱警水位（流量）确定工作，加强成果推广应用。指导流域和地方摸清沿江引水工程和灌区等本底情况，提升调度预演水平。指导地方加强水量调度预案和抗旱预案编制修订，科学设置应急响应条件，健全完善联动响应机制，提高预案针对性和可操作性。

三是完善供水灌溉工程设施。加快构建流域区域水网体系，提升水资源统筹调配能力。根据河道冲刷下切的新情况，系统谋划沿江涵闸泵站取水口改造。推进农村供水工程提质增效和城乡供水一体化、农村供水规模化发展。加快推进大中型灌区现代化改造，并解决好农田排灌"中梗阻"问题。

四是强化体制机制法治管理。充分发挥流域防总平台优势，强化流域管理机构在抗旱方面的统一调度、统一管理。建立健全部门信息共享和工作联动机制，形成抗旱合力。加快推进《中华人民共和国抗旱条例》修订。

五是加强抗旱减灾基础研究。重点研究极端干旱下"降雨—产流—汇流"关系、枯水期径流演进规律、咸潮上溯规律、水文干旱判别和分级方法等，为抗旱提供有力支持。

杨　光　黄　慧　执笔

杨卫忠　审核

专栏五

实施抗咸潮保供水专项行动

水利部水旱灾害防御司

受 2022 年夏秋长江来水严重偏枯、东海台风盛行等因素影响，9—10 月长江口咸潮上溯加剧，上海市长江口水源地青草沙、陈行和东风西沙 3 座水库长时间无法引水补库，上海市供水安全受到严重威胁。

水利部持续密切关注长江口咸潮及其对上海市供水的影响，2022 年 9 月 27 日，李国英部长主持召开专题会商会，视频连线上海市政府、水利部长江水利委员会（以下简称长江委）、水利部太湖流域管理局（以下简称太湖局）共同研判上海市供水形势，决定启动实施抗咸潮保供水专项行动，紧紧围绕"确保上海市生活、生产、生态用水安全，确保上海市社会大局稳定"工作目标，迅即成立工作专班，细化应对方案，有序落实各项措施。

一是调度三峡水库补水压咸，精准捕捉时机引江水补库。根据长江口咸潮规律，组织长江委紧急编制调度方案，10 月 2—11 日启动三峡水库补水调度，并根据实时降雨、来水和咸情预报，2 次加大三峡水库下泄流量，由正常日均下泄 7000 m^3/s 梯次加大到 12500 m^3/s，累计向下游补水 41 亿 m^3，同时阶段性控制苏皖 2 省引江流量、短时增加丹江口水库下泄水量，三股力量汇聚形成最大径流精准对冲长江口小潮的态势，最大限度发挥补水压咸效益。上海市采取临时扩大引水口门、加设移动泵站等措施，精准捕捉引水窗口期抽水补库 5000 多万 m^3，有效补充了长江口水源地水库蓄水。

二是紧急切换供水主水源，畅通太湖河网应急补水通道。指导上海市将供水主水源由长江切换到太湖，并紧急启动太湖松浦大桥应急水源地，太湖水源（金泽水库、松浦大桥应急水源）占上海市供水量比例从 24% 调整至 75%。针对供水最为紧张的陈行水库，组织太湖局紧急打通两条输水通道，实现太湖向陈行水库周边河网应急补水；指导协助上海市紧急建设新川沙河、随塘河、练祁河等多项河网应急取水工程，为陈行水库持续补充水源，并为青草沙水库供水片区提供部分水源。

三是双线调水补充太湖水源，稳定增加上海市供水。指导太湖局提前实施并逐步加大望虞河引江济太力度，持续大流量引江并向太湖下游上海河网地区增加供水。启动实施新孟河试运行抗旱调水，在满足太湖西区抗旱用水的同时，进一步增加太湖水量，协力保障上海市供水安全。双线累计引长江水 5.2 亿 m^3，入太湖 2.4 亿 m^3，通过太浦河为上海等地供水3.0 亿 m^3。

四是加强应急监测，为引水补库和水质安全提供支撑。编制水文和咸潮监测预报方案，临时增加 10 条测船及配套设备，配备专业技术人员，严密监测三峡水库补水径流演进、长江口咸潮上溯、长江沿线口门引水流量、引江济太和上海市应急供水等水情水质信息，为调度决策提供了有力支撑。

通过科学制定应对方案，统筹长江和太湖两大水源，精准实施应急保供措施，在大旱之年实现了确保上海市供水安全的既定目标。

杨　光　黄　慧　执笔

杨卫忠　审核

成功抗御珠江流域性较大洪水

水利部水旱灾害防御司

2022 年，珠江连续发生 2 次流域性较大洪水，北江发生特大洪水，严重威胁人民生命财产安全。在党中央、国务院坚强领导下，各级水利部门坚持人民至上、生命至上，强化"四预"措施、水工程防洪调度、抢险技术支撑，取得了防御珠江洪水的全面胜利。

一、雨情水情

2022 年夏，受"拉尼娜"现象及亚欧中高纬环流、西太平洋副热带高压等异常影响，珠江流域在多季连旱后遭遇罕见"龙舟水"，旱涝急转，6 月相继发生 2 次流域性较大洪水，其中北江发生 1915 年以来最大洪水。流域雨情、汛情具有以下特点。

一是降雨总量大且落区集中。5 月下旬—7 月上旬，珠江流域累积降雨量 622 mm，较常年同期偏多约 4 成，其中北江、韩江累积面降雨量分别偏多 121%、81%，均为 1961 年有完整资料以来同期最多，东江下游、西江下游、西江中游累积面降雨量分别偏多 69%、52% 和 49%。累积最大点降雨量发生在广东省清远市马头面村，达到 2230 mm。

二是编号洪水多且分布集中。西江发生 4 次编号洪水，编号次数列新中国成立以来第 2 位，且集中在 5 月 30 日—6 月 19 日。北江发生 3 次编号洪水，编号次数为新中国成立以来最多，集中在 6 月 14 日—7 月 5 日。韩江 6 月 13 日发生 1 次编号洪水。珠江流域 6 月中旬 1 周内接连发生 2 次流域性较大洪水。

三是洪水量级大，持续时间长。北江中游干流控制站飞来峡水库 6 月 22 日最大入库流量 19900 m³/s，为建库以来最大，重现期超过 100 年。下游干流控制站石角水文站 6 月 22 日洪峰流量 18500 m³/s，为 1924 年建站以来最大实测流量。西江、北江洪水历时长，其中西江梧州站水位累计超警戒 17 天，北江英德站水位累计超警戒 19 天。

四是中小河流洪水多发。5月下旬—7月上旬，流域内共计 274 条河流发生超警以上洪水，其中广西壮族自治区桂江、广东省武水河等 10 条河流发生超保洪水，北江干流及支流连江、桂江支流灵渠、粤西沿海根子河等 4 条河流发生有实测资料以来最大洪水。

二、防御工作

面对严峻汛情，水利部、水利部珠江水利委员会（以下简称珠江委）及广东、广西等省（自治区）各级水利部门坚决贯彻落实党中央、国务院决策部署，锚定"人员不伤亡、水库不垮坝、北江西江干堤不决口、珠江三角洲城市群不受淹"的目标，立足最不利情况，超前部署、全力以赴、尽锐出战，有力有序有效抗洪减灾。

一是靠前指挥决策，滚动部署防御工作。在珠江防汛抗洪关键时刻，国家防总副总指挥、水利部部长李国英 2 次深入一线，现场指导西江、北江防洪控制性工程调度运用，并多次专题会商部署洪水防御工作。水利部副部长刘伟平逐日组织会商，5 次紧急连线珠江委等单位研究确定西江、北江水工程调度方案。广东、广西等省（自治区）各级党委、政府认真落实防汛主体责任，主要负责同志现场组织指挥防汛抗洪救灾工作。

二是强化预报预警，及时启动应急响应。水利部门共发布洪水预警 1022 次，其中红色预警 24 次；滚动更新洪水预报 427 站 7970 次。水利部启动水旱灾害防御Ⅲ级应急响应，提前 48 h 精准预报西江、北江重要控制断面的洪峰量级，为西江、北江错峰调度提供了有力支撑；先后发出 23 个通知，分阶段、有针对性地安排部署珠江流域暴雨洪水防御工作。珠江委、广东省水利厅启动Ⅰ级应急响应，广西壮族自治区水利厅启动Ⅱ级应急响应，全面投入防汛抗洪抢险。

三是科学调度工程，充分发挥防洪效益。通过精细调度流域干支流 40 余座水工程，科学拦洪、分洪、错峰、滞洪，有效减轻下游防洪压力，将洪水量级控制在西江、北江下游干流及珠江三角洲主要堤防防洪标准以内，减淹城镇 551 个（次），减淹耕地 592.5 万亩，避免人员转移 346.36 万人（次）。

联合调度运用西江水库群。充分发挥西江干支流 24 座重点水库作用，尽力削减梧州站洪峰流量，并避免西江、北江洪水恶劣遭遇，为北江洪水畅泄创造了有利条件。一是调度上游龙滩、天生桥一级、岩滩等水库群拦洪 20 亿 m^3，其中龙滩水库最大入库流量 4910 m^3/s，出库流量仅 500 m^3/s。二是调度支流郁江百色、柳江落久、桂江青狮潭等水库拦洪 9 亿 m^3，有效减轻柳州市、桂林市等防洪压力的同时，尽力为干流错峰。三是调度在建的大藤峡水库预泄腾出约 7 亿 m^3 库容，发挥西江最后一个防洪控制性枢纽的关键作用，在确保自身安全的前提下精准削峰。通过西江干支流水库群联合调度，降低梧州江段水位约 1.8 m，降低珠江三角洲西江干流水道水位约 0.4 m，保证了沿线防洪安全，并减轻了对北江洪水下泄的顶托。

系统调控北江特大洪水。依托流域防洪工程体系，综合采取"拦、分、蓄、滞、排"措施，控制石角站流量低于北江大堤设计行洪流量（19000 m^3/s）。一是联合调度 13 座重点水库。上游乐昌峡、湾头等水库全力拦洪；支流锦江、南水、长湖等水库适时错峰；干流控制性工程飞来峡水库拦洪 5.7 亿 m^3，在尽力减少库区淹没的同时，精准削减石角站洪峰流量 1100 m^3/s。二是果断启用潖江蓄滞洪区。通过潖江河道天然滞洪，并先后运用独树围、踵头围、大厂围、江咀围、下岳围等，滞蓄洪水 3 亿 m^3，最大削减石角站流量 680 m^3/s。三是及时利用北江干流下游的芦苞闸、西南闸分洪 1300 m^3/s，进一步减轻北江大堤防守压力。通过上述措施，降低石角站洪峰水位约 0.6 m，降低珠江三角洲北江干流水道水位约 0.3 m，控制石角站流量不超过 18500 m^3/s，确保了北江大堤和广州市等珠江三角洲城市群防洪安全。

四是加强巡查防守，高效处置工程险情。水利部先后派出 30 多个工作组、专家组赴基层一线，督促指导地方做好水工程调度运用、堤防水库巡查与防守抢护等工作。广东、广西 2 省（自治区）各级水利部门累计派出 1 万多个工作组、专家组，组织巡堤巡坝 74 万人次，及时妥善处置 8 个水库水闸较大险情、北江大堤石角段 6 处渗水管涌等险情，确保了水库不垮坝、重要堤防不决口。

通过各方共同努力，珠江流域性洪水未造成人员伤亡，水库无一垮坝，重要堤防无一决口，重要基础设施无一受损，确保了西江、北江干堤等重要堤防安全，确保了粤港澳大湾区城市群安全。针对暴露出的薄弱环节，下一步要加快潖江蓄滞洪区建设，积极推进洋溪等重点调蓄工程前期工作，针对西江、北江中下游河道下切进行综合整治并复核安全泄量，进一步完善流域防洪工程体系。同时，深化流域"降雨—产流—汇流—演进"机理与规律研究，加快构建气象预报、雨量监测、水文测报"三道防线"，以水工程防灾联合调度系统建设为着力点推进预报调度一体化智能化，全面提升预报预警预演预案水平。

李俊凯　邓玉梅　周　晋　执笔

张长青　审核

专栏六

全力保障珠江流域城乡供水安全

水利部水旱灾害防御司

2021年秋至2022年春，珠江流域（片）东江、韩江遭遇1961年有完整实测记录以来最严重旱情。2022年年初，东江、韩江骨干水库有效蓄水率仅为8%和19%，最大的新丰江水库建库以来首次启用死库容为下游香港、广州和深圳等城市供水，低于死水位运行时间长达25天。与此同时，珠江口咸潮上溯加剧，流域旱情呈现"秋冬春连旱、旱上加咸"的严峻局面，珠江三角洲重要城市供水安全受到严重威胁，加之干旱期间正值元旦、春节、元宵等传统节日，保障城乡供水安全意义重大。

水利部高度重视珠江流域抗旱工作，李国英部长在元旦、春节、元宵节等重要节日期间，分别视频连线广东省、福建省人民政府以及水利部珠江水利委员会（以下简称珠江委）有关负责同志，会商研判旱情趋势，明确要求"预"字当先，"实"字托底，构建当地、近地、远地供水保障"三道防线"，落实各项抗旱保供水措施，确保香港、澳门、金门供水安全，确保珠江三角洲及粤东闽南等地城乡居民生活用水安全。

一是强化"四预"，科学制定保供水方案。密切监视珠江流域雨情、水情、旱情、咸（潮）情，强化近中远期来水预报，充分利用最新数字孪生流域建设成果，编制2021—2022年枯水期西江、东江、韩江水量调度方案，及时发布西江、北江干旱蓝色预警和东江、韩江干旱黄色预警，指导珠江委和广东省水利厅启动抗旱Ⅳ级应急响应。

二是构筑"三道防线"，有序推进措施落实。统筹东江、西江、韩江上下游、左右岸、干支流，构筑了当地水库抢抓时机蓄水补库、近地水库适时调水补充水源、远地水库储备水源接力补水的供水保障"三道防线"。联合调度珠江流域龙滩、新丰江等骨干水库和在建的大藤峡水利枢纽，先后3次启动压咸补淡应急调度，累计向下游补水25亿 m³，有效压制珠江口咸潮，西江磨刀门水道咸界下移约23 km，东江三角洲北干流、南支流咸界下移约6 km和8 km，为沿线城市抢抽淡水创造了有利条件，累计向澳门和珠海主城区供水1.4亿 m³，其中向澳门供水3891万 m³；向东莞、广州东部等地供水9.2亿 m³。

三是深入抗旱一线，加强指导支持。刘伟平副部长赴广东省、福建省旱区一线指导地方落实水量调度、抽水补库、应急工程建设等抗旱措施。水利部和珠江委派出多个工作组协助指导地方做好抗旱工作。水利部商财政部安排中央水利救灾资金1.58亿元支持广东省、福建省开展抗旱应急工程建设、提运水设备添置、抗旱油电补助等工作。

通过采取一系列行之有效的抗旱保供水措施，确保了香港、澳门、金门供水安全，确保了珠江三角洲及粤东闽南等地城乡居民生活用水安全，取得了抗旱保供水工作的全面胜利。

杨 光 黄 慧 执笔

杨卫忠 审核

广东省广州市：
全力以赴开展暴雨防御工作

2022年5月，广州市经历"最强降雨过程"，存在发生中小河流洪水、山洪、城乡积涝和地质灾害的风险。截至5月12日1：00，广州市平均面雨量为56.2mm，最大降雨量出现在从化区大塘水库，为396.5mm。广州市迅速开展暴雨防御各项工作。

组建督导队，跟踪落实各项防御工作。为做好本轮暴雨洪水防御工作，全力以赴保障人民群众生命财产安全，广州市水务局组建11支督导队，下沉各区驻点督导水旱灾害防御工作。通过加强值守、信息报送、巡查督查、应急抢险等各项措施，降低受灾程度。

强化预警，提高公众风险防范意识。广州市组织气象局、三大电信运营商向公众发布强降雨防御提醒短信3300余万条。广州广播电视台全天24h不间断、高频率地滚动播出重大天气预警信息，广州交通广播、应急广播全天候滚动播出，高峰期每15min一次，每天累计播出48次。通过新闻媒体发布预警和防灾避险宣传知识，增强广大市民群众临灾避险意识，提升自救互救能力。

加强布防，有序组织人员避险。面对强降雨带来的风险，广州市迅速转移危险区域人员，并梳理九大类三防储备物资，协调驻穗解放军、武警部队、广州警备区7920名兵力24h备勤，做好抢险救灾准备。督促各地从严从实从细做好安全转移群众的预案和准备工作，严格落实特殊群体临灾转移"四个一"机制，抢在强降雨到来之前，坚决、果断、提前、彻底把危险区域人员转移到安全地带。

期间，广州市共派出436人开展山洪灾害防御巡查，转移危险区域人员5284人，其中花都区共派出245人开展山洪灾害防御巡查，共转移危险区域人员2890人；增城区共派出15人开展山洪灾害防御巡查，共转移危险区域人员130人；从化区共派出176人开展山洪灾害防御巡查，共转移危险区域人员2264人。

赵雪峰　执笔

席　晶　李攀　审核

科学防范化解山洪灾害风险

水利部水旱灾害防御司

2022 年汛期，天气形势异常多变，极端暴雨过程频繁且部分落区重叠，山洪泥石流灾害呈现突发、多发、重发态势。水利部门超前安排部署应对，强化"四预"措施，全力防范化解山洪灾害风险。

一、坚持顶层发力，周密安排部署

深刻汲取 2021 年山西省"7·11"、湖北省随州市"8·12"山洪灾害经验教训，总结提炼应对措施。3 月，水利部制定印发《关于加强山洪灾害防御工作的指导意见》，同时以场次降雨过程为主线，制定省、市、县三级山洪灾害监测预警工作清单，进一步规范部署山洪灾害防御工作。汛期把山洪灾害防御作为强降雨防范工作的重中之重，先后 3 次专门发出通知，对山洪灾害监测预警、提请转移避险等工作进行专题部署落实。黑龙江、四川、青海等地先后发生人员伤亡较为严重的山洪泥石流灾害，水利部均第一时间派出工作组、专家组赶赴现场开展灾害调查分析及应急处置工作。

二、坚持底线思维，排查整治风险

2022 年 3—5 月，组织全国有山洪灾害防治任务的 29 个省（自治区、直辖市）和新疆生产建设兵团，采取线上线下结合、市县级全面自查、省级现场重点抽查和监测预警系统线上检查相结合的方式，全面深入排查山洪风险隐患，建立问题清单、整改清单、责任清单，确保汛前整改到位。各地共排查出山洪风险隐患 2.7 万处（其中，监测设施设备 7154 处、监测预警平台 2562 处、群测群防体系 15389 处、山洪沟道隐患 1903 处），针对排查出的风险隐患，各级水利部门坚持立行立改，采取有力有效措施，均按期整改到位。

三、坚持"四预"措施，主动科学防御

风险预报方面，会同中国气象局制作发布未来 24 h 山洪灾害气象预警 140 期，其中在中央电视台播出 43 期，并"点对点"发送至地方。建立信息贯通到底机制，主汛期以"一省一单"形式将预报强降雨量超过 50 mm（新疆、西藏等地超过 25 mm）县区名单及时通报地方，提醒提前做好防范应对工作。同时指导地方会同气象部门开展不同时段风险预报。监测预警方面，建立并实施山洪灾害监测预警抽查日报机制，督促地方密切关注强降雨过程，及时发布预警信息，汛期依托全国山洪灾害防治项目组，累计抽查强降雨覆盖省份县级山洪灾害监测预警情况 2550 县（次）。汛期，各地利用山洪灾害监测预警平台向 786 万名防汛责任人发送预警短信 4422 万条，启动预警广播 38.6 万次，依托三大电信运营商向社会公众发布预警短信 19.4 亿条，为做好山洪灾害防御工作提供了有力支撑。预演演练方面，督促指导地方以群众自主转移避险、突发灾害应急处置为重点，开展山洪灾害防御实战演练，进一步提升基层干部群众应急避险和自救互救能力。据不完全统计，各地全年组织开展实战演练 2.8 万场次，83 万余人次参加。预案修订方面，各地在汛前排查山洪风险隐患的基础上，结合山洪灾害防治项目建设，复核调整山洪灾害危险区，及时更新网格化管理责任人，并据此动态修订完善山洪灾害防御预案。

四、坚持建管并重，夯实防御基础

2022 年，中央财政共安排山洪灾害防治项目资金 20 亿元，支持地方开展山洪灾害补充调查评价、省级监测预警平台巩固提升、简易监测预警设施设备配备等山洪灾害防治非工程措施建设及运行维护，实施 183 条重点山洪沟防洪治理。安排第二批中央水利发展资金 3 亿元，支持浙江等 9 省（自治区）在重点地区开展小流域山洪灾害防御能力提升项目建设，进一步完善小流域山洪灾害防御体系。水利部始终坚持建管并重，及时下达资金，印发工作要求，制定技术文件，加强工作指导，定期统计通报项目

建设进展，先后 2 次组织召开视频会议，安排部署山洪灾害防御能力提升项目建设工作，分析项目建设重点、难点、堵点，研究加快推进项目建设进度的具体措施。

五、坚持聚焦重点，强化监督检查

2022 年 5—8 月，水利部组织 7 个流域管理机构，对 29 个省（自治区、直辖市）和新疆生产建设兵团的 137 个县（市、区）开展山洪灾害监测预警监督检查，共检查县级监测预警平台 137 个、自动监测站点 480 个，发现问题 124 个，针对发现的问题督促各地按期完成整改。7—9 月，组织各地对照省级监测预警平台技术要求，就平台建设完成情况及功能实现情况开展自查自改自评估，针对自查发现的问题、尚未实现的功能或技术方法，制定整改提升措施并建立问题整改清单。10—12 月，在各地自查自改自评估工作基础上，先后对 29 个省（自治区、直辖市）及新疆生产建设兵团省级山洪灾害监测预警平台开展线上检查，针对发现的问题，以"一省一单"形式督促按时整改提升，确保充分发挥省级监测预警平台"中枢神经"作用。

六、坚持问题导向，全面复盘检视

黑龙江省五大连池市，四川省平武县、北川县、彭州市，山西省中阳县，青海省大通县等地发生山洪泥石流灾害事件后，水利部在第一时间派出调查组、专家组赴现场调查分析的基础上，全面复盘检视 6 起典型山洪泥石流灾害事件"四预"工作，深入分析致灾原因，认真查找薄弱环节，研究提出进一步完善山洪灾害防御系统的对策措施，督促指导地方深刻汲取教训，坚决避免在遭遇类似山洪泥石流灾害时发生重大人员伤亡。结合珠江流域大洪水过程及几次典型山洪灾害事件，充分考虑前期降雨造成的产汇流条件变化，在总结前期山洪灾害预警阈值动态调整研究成果基础上，制定山洪灾害预警指标动态调整推进工作方案，指导相关省份采用动态预警指标分析方法，逐流域复核调整预警指标，有效延长山洪灾害预见期。

下一步，各级水利部门将继续深入贯彻落实党的二十大精神和习近平总书记关于防灾减灾救灾工作的重要指示批示精神，进一步完善山洪灾害监测预警体系，充分发挥群测群防体系作用，全力化解山洪灾害风险，最大限度保障人民群众生命安全，守住"人员不伤亡"的底线。一是强化以小流域为单元的山洪灾害防治，加快构建集监测数据收集传输、"四预"可视化等功能的山洪灾害防御综合体系。二是充分考虑沟道淤堵、堰塞体溃决、枯树枯枝堵塞桥涵壅水造成的洪水漫溢改道等极端情况，补充完善山洪灾害危险区清单。三是在小流域上中游适当补充增设山洪灾害监测站点，并在监测预警平台中建立保护对象与上下游、周边区域站点关联关系，进一步优化完善自动监测站网布局。四是组织科研单位研究山洪泥石流并发情景下预警阈值确定方法，组织省级水利部门充分考虑前期降雨、土壤含水量动态变化、道路桥涵阻水壅水、泥石淤积等对暴雨洪水过程的影响，逐流域分析动态调整山洪灾害预警阈值。五是督查指导各省（自治区、直辖市）加快推进省级监测预警平台"一级部署、多级应用"功能实现，以山洪灾害防御能力提升项目建设为抓手，夯实山洪灾害算据、算法、算力基础，推动建立预警"叫应"机制，规范预警信息发布内容，持续提升山洪灾害监测预警平台"四预"功能。六是充分考虑山洪和泥石流灾害并发可能性及影响，指导完善县、乡、村、组、户五级责任制体系和县、乡、村三级预案体系；加强基层防御人员培训，提高灾害综合分析研判能力；指导基层乡村模拟山洪泥石流并发和深夜转移场景，加强预案演练，持续提高基层干部群众风险预判、紧急应对处置和自救互救能力。

刘洪岫　执笔

尚全民　审核

全面提升水文支撑服务能力

水利部水文司

2022年，面对复杂严峻汛情旱情咸情，水利部门深入践行"两个坚持、三个转变"防灾减灾救灾新理念，认真贯彻落实党中央、国务院关于水旱灾害防御水文测报工作的部署要求，坚持"预"字当先、"实"字托底，强化"四预"措施，做实做细防汛抗旱水文测报工作，为水旱灾害防御夺取全面胜利提供有力支撑。

一、多措并举，扎实做好备汛工作

坚持底线思维、极限思维，创新工作方式，扎实推进水文测报各项汛前准备工作，确保汛期水文测报工作万无一失。一是推进水毁设施设备修复。积极争取落实水毁修复资金，汛前基本完成水毁测站的修复工作。二是夯实超标准洪水测报工作基础。修编水文测站超标洪水预案3258个，逐站确定不同量级超标准洪水的测报任务和方法手段，有效提升超标准洪水应对能力。三是细化完善预案方案。查勘水文预报断面2549个，修编洪水预报方案2120套，新制定洪水预报方案1172套，切实提升预报精度，扩展预报范围。四是加大人员培训演练。从应对流域性和区域性大洪水的实战角度出发，开展历史大洪水预报预演409场（次），开展水文测报应急演练1456场，参与人员13462人（次）；举办各类水文测报业务培训1095期，培训人员16299人（次），有力提升测报人员的实战能力和业务水平，确保洪水来临时不打乱仗、不打无准备之仗。五是加强监督检查落实。在基层测站全面自查、地市级水文单位对国家基本水文站检查全覆盖的基础上，流域和省级水文单位共派出220个检查组，现场抽查各类测站1972处，建立问题整改台账，跟踪督促整改。

二、密切监视，组织做好水文监测工作

锚定"人员不伤亡、水库不垮坝、重要堤防不决口、重要基础设施不受冲击"目标，超前部署、迅速响应，始终保持"时时放心不下"的责任感和"箭在弦上"的紧迫感，坚守防洪一线，加强值班值守，采取常规和应急监测相结合的方式，加大新技术装备应用，加密监测频次，密切监视雨水情发展，及时准确抢测洪峰水位和流量等防洪关键数据，实时掌握天气、水情、冰情、河情，以及时准确的雨水情信息为防汛抗旱工作提供坚强有力支撑。一是强化常规监测，做好信息报送。紧盯数据"有没有""好不好""险不险"，对雨量、水位、流量等实时监测信息进行监控管理，加强各类水文测站运行维护，及时发现和处理数据异常，确保发生洪水时测得到、报得出。二是强化应急监测，有效应对突发水事件。流域、省级和市级水文监测力量密切配合，跨区域支援，充分调用一切可用的应急资源，全力完成水文应急测报各项任务。面对超百年一遇北江特大洪水，广东省水利厅统筹全省技术骨干，跨地区协同支援，共派出 17 支应急监测小分队，连续监测大洪水过程，抢测到完整、宝贵的特大洪水过程资料。在辽河流域绕阳河发生溃口险情后，辽宁省水利厅第一时间出动应急监测队伍，完成溃口宽度、溃口流量的监测任务，为防汛溃口除险提供了有力支撑。长江上游大渡河支流湾东河发生堰塞湖时，四川省水利厅第一时间派出工作组深入现场，屡探关键水情，实测准确数据，为科学预警转移吹响了"哨令"。在迎战长江口历史罕见咸潮入侵中，水利部长江水利委员会与水利部太湖流域管理局、上海市水务局、江苏省水利厅等单位密切配合，加密长江下游重要控制断面、沿江取水口门的水量水质同步监测频次，加强与气象、海洋部门的会商研判，滚动预测预报调水径流演进和咸潮上溯情况，果断启动长江口咸潮入侵专项监测，在长江口徐六泾以下至青草沙水库区间新增设 6 条横向同步监测断面和 2 条纵向调查线路，科学评估三峡水库补水对长江口水源地压咸作用，滚动预演太湖河网供水陈行水库方案，为长江口青草沙等水库水源地利用三峡水库补水压咸窗口期更多取水、太湖清水补充至陈行水库周边河网提供强有力的技术支撑，有力

保障了上海市的供水安全。三是加大新技术应用，提升测报信息时效性。围绕水文监测全要素全量程全自动的发展目标，大力推进水文测报新技术研发和应用，抢抓汛期中高水机会，积极开展固定式 ADCP、雷达、量子点光谱等在线测流和在线测沙系统比测率定，提升水文监测自动化水平。在应对北江特大洪水过程中，积极采用无人机、无人船等新技术、新设备，解决水面宽、流速急等恶劣条件下的测流难题。

三、强化"四预"，支撑水旱灾害科学防御

推进气象水文预报技术耦合，强化以流域为单元的降雨分区预报，突出精细化暴雨预警；强化参数在线率定，努力提高关键期预报精度。一是细化定量降雨预报流域单元分区，提升预报精细化水平和精准度。加强中长期定量降雨预测，降雨形势展望期由 20 天延长至 30 天。集成应用多家全球模式客观预报与人工预报融合技术，实现短期定量降雨预报由逐 6 h 细化至逐 3 h。在珠江流域性较大洪水防御期间，提前 10 天预测强降雨过程，为提前部署珠江流域防洪调度工作提供可靠支撑。二是加强预报模型参数在线率定，提高关键期洪水预报精度。按照"降雨—产流—汇流—演进"链条要求，梳理完善主要江河 2521 个洪水预报方案，以断面河系水力联系为基础，充分融合水工程调度信息，建立预报模型参数在线率定业务机制。利用 2022 年北江第 1 号洪水资料重新率定参数，提前 1 天精准预报北江第 2 号洪水飞来峡水库最大入库流量 $20000 \, \mathrm{m^3/s}$，误差仅 0.5%，为洪水防御精准调度提供科学依据。三是动态调整预警阈值规范预警发布，提高预警覆盖面和精准性。充分考虑前期暴雨洪水和下垫面条件变化，动态调整西北、东北、华北、西南等地 9 省（自治区）雨量预警阈值，有效提高暴雨洪水预警发布的精准性，为水利部门及时启动水旱灾害防御应急响应提供重要依据。同时，出台《关于规范水情旱情预警发布及江河洪水编号工作的通知》，进一步规范以流域为单元开展中央、流域、省、地市四级预警发布管理工作。四是完善预演正算反算功能，为水工程精细调度提供技术支撑。按照"总量—洪峰—过程—调度"链条要求，完善小浪底、大藤峡、飞来峡等骨干控制性水库串联、并联、混联"正向"预演方

案，构建西江、北江、汉江、黄河、松花江等流域调度区域单库和库群并联"反向"预演方案，初步实现水工程调度对下游控制断面的快速影响分析。在应对 2022 年西江第 4 号洪水、北江第 2 号洪水期间，实现多种调度方式对下游控制断面定量预演，为洪水防御预案制定提供有力支撑。五是强化滚动预报预演，为抗旱保供水提供决策支撑。应急构建低水条件下的中下游河段水动力学模型，分析研判三峡水库不同出库流量到长江口的影响时间和影响量，跟踪分析补水水头传播时间，滚动编制应急调度方案，为提高三峡压咸补水水量利用率提供技术支撑，增加了长江口主要水源地的取水时机，缓解了长江口咸潮入侵程度。同时，根据长江口和河网盐度变化及外江潮汐变化，利用太湖流域水文水动力模型对多工程联合调度方案进行滚动预演，同时加强反演，根据反演补水效果，优化调整补水方案，切实保障上海市水源地应急补水成效。

下一步，各级水利部门将坚决贯彻落实习近平总书记关于防灾减灾救灾工作的重要指示批示精神，按照党中央、国务院决策部署，立足防大汛、抗大险、救大灾，进一步增强风险意识、忧患意识，树牢底线思维、极限思维，抓紧补短板、堵漏洞、强弱项，及时修复水毁设施，完善洪水预报方案，全过程、全链条盯紧每一场暴雨洪水、每一区域干旱灾害，落实落细测报措施，强化滚动预测预报和预演分析，扎实做好防汛抗旱水文测报工作，为推动新阶段水利高质量发展奠定坚实的水文基础。

程增辉　执笔

刘志雨　审核

完善流域防洪工程体系
提升水旱灾害防御能力

水利部规划计划司 水利部水旱灾害防御司

2022年，水利部门全面贯彻习近平总书记关于防灾减灾救灾工作的重要指示批示精神，深入落实"两个坚持、三个转变"防灾减灾救灾新理念，始终坚持人民至上、生命至上，以流域为单元，加快流域防洪骨干工程建设，加强中小河流治理、病险水库除险加固等防洪薄弱环节建设，着力完善由河道及堤防、水库、分蓄洪区等组成的流域防洪工程体系，进一步提升洪涝灾害防御能力。

一、全面启动七大流域防洪规划修编

水利部召开启动视频会议，制定印发技术大纲，加强全过程管理，推进七大流域防洪规划修编取得积极进展。目前，各流域基本完成基础资料收集整理、上一轮防洪规划实施情况评估、近年来洪涝灾情调查分析、流域设计洪水复核，推进防洪标准复核、防洪区划布局研究，初步构建全国和流域层面规划数字化平台和一张图。

二、加快流域防洪工程体系建设

以流域为单元，加快大江大河大湖治理，实施河道及堤防、水库、蓄滞洪区等防洪工程建设，一批流域重点防洪骨干工程建设加快推进，七大流域防洪工程体系进一步完善。

（一）长江流域

河道及堤防建设方面，长江中下游河势控制和河道整治加快推进，长江干流芜湖河段整治、洞庭湖区重点垸堤防加固一期等工程开工建设，洞庭湖四口水系综合整治工程等项目前期工作有序推进,长江中下游重点区域排涝能力建设持续实施。水库建设方面,江西省四方井水利枢纽基本完工,四川省黄石盘、江家口、土溪口、固军,安徽省牛岭等工程加快推进,四川省青峪口等工程开工建设。蓄滞洪区建设方面,洞庭湖区钱粮湖、共双茶、大通湖东三垸分洪闸工程基本完工,湖北省杜家台分蓄洪区工程加快推进,蓄滞洪区功能逐步完善,江西省鄱阳湖蓄滞洪区安全建设(康山)、湖北省洪湖东分块蓄洪区安全建设等工程可研已报国家发展改革委。

(二)黄河流域

河道及堤防建设方面,黄河禹门口至潼关河段治理工程加快推进,黄河下游"十四五"防洪工程开工建设,宁夏段综合治理可研已报国家发展改革委。水库建设方面,陕西省东庄水利枢纽准备工程基本完成,古贤水利枢纽可研已报国家发展改革委,黑山峡河段开发治理工程前期工作加快推进。

(三)淮河流域

河道及堤防建设方面,沂河沭河上游堤防加固工程加快推进,淮河入海水道二期工程开工建设,沂沭泗河洪水东调南下工程规划已印发审查意见。水库建设方面,袁湾水库实现截流,前坪水库完成竣工验收,双堠水库开工建设。蓄滞洪区建设及平原洼地治理方面,怀洪新河水系洼地、江苏省重点平原洼地近期治理任务基本完成,山东省沿运及邳苍郯新洼地治理加快推进;淮河干流王家坝至临淮岗段行洪区调整及河道整治、正阳关至峡山口段行洪区调整和建设加快推进,河南省重点平原洼地、安徽省沿淮行蓄洪区等洼地治理工程前期工作加快推进。

(四)海河流域

河道治理及堤防建设方面,卫河干流治理、雄安新区防洪体系建设等工程持续推进,雄安新区起步区 200 年一遇防洪保护圈基本形成。加快实施《永定河综合治理与生态修复总体方案》确定的河道综合治理项目,持续推进永定河及桑干河、洋河防洪薄弱环节建设,永定河干流堤防达标率提高到 90%。水库建设方面,河北省娄里水库工程前期工作加快推进。蓄滞洪区建设方面，恩县洼滞洪区工程建设完工，河北省宁晋泊、大陆泽蓄滞洪区防洪工程与安全建设开工，文安洼工程与安全建设、献县泛区蓄滞洪区防洪工程与安全建设可研通过技术审查，天津市东淀和文安洼工程与安全建设等 4 项工程可研编制完成。

（五）珠江流域

河道及堤防建设方面，西江干流治理基本完成。水库建设方面，广西壮族自治区大藤峡水利枢纽通过二期蓄水验收，进入正常蓄水位运用并发挥关键控制性作用；海南省迈湾水利枢纽首个坝段封顶，广西壮族自治区洋溪水利枢纽可研已报国家发展改革委。蓄滞洪区建设方面，潖江蓄滞洪区建设与管理工程稳步推进，在北江"22·6"特大洪水中首次启用，保障了广州等重要城市防洪安全。

（六）松辽流域

河道及堤防建设方面，辽河干流堤防达标建设全线开工并加快推进，黑龙江省河道治理工程可研已报国家发展改革委，嫩江干流补充治理工程前期工作有力推进。水库建设方面，黑龙江省阁山水库建设完成。蓄滞洪区建设方面，组织开展胖头泡、月亮泡蓄滞洪区启用方式专题研究，形成阶段成果。

（七）太湖流域

河道及堤防建设方面，环湖大堤后续工程完成 65 km 大堤加固，太湖堤防达标率提升至 98%；新孟河延伸拓浚工程基本建成并投入抗旱调水试运行；吴淞江上海段新川沙河段加快建设，江苏段整治及上海段苏州河西闸、闽江干流防洪提升、扩大杭嘉湖南排后续西部通道等工程开工建设，望虞河拓浚、太浦河后续（一期）工程可研积极推进。水库建设方面，浙江省开化水库，福建省白濑、霍口等水库加快建设，浙江省镜岭水库、福建省上白石水利枢纽前期工作扎实推进。

三、加强防洪薄弱环节建设

（一）实施主要支流和中小河流治理

按照逐流域规划、逐流域治理、逐流域验收、逐流域建档立卡的要求，部署开展全国中小河流治理总体方案编制工作。完成主要支流和中小河流治理 2022 年度任务，实施 1605 个项目，治理河长 1.4 万 km。16 条主要支流、108 条中小河流完成整河治理。

（二）实施病险水库除险加固

完成 124 座大中型水库、6082 座小型水库、622 座淤地坝除险加固。实施小型水库雨水情测报设施建设 19189 座、大坝安全监测设施建设 17400 座，分别投入使用 15284 座、8016 座。对全国分散管理的 48226 座小型水库推行区域集中管护、政府购买服务、以大带小等专业化管护模式。

四、加强洪水风险管理

（一）提高气象水文监测预报预警水平

强化预报、预警、预演、预案措施，密切监视雨情、水情和汛情，滚动更新发布 2046 条河流 3591 个断面洪水预报 46.2 万站次，发布江河水情预警 2833 次，对骨干工程调度和洪水演进进行动态模拟预演 112 次。批复《2022 年长江流域水工程联合调度运用计划》《2022 年雄安新区起步区安全度汛方案》《尼尔基水库防洪调度方案》。

（二）加强流域水库群联合调度

出台《长江流域控制性水工程联合调度管理办法（试行）》，科学实施水工程调度。严格水库防洪调度运用和汛限水位监督，开展全国大型和重要中型水库汛限水位核定，入汛后密切监视全国大中型水库水位变化和防洪调度情况，对全国 600 座水库开展线下现场督查。

（三）强化防洪隐患排查和应急管理

加强水库工程安全度汛管理，严格落实水库大坝安全责任制，逐库落实小型水库"三个责任人"。建立 2946 段堤防险工险段、1918 座病险水闸的电子台账。对 106 个水毁修复项目，以及 114 个小型水库除险加固项目、2138 座小型水库、523 座水闸工程、549 段堤防工程险工险段开展监督检查。

（四）加强河湖行洪空间管控

整治完成 1.24 万个妨碍河道行洪突出问题。开展南水北调中线工程交叉河道、大运河、永定河等重点河道突出问题专项清理整治，完成中线工程沿线 445 条交叉河道"四乱"问题整治 62 处、京杭大运河黄河以北通水河段河道障碍整治 137 处、永定河天津河北段碍洪整治 56 处。

周智伟　郭东阳　赵　欢　执笔

李　明　审核

专栏七

开展妨碍河道行洪突出问题排查整治行动

水利部河湖管理司

为深入贯彻落实习近平总书记关于防灾减灾救灾工作的重要指示批示精神，针对近年来汛期我国部分河道行洪反映出的突出问题，自 2021 年 11 月起，水利部组织在全国范围内对妨碍河道行洪的突出问题进行排查整治，从加强河湖管理的角度，重点对由人为因素造成的河道行洪不畅问题进行专项整治。

一是高位推动部署。李国英部长主持召开部务会议，就保障河道行洪安全作出指示。分管部领导主持召开妨碍河道行洪突出问题排查整治工作全国视频会议，部署推进排查整治工作。地方党委和政府高度重视，全国 15 个省份签发总河长令进行部署，7 个省份党委、政府主要负责同志专门作出指示批示，绝大多数省份省级政府分管负责同志召开河长会议督办落实，有力推进了排查整治工作。

二是深入排查问题。指导督促各地对河道管理范围内的阻水建筑物、片林、高秆作物、阻水道路、桥梁等 10 类妨碍河道行洪的问题深入排查。利用信息化手段，向地方推送 22 万个卫星遥感疑似问题图斑，组织各地对疑似图斑进一步复核确认。同时，组织各流域管理机构结合流域实际，对重点河道开展全面核查和水面线复核，核查发现的问题及时反馈地方纳入清单。

三是强化跟踪督办。指导各地以问题清单为基础，逐项明确措施清单、责任清单，形成问题整改"三个清单"，按月跟踪督办清理整治进展。对于阻水严重的违法违规建（构）筑物等突出问题单独建账，要求有关地方倒排工期、重点推进，汛期前基本完成整改。对于清理整治进展滞后的省份，印发工作提醒函，抄送省级总河长，督促地方加快清理整治进度。

同时，组织抽查黑龙江、浙江、安徽等10个省份的问题整改情况，确保问题整改到位。

截至2022年年底，全国共排查出妨碍河道行洪突出问题1.25万个，完成整改1.24万个，整改完成率超过99%，剩余问题计划于2023年汛期前完成清理整治。各地共清理整治阻水交叉建筑物10236个，清理河道内乱堆垃圾废物2417万t，清理拆除违法违规建（构）筑物（含大棚、光伏、网箱）7069万m^2，清除非法围堤3113km，清除阻水片林、高秆作物10205万m^2。通过清理整治，推动了大量长期遗留问题、老大难问题的解决，改善了河湖面貌，恢复了水域岸线空间，保障了河道行洪通畅，为防洪安全奠定了坚实的基础。

宋　康　执笔

陈大勇　审核

甘肃省临洮县：
夯实责任　确保淤地坝安全度汛

2022 年 5 月，甘肃省临洮县对县内所有淤地坝安全度汛进行了拉网式排查，通过建立台账，制订整改措施，打牢淤地坝安全度汛基础。经排查，所有隐患均已完成整改落实，31 座淤地坝运行良好。

为进一步夯实责任、明确任务、细化措施，临洮县制定了《淤地坝防汛"三个责任人"履职手册》，明确了淤地坝运行管理责任，做到了淤地坝防汛"一坝一预案"。此外，临洮县还制订了汛前水旱灾害隐患排查方案，采取乡镇自查、水务部门抽查的方式，对全县水利工程、重点防洪沟道、山洪灾害易发区等重点项目进行全面检查，督促责任单位采取措施及时进行整治，确保汛前完成隐患排查整改任务。

临洮县充分发挥山洪灾害预警设施"千里眼""顺风耳"作用，建立完善了"县级防办、部门乡镇、防汛重点单位、村社组织、灾险联络员"群测群防五级网络。目前，山洪灾害预警系统 56 处自动雨量站、2 处自动水位站、2 处视频监测站、242 处简易雨量站、286 处无线预警广播站全部正常运行，设备上线率达到 100%。同时，成立了兼职应急救援队伍，并储备了纤维编织袋、铅丝石笼、拉水车和发电机等抢修物资。

在加强抗旱用水调度方面，临洮县督促洮河灌区对 16 条主干渠道和 68 台（套）机电设备进行了清淤检修，完成水毁工程修复 103 处。同时，全面完成了 11.8 万亩的春灌任务，较往年多灌溉农作物 4.5 万亩。印发了 2022 年水库防洪调度计划，落实水库"三个责任人"，靠实"三个重点环节"等工作，保证汛期有序运行调度。

临洮县通过实施山洪灾害非工程措施项目，对7处自动雨量站进行更新升级，并对18个乡镇危险区动态管理进行调查评价。为了加快智慧水务建设步伐，临洮县采用"F+EPC"模式实施了智慧水务平台项目，目前正在建设调度中心和采集信息数据，待项目建成后，将实现山洪预警系统数据集成、河沟道适时监控、淤地坝安全运行等涉水事项的统一会商调度管理，为防灾减灾提供技术支撑。

陈文进　执笔

席　晶　李　攀　审核

水利基础设施篇

全面加强水利基础设施建设工作综述

水利部规划计划司　水利部水利工程建设司

2022 年，水利部门以习近平新时代中国特色社会主义思想为指导，全面贯彻党的二十大精神，认真落实党中央、国务院决策部署，完整、准确、全面贯彻新发展理念，切实担负起全面加强水利基础设施建设的政治责任，举全系统全行业之力，采取超常规力度、超常规举措，全力加快水利基础设施建设，全面打赢 2022 年水利建设这场"硬仗"，为稳定宏观经济大盘、促进经济回稳向上作出重要贡献。

一是重大工程建设实现历史性突破。全年开工重大水利工程 47 项、投资规模 4577 亿元，其中总投资超过 100 亿元的项目共 13 个，开工数量和投资规模均为历史最多。南水北调中线引江补汉、淮河入海水道二期、环北部湾广东水资源配置、太湖吴淞江治理等一批论证多年、具有战略意义的标志性工程开工建设。一批工程实现重要节点目标，引江济淮一期工程试通水通航，大藤峡水利枢纽实现正常蓄水位蓄水，引汉济渭秦岭输水隧洞全线贯通，鄂北水资源配置工程顺利完工。全年共有 34 项工程建设完成，20 项工程通过竣工验收，发挥了显著效益。

二是水利投资完成创历史新高。全年完成水利建设投资 10893 亿元，比 2021 年增长 43.8%，历史性地迈上万亿元台阶。其中，广东、云南、浙江、湖北、安徽等 12 个省份完成投资额度超过 500 亿元。大规模的水利建设，具有吸纳投资大、产业链条长、创造就业多、带动能力强等作用，全年直接吸纳就业人数 251 万人，其中农村劳动力 205 万人，为稳投资、促就业发挥了重要作用。

三是民生水利项目全面提速建设。全年新开工水利项目 2.5 万个，较 2021 年多 4135 个；新增投资规模 1.23 万亿元，较 2021 年多 6974 亿元；累计实施水利项目达到 4.1 万个，是 2021 年的 1.3 倍。实施病险水库除险加固

3500 多座，开展主要支流和中小河流治理 1605 条、治理河长 1.4 万 km；完工农村供水工程 18169 处，全国农村自来水普及率提高到 87%；实施大中型灌区建设和改造 529 处，完成淤地坝除险加固 622 座，治理水土流失面积 6.3 万 km^2。

四是水利投融资改革取得明显成效。充分发挥市场机制作用，建构两手发力"一二三四"工作框架体系，全力争取地方政府专项债券、政策性开发性金融工具支持，联合金融机构制定一系列含金量高、操作性强的金融信贷支持水利政策，积极推进政府和社会资本合作（PPP）模式发展和水利基础设施投资信托基金（REITs）试点，拓宽水利长期资金筹措渠道。全年累计落实水利建设投资 11564 亿元，较 2021 年增长 44%，其中，利用地方政府专项债券 2036 亿元，较 2021 年增长 52%；金融信贷和社会资本 3204 亿元，较 2021 年增长 78%，有力保障了大规模水利建设资金需求。

下一步，水利部门将全面贯彻党的二十大精神，深入贯彻落实习近平总书记治水重要论述精神，认真落实中央经济工作会议、中央农村工作会议部署，锚定全面提升国家水安全保障能力总体目标，统筹水灾害、水资源、水环境、水生态治理，以奋发有为的精神状态和"时时放心不下"的责任感，采取坚决有力、扎实有效的工作措施，努力保持水利基础设施体系建设的规模和进度，加快构建高质量现代化水利基础设施体系，着力推动新阶段水利高质量发展，为全面建设社会主义现代化国家开好局起好步贡献水利力量。

袁　浩　徐　吉　尤传誉　执笔

李　明　审核

专栏八

南水北调中线引江补汉工程正式开工

水利部南水北调工程管理司

引江补汉工程是南水北调后续工程首个开工项目，是全面推进南水北调后续工程高质量发展、加快构建国家水网主骨架和大动脉的重要标志性工程，其开工建设标志着南水北调后续工程建设拉开序幕。

引江补汉工程从长江三峡库区引水入汉江，沿线由南向北依次穿越宜昌市夷陵区、襄阳市保康县、谷城县和十堰市丹江口市。输水线路总长194.8 km，为有压单洞自流输水，多年平均调水量39亿 m^3，引水流量170~212 m^3/s。可行性研究报告批复静态总投资582亿元，设计施工总工期108个月，由中国南水北调集团有限公司负责建设运营。

工程实施后，将连通三峡水库和丹江口水库两大战略水源地，进一步打通长江向北方地区的输水通道，增加南水北调中线一期工程北调水量，提高南水北调中线工程供水保证率，加快构建国家水网主骨架和大动脉，为实现长江—汉江—华北平原水资源协同调配创造工程条件，将对保障国家水安全、促进经济社会发展、服务国家重大战略发挥重要作用。同时，还将向汉江中下游补水，对提高汉江流域水资源调配能力、改善汉江中下游水生态环境具有重要作用。

2022年7月7日上午，南水北调中线引江补汉工程开工动员大会以视频连线方式在北京和湖北举行。时任中共中央政治局常委、国务院副总理、推进南水北调后续工程高质量发展领导小组组长韩正出席大会，并宣布工程开工。

截至2022年12月底，引江补汉工程已与丹江口市人民政府签署《引江补汉工程出口段建设征地移民安置任务与投资包干协议》，出口段征地移民工作已基本完成，工程累计完成土石方68万 m^3，累计完成投资15亿元。出口段以外的初步设计招标采购工作已完成，初步设计涉及的相关专题及专业报告编制工作正有序开展。

高定能　执笔
李　勇　审核

专栏九

淮河入海水道二期工程开工

水利部水利工程建设司

淮河入海水道二期工程是国务院部署实施的150项重大水利工程之一，被列入国务院2022年重点推进的55项重大水利工程清单，于2022年7月30日开工建设。

淮河流域人口稠密，在我国经济社会发展大局中地位突出，但气候多变、水旱灾害频繁，治淮一直是国家治水的重中之重。经过多年治理，淮河流域洪涝灾害防御能力显著增强。其中，通过淮河入海水道一期工程等项目建设，淮河下游的排洪能力由不足 $8000m^3/s$ 扩大到 $15270\sim18270m^3/s$，洪泽湖及下游防洪保护区防洪标准达到100年一遇。淮河下游洪水入江、入海能力得到巩固提升的同时，洪水出路规模依然不够，洪泽湖中低水位泄流能力偏小仍是淮河下游防洪面临的主要瓶颈。2020年8月，习近平总书记在安徽省考察期间充分肯定了70年淮河治理取得的显著成效，并作出"要把治理淮河的经验总结好，认真谋划'十四五'时期淮河治理方案"的重要指示。随后，淮河入海水道二期工程各项工作的推进步入快车道。

淮河入海水道二期工程计划工期8年，主要建设内容包括扩挖河道162.3km，加固南北堤防，扩建二河枢纽、淮安枢纽、滨海枢纽和海口枢纽，改建淮阜控制工程，改扩拆建沿线15座跨河桥梁和28座穿堤建筑物，实施渠北影响处理工程，同时结合航道建设，使淮安枢纽—滨海枢纽段航道满足Ⅱ级要求。

淮河入海水道二期工程投资438亿元，是治淮历史上投资最大的防洪单项工程。工程实施后，将有效减轻淮河中游防洪除涝压力，进一步扩大淮河下游洪水出路，提高流域防洪排涝能力，确保洪泽湖防洪保护区1951万亩耕地、1800万人口生命财产安全，兼具改善水环境和航运条件等综合效益，对保障国家粮食安全、长江经济带发展、长三角一体化发展、淮河生态经济带发展等战略实施，改善淮河中下游地区民生、保障流域经济社会发展具有重要意义。

张　昕　韩绪博　执笔

赵　卫　审核

专栏十

引江济淮一期工程试通水通航

水利部水利工程建设司

引江济淮工程沟通长江、淮河两大水系，集供水、航运、生态等综合效益于一身，是跨流域、跨省重大战略性水资源配置和综合利用工程，也是国务院确定的全国 172 项节水供水重大水利工程的标志性工程，是我国在建规模最大的跨流域引调水工程。

工程供水范围涉及安徽、河南 2 省 15 市 55 县（市、区），总投资 949.14 亿元，输水线路总长 723 km，受益范围 7.06 万 km²，采用菜子湖线、西兆河线双线引江，设计引江规模为 300 m³/s。2030 年、2040 年引江水量分别为 34.27 亿 m³、43 亿 m³。开发航道里程总长 354.9 km，其中 II 级航道 167 km、III 级航道 169 km、利用合裕线 II 级航道 18.9 km。新建和改建枞阳、庐江、凤凰颈、兆河、白山、派河口、蜀山、东淝河闸 8 大枢纽。工程永久征地 8.22 万亩，临时征地 15.5 万亩，搬迁人口 7.23 万人，拆迁各类房屋 274 万 m²。

2016 年 12 月，引江济淮一期工程正式开工，经过历时 6 年的施工建设，引江济淮工程顺利实现试通水通航的目标。工程建成后，可实现供水人口 5117 万人，改善灌溉面积 1808 万亩，贯通菜子湖、巢湖、瓦埠湖和淮北地区三横四纵水系，并促进新中国成立以来最大灌区淠史杭工程焕发青春，激活新中国治淮工程体系，助力构筑国家水网主框架、大动脉。

引江济淮工程通航后，淮南到芜湖之间的水运距离，将从绕道京杭大运河的 645 km 减少到 330 km。该工程北接沙颍河航道，南连芜申运河，形成平行于京杭大运河的我国第二条南北水运大动脉，连通现有航运水系，辐射四方，通江达海，产业势能巨大。此外，工程年均可向巢湖补水 5 亿 m³ 以上，有助于促进湖区水体流动和修复巢湖生态。江水入淮可确保淮河干流不再断流，为压采淮北地下水提供重要的水源置换条件。鱼道鱼巢、生态航道、水保绿化保护了工程沿线生态，充分践行了生态文明理念。

张　昕　韩绪博　执笔
赵　卫　审核

云南省楚雄彝族自治州：
重大工程挈引水利建设提速

2022 年以来，云南省楚雄彝族自治州抢抓国家适度超前加大基础设施投资、稳住经济大盘一揽子政策等机遇，坚持以规划为依据、以重大项目为挈引、以改革创新求突破，按照"快、准、稳、好"工作要求，整合资源要素，加快推进一批重大水利工程项目前期工作和建设进度。通过统筹推进中小型水源工程、连通工程、防洪减灾工程、水生态环境工程等项目建设，为稳投资、稳增长、保就业作出了积极贡献。

重大水利工程项目前期工作取得新突破。打破水行政主管部门负责重点水利项目前期工作的传统模式，引入央企、省属国有企业与地方平台公司、社会资本方组建重大（重点）水利工程项目前期公司，以筹集项目前期工作经费为重点，会同水行政主管部门抓紧抓实项目前期工作。总投资232.3亿元的7个重大水利工程项目前期工作加快推进，滇中引水二期（楚雄受水区）工程、蜻蛉河大型灌区续建配套与现代化改造项目可行性研究报告、初步设计报告（实施方案）已批复，2个工程已开工建设；小石门大型水库环境影响评价报告已批复、可行性研究报告已报国家发展改革委；扩建九龙甸水库、元谋大型灌区续建配套与现代化改造项目可行性研究报告已完成，并报云南省水利厅；新建永仁大型灌区工程规划报告已完成，并经水利部水利水电规划设计总院组织技术咨询审查；开展东河水库扩建工程可行性研究阶段勘察设计，新建武禄双大型灌区规划阶段勘察设计工作加速推进。

重大工程助力水利投资创历史新高。坚持专业化、专门化、精细化原则，成立重点水利工程项目建设专班，落实要素保障，重点帮助推动解决项目建设中存在的困难问题，加快推动项目建设，全州水利建设完成固定资产投资107.3亿元，提前3个月完成了彝族自治州计划建设的年度目标任务，占云南省完成投资的17.7%，占"十三五"期间全州完成水利投资的34.9%，其中滇中引水干渠楚雄段、蜻蛉河大型灌区续建配套与现代化改造、元谋大型灌区高效节水灌溉项目3项重大水利工程建设完成投资43.01亿元，占全州完成水利投资的40.1%。

面上重点水利工程全面提速。重点工程建设实行"州包保县市、县市包保工程"责任机制和"日跟踪、周调度、旬总结、月通报"调度机制，加快扫尾、续建、新开工项目进度。2022年以来，完成3座中型、28座小型病险水库除险加固，新建2座小（1）型水库，治理3条中小河道工程，另有7项河库连通工程、2个中型灌区项目、2条小流域重点治理工程、8件城乡供水一体化项目等工程开工建设；4座中型、36座小型病险水库除险加固工程建设任务基本完成，2座中小型水库项目主体工程基本完工，2座中小型水库完成截流验收，4座小型水库完成下闸蓄水验收，4座小型水库完成竣工验收；续建的中小河流治理工程等项目按计划顺利推进。

农村供水保障工程加快推进。加强"政银企"合作，引入社会资本，开工建设90项农村供水保障工程，目前已完工63项，完成投资7.76亿元，占2022年计划完成10亿元的77.6%。工程完工后，可以有效巩固提升城乡28.66万人口饮水保障水平，农村受益人口达25.98万人。

杨逢春　执笔

席　晶　李　攀　审核

专栏十一

以流域为单元推进中小河流系统治理

水利部水利工程建设司

水利部高度重视中小河流治理工作，将中小河流系统治理列入水利部稳住经济大盘 19 项水利措施，要求有力有序有效推进中小河流系统治理。2022 年，水利部组织各地启动编制中小河流治理总体方案，制定规范性文件规范中小河流治理工作，以流域为单元推进整河治理，超额完成了年度治理目标任务。

一、牢固树立系统观念，以流域为单元编制全国中小河流治理总体方案

水利部紧盯完善流域防洪减灾体系这个首要目标，以流域为单元，以系统观念谋划中小河流治理工作。2022 年 7 月，水利部联合财政部印发通知，全面部署总体方案编制工作，制定技术大纲，开展技术培训，组织指导各地以流域为单元，统筹上下游、左右岸、干支流，与流域防洪规划修编工作相衔接，系统、完整、科学编制中小河流治理总体方案。截至 2022 年年底，全国中小河流名录已印发，初步完成调查评估，各地正在抓紧开展逐河流方案编制，并将于 2023 年编制完成全国中小河流治理总体方案。

二、完善体制机制，进一步规范中小河流系统治理工作

全面梳理中小河流治理有关的制度和规范性文件，对标中小河流系统治理的有关要求，以流域为单元，逐流域规划、逐流域治理、逐流域验收、逐流域建档立卡，规范中小河流治理工作。全面落实"一条河一条河治理"和"资金跟着项目走"的要求，组织制定《中小河流治理建设管理办法》，规范前期工作、建设管理等工作程序，细化各方责任，明确工作

要求，提出保障措施。针对中小河流治理模式的改变，组织起草《中小河流治理技术指导意见》，从技术上规范指导中小河流系统治理，提高信息化管理水平。

三、狠抓年度项目实施管理，全面完成治理任务

结合已经印发的"十四五"有关规划，组织各地按照整河治理的要求，以流域为单元，建立年度中小河流治理项目库。强化在建项目台账管理，落实"周会商、月调度"机制，加强分析研判，采取督导措施，确保建设任务按期完成。2022年，下达治理任务12013km，实际完成治理河长12177km，超额完成年度治理任务，其中完成整河治理108条，河道行洪能力提高，沿线的重要城镇、耕地和基础设施等得到有效保护，洪涝灾害风险明显降低。

余晓强　瞿　媛　赵建波　执笔

张　伟　审核

加快国家水网建设
构建水资源配置战略格局

水利部规划计划司

2022 年，水利部门深入贯彻落实习近平总书记治水重要论述精神和党中央、国务院决策部署，围绕构建"系统完备、安全可靠，集约高效、绿色智能，循环通畅、调控有序"的国家水网，聚焦联网、补网、强链，按照"纲、目、结"工程布局，加快国家水网重大工程建设，推进省级水网建设，打通国家水网"最后一公里"，着力提升水利基础设施网络效益，进一步增强水资源统筹调配能力、供水保障能力、战略储备能力。

一、加快建设国家水网主骨架大动脉

一是南水北调中线引江补汉工程顺利开工。为推动国家水网主骨架和大动脉的重要标志性工程——南水北调中线引江补汉工程尽早开工，水利部各有关单位在勘测设计、项目审查、报告修改、要件办理、初设压茬等环节分秒必争，实行日报告、周调度制度，采取超常规措施协调推进。2022 年 7 月工程正式开工建设，提前半年实现开工目标，拉开了南水北调后续工程高质量发展帷幕。

二是南水北调总体规划修编全面启动。根据国家重大战略新要求、生态环境保护新理念，水利部会同国家发展改革委、生态环境部等部门制定工作方案，组建专班强力推进，对南水北调工程总体规划进行优化调整。截至 2022 年年底，已经完成规划修编报告初稿。

三是后续工程前期工作加快推进。压茬推进南水北调中线引江补汉工程初步设计工作，2022 年年底完成了初步设计报告。组织开展南水北调东线二期工程规划和可研修改完善工作，深化局部线路方案比选论证，完成工程规划和可研修订报告，下一步将结合总体规划修编成果进一步修改完善。配合完成南水北调西线工程现场调研，并组织开展西线工程 11 项重大专题研究。

四是有效保障南水北调中线防洪安全。研究制定南水北调中线防洪安全风险处置工作方案，批复中线干线工程防洪加固设计报告，系统提升中线干线工程供水保障能力。完成南水北调中线工程防汛安全风险评估工作，截至 2022 年年底，左岸 80 座影响中线工程防洪安全的病险水库已完成除险加固 63 座，26 项防洪加固项目已完成 23 项，尤其是涉及 2022 年度汛安全的 21 项中线工程防洪加固项目，已于 6 月底前全部完成主体施工，确保了工程安全度汛。

二、有序推进重点区域水网规划建设

一是加快重点工程前期工作。甘肃省白龙江引水、青海省引黄济宁等工程可研审查意见已报送国家发展改革委，环北部湾广西水资源配置工程可研正在审查。深化一批重大工程的前期工作，引大济岷工程规划正在审查，已启动可研编制工作。

二是开工一批区域重大水资源配置工程。骨干输水通道方面，论证多年的环北部湾广东水资源配置工程开工建设，将从根本上解决粤西地区水资源短缺问题；沟通两大水系的引江济淮二期工程开工，将有力保障皖北和豫东地区供水安全。区域水资源配置方面，湖北鄂北地区水资源配置二期等工程开工建设，为区域水网补充新鲜水源和发展动力。

三是全力推进在建重大工程建设。一批工程实现关键节点目标，吉林西部供水、鄂北水资源配置等工程相继完工并发挥效益；引江济淮一期工程试通水通航，建成了国家水网中沟通江淮的又一条骨干通道。推进珠江三角洲水资源配置、滇中引水等工程建设进度，加快构建区域水网。

三、不断完善省市县水网体系

一是启动省级水网先导区建设。水利部制定印发《关于加快推进省级水网建设的指导意见》，明确总体要求和任务措施。指导地方完善省级水网建设规划体系，20 个省级水网建设规划编制完成并通过水利部审核，确定广东、浙江、山东、江西、湖北、辽宁、广西 7 个省（自治区）为第一批省级水网先导区，开展先行先试，取得阶段性成效。

二是全力加快省级水网重点工程建设。重点水源工程方面，黑龙江省林海、云南省黑滩河等水库开工建设，贵州省马岭、江西省四方井、云南省车马碧等水库建成并发挥效益，有力提升供水能力。灌区建设和改造方面，国务院部署重点推进的 6 项大型灌区工程 2022 年 9 月底前全部开工建设，列入"十四五"规划的 2 项灌区开工建设，湖南省涔天河水库扩建工程灌区、河南省赵口引黄灌区二期、吉林省松原灌区等 10 项灌区完工发挥效益，新增或改善灌溉面积近 1400 万亩；实施 88 处大型、417 处中型灌区的现代化改造，预计新增恢复或改善灌溉面积超过 3300 万亩，对减少干旱灾害损失、保障粮食安全具有重大意义。

三是全面加强农村供水网络建设。建设 58 座中型、136 座小型水库。全年完成农村供水工程 18169 处，受益农村人口 8791 万，全国农村自来水普及率达到 87%，较 2021 年提高 3 个百分点，全力打通水网"最后一公里"。

四、有力推进数字孪生水网建设

一是基本形成数字孪生水利技术框架。数字孪生流域、数字孪生水网、数字孪生工程先后印发建设技术导则，完成顶层设计。编制完成七大江河和 11 个重点水利工程数字孪生建设方案，启动实施 94 项先行先试任务。结合灌区现代化改造，启动 48 处数字孪生灌区建设。

二是积极开展数字孪生水网工程建设。在省级水网建设规划和先导区建设实施方案编制时，强化数字孪生水网落地。加强重大水利工程中的数字孪生设计工作，在南水北调中线引江补汉、引大济岷、引江济淮二期、环北部湾广东水资源配置等项目前期工作中，将数字孪生水网建设内容纳入工程建设任务同步实施，予以资金保障。

五、提升水网运行调度能力

水利部协调国家发展改革委，积极推动《水利工程供水价格管理办法》《水利工程供水定价成本监审办法》修订出台。加强全国省界和重要控制断面、重点河湖生态流量保障目标控制断面的水文监测，完成《水文站网规划技术导则》修订。印发跨省江河流域及调水工程水资源调度方案和年度计划，实施黄河、黑河、汉江等42条跨省江河流域水资源统一调度。印发《2022年长江流域水工程联合调度运用计划》，强化水工程防洪调度规范运用。

袁　浩　徐　吉　尤传誉　执笔

李　明　审核

专栏十二

第一批省级水网先导区建设有序启动

水利部规划计划司

2022 年 8 月，水利部确定广东、浙江、山东、江西、湖北、辽宁、广西 7 个省（自治区）为第一批省级水网先导区。自先导区确定以来，水利部加强指导督促和跟踪，各先导区大力推进水利基础设施建设，取得积极进展。

一是加强先导区建设组织实施。成立省级水网建设领导小组或协调机制，加强组织协调，明确目标任务，细化工作举措，多次开展调研、召开专题会议，加快推进先导区建设任务落地实施。广东省、山东省抓紧筹备召开水网先导区建设动员会，全面部署省级水网先导区建设。

二是推进省级水网"纲、目、结"建设。根据省级水网"纲、目、结"布局，积极推进水网骨干工程前期工作和项目建设。"纲"方面，广东省珠江三角洲水资源配置工程预计 2023 年年底建成通水。南水北调中线引江补汉、鄂北水资源配置二期、环北部湾广东水资源配置等工程陆续开工建设。"目"方面，广西壮族自治区驮英水库及灌区工程总干渠隧洞全线贯通，辽宁省观音阁水库输水工程完成竣工验收。赣江抚河下游尾闾综合整治、粤东水资源优化配置二期等工程已开工建设。"结"方面，辽宁省猴山水库完成竣工验收，广东省韩江高陂水利枢纽进行试运行，广西壮族自治区大藤峡水利枢纽通过正常蓄水位验收，落久水利枢纽已完工并稳步发挥防洪和发电效益。

三是多渠道筹措水网建设资金。充分发挥"两手发力"和重大项目投资牵引作用，水网建设投资呈现加速上升势头。2022 年，7 个省级水网先导区共落实水利建设投资 3662 亿元，完成水利建设投资 3501 亿元，约占全国的 1/3，其中广东省完成 773.2 亿元，居全国首位；浙江省、湖北省、山东省、江西省完成投资均超过 500 亿元，居全国前列；湖北省、广西壮族自治区完成投资较 2021 年同期均增长 140% 以上，江西省、辽宁省较 2021 年同期均增长 60% 以上。

四是着力推进数字孪生水网建设。积极开展数字孪生先行先试，充分利用新一代信息技术，加快推进数字孪生水网、数字孪生流域、数字孪生水利工程建设。浙江省数字孪生钱塘江、杭嘉湖平原、曹娥江、瓯江大溪、飞云江、椒江、横锦水库等 7 项先行先试任务有序推进，并上线运行接受实战检验。

五是创新水网建设管理体制机制。推进先导区建设任务顺利实施和水网工程良性安全运行。浙江省水利厅与浙江省发展改革委创新成立联合工作组，并联式推进水网项目前期工作，加快融资需求和信贷资源精准对接。广西壮族自治区正式成立广西水利发展集团有限公司，助力水网工程"投、建、运、管"一体化。

周智伟　郭东阳　徐　震　执笔

李　明　审核

山东省昌邑市：
打造现代水网"青阜模式"

2022年，山东省潍坊市昌邑市柳疃镇青阜农业综合体夏季粮食单产、总产全面增长，小麦每亩单产550kg，总产6600t，总产增长12%，连续3年丰收。

从引水调水，到治水蓄水，再到节约用水，在潍坊北部盐碱地上，昌邑青阜农业探索出一条水兴粮丰生态发展的路子。

原来的"北大荒"摇身变为"北大仓"，现在的青阜农业，正寄托着周边17个村庄乡亲们对美好生活的希冀，成为农业农村现代化的一个典范，一幅农业强、农村美、农民富的乡村振兴时代画卷正在徐徐展开……

南水北调，引水灌田。水利与粮食生产、农民丰收息息相关。仲夏时节，行走在柳疃镇青阜农业综合体平直的田间路上，放眼望去，田野金灿灿，丰收的气息还未退去。置身于此，很难相信数年前这里还是一片片"白花花"的盐碱地、低产田。

盐碱地变良田，淡水是关键。在青阜农业综合体向东直线距离约20km，便是潍河。这里水资源丰富，引潍河水解决灌溉问题成为当地群众的共识。但是，这短短的20km，中间不但隔着近20个村庄，还有铁路、高速公路穿越，民事协调、技术攻关都是难题。昌邑市水利、自然资源和规划、交通等部门成立工作专班，安排技术人员进行实地测量、技术攻关，属地镇街全力配合，终于破解了这些难题。近年来，青阜农业综合体还抓住潍河上游大流量泄洪和灌溉放水的契机，利用峡山水库河西灌渠受水达2200余万 m^3。同时，与国内知名科研院所开展合作，采取深翻压碱、提取地下卤水等方式，使昔日基本颗粒无收的"盐碱滩"变成了如今盈车嘉穗的"吨粮田"。

湾塘扩增，蓄水润田。为留住"外来水"、蓄住"天上水"，青阜农业综合体实施了"湾塘扩增"行动。参照"海绵城市"建设，青阜农业创新实施了"雨水汇流"和"海绵村庄"工程，打造农村水系治理的"青阜模式"，通过提升改造村内及田间排水沟渠、管网，将雨季降水收集到蓄水池中，实现排涝、蓄水双效同步，每年可收集雨水 500 多万 m³。

节水灌溉，增产增收。节约水资源，实现水资源可持续利用，对发展盐碱地农业而言显得尤为重要。为发挥好每一滴水的作用，青阜农业综合休就在节水灌溉上下功夫。近年来，先后筹资 5100 多万元，建设了水肥一体化项目 2.15 万亩。建设增压泵房 35 处，田间铺设主、干、支输配水管道 44.8 万 m，设置主杆固定式、支架半固定式或自动移动式灌水器喷头 2.6 万个，建成了昌北沿海农田引淡水灌溉系统，改变了周边 11 个村庄 2200 余户农民种地"靠天吃饭"的局面，实现节水 50% 以上，肥料有效利用率提高 30% 以上，每年节约种植成本 800 多万元。

昌邑市投资 2500 多万元高标准建设"青乡为农服务中心"，配套建设大数据智控中心，将水肥一体化、土壤墒情、温湿度检测、光照指数等数据资料统一收集，汇总研判，覆盖土地 4000 亩，用大数据为农业生产提供专业性、精准化的技术指导，提高了水肥利用率，实现智慧化、数字化生产。

水沛则粮丰，水兴则农旺。青阜农业通过现代水网建设，引来了水源，激活了土地，富裕了农民，蹚出了农业增产增效、农村美丽宜居、农民增收致富之路。

赵　新　胡　阳　执笔
席　晶　李　攀　审核

加强和改进水利工程运行管理

水利部运行管理司

2022 年，水利工程运行管理各项工作扎实开展，工程安全状况持续改善，全国水库无一垮坝，大江大河干流堤防无一决口，为推动新阶段水利高质量发展奠定了坚实基础。

一、水库除险加固和运行管理工作完成节点任务

一是小型水库除险加固项目强力推进。水库安全鉴定存量任务清零，2020 年到期的 34695 座水库全部实施安全鉴定，工作实现常态化。水库除险加固两年任务全面完成，16472 座小型水库除险加固历史遗留问题全部解决，7471 座病险程度较高、防洪任务较重的小型水库完成除险加固。科学妥善降等水库 2437 座、报废水库 554 座。

二是小型水库专业化管护实现全覆盖。48226 座乡镇村组分散管理的小型水库因地制宜实行专业化管护模式，其中区域集中管护、政府购买服务、"以大带小"分别占 42.1%、48.2%、7.6%。随着改革不断深化，小型水库管护责任和主体、经费和人员进一步落实，共有"巡库员"114175名，基本实现小型水库有钱管、有人管、管护专业化。

二、水利工程安全运行监管能力全面增强

一是水利工程安全管理责任全面落实。全面落实以地方人民政府行政首长负责制为核心的水库大坝安全责任制，小型水库防汛行政、技术、巡查"三个责任人"16.4 万人全部完成培训。通过对 14100 座水库责任人履职情况开展电话抽查，有效促进责任人履职尽责。进一步压实堤防水闸地方政府防汛行政责任、主管部门安全监督责任和工程管理单位安全主体责任。

二是水利工程安全管理措施不断强化。认真做好水库、堤防、水闸巡查值守、维修养护、安全监测等工作，保障工程设施良性运行。突出水利工程安全度汛工作，汛前逐库完善水库调度运用方案、大坝安全管理（防汛）应急预案以及水闸控制运用计划，核实核准堤防险工险段台账并制定应急预案。汛期落实病险水库、病险水闸限制运用措施，0.97万座病险水库"主汛期原则上一律空库运行"，确保工程安全度汛。完成1134座大中型水闸安全鉴定。

三是水利工程运行监督检查取得实效。针对水利工程薄弱环节，组织开展水利工程设施风险隐患排查整治，全覆盖完成95259座水库、90537座水闸、50167段堤防工程自查。流域管理机构按照10%的比例抽查，并督促整改，排查发现的隐患基本消除。开展水库泄洪设施专项排查治理，逐库排查水库溢洪道、溢洪坝、放水涵洞涵管、闸门及启闭设备等泄洪设施损毁侵占等问题，排查出1626座水库存在问题并全部完成整改，有力整治侵占溢洪道等突出问题。

三、水利工程运行管理信息化水平显著提升

一是水库运行管理信息系统建设取得阶段性成效。全国水库运行管理信息系统数据涉及面广、采集量大，涵盖了全国97036座水库，设置了基础信息、责任人、安全鉴定、病险水库安全度汛、除险加固、监测设施、调度规程（方案）、应急预案、降等报废等15项主要业务、18个类别的数据汇集分析模块，流域管理机构、地方各级水行政主管部门、水库管理单位等共注册用户1.9万个。实现与全国水利一张图、防汛会商系统信息协同。为解决数据涉及面广、采集量大等问题，建立信息管理员填报、更新，管理单位和地方水行政主管部门逐级审核、上报，流域管理机构随机抽查、督促整改的数据管理机制，通过多源整合、逐库复核，实现水库信息全面、精准、动态掌握，对功能业务的支撑度不断提高。

二是堤防水闸工程基础数据库不断完善。完成规模以上4.7万段27万km堤防、7万座水闸工程基础信息复核工作，数据复核完成率均在99%以上，实现水闸注册登记和堤防信息登记常态化，与全国水利一张图

互联互通，基本实现工程数据存储、统计、筛查等功能。安全鉴定、工程划界、蓄滞洪区等业务实现实时统计汇总，经各省（自治区、直辖市）填报、各流域管理机构复核，形成工程名录，数据准确率、完整度不断提升，有力提高堤防水闸运行管理工作效率。

三是小型水库监测设施建设持续推进。2021年安排的11824座小型水库雨水情测报设施和5817座大坝安全监测设施全部按计划完成。2022年安排的19189座雨水情测报设施、17400座大坝安全监测设施分别完成8567座、6413座。积极推进部级、省级雨水情测报和大坝安全监测平台建设。会同财政部在多省（自治区、直辖市）开展小型水库监测能力提升试点，探索应用新技术、新方法，推进监测设施高水平、高标准、高质量建设。通过完善监测设施，实时掌控信息，科学实施调度，进一步提升小型水库防风险、保安全能力，为打赢防洪抗旱硬仗发挥关键作用。

四、水利工程体制机制法治管理不断完善

一是水利工程标准化管理全面启动。制定推进水利工程标准化管理指导意见、评价办法及其评价标准，全面启动水利工程标准化管理。各省级水行政主管部门和流域管理机构制定标准化工作实施方案，明确标准化目标任务和分年度计划，成立工作专班，建立信息通报和考核机制。21个省（自治区、直辖市）和7个流域管理机构印发标准化评价细则、评价标准、示范文本，初步构建制度标准体系。全面推进水利工程标准化管理，全国786处工程通过省级或流域水利工程标准化管理评价，21处工程首批通过水利部评价，以点带面，充分发挥示范引领作用。

二是运行管理制度体系加快健全。加强顶层设计，水利工程运行管理法律法规和制度标准体系不断完善，运行管理刚性约束不断强化。制订堤防运行管理办法、水闸运行管理办法，填补制度空白；编制水库大坝加固设计导则、小型水库雨水情测报和大坝安全监测技术规范、水库生态流量泄放规程、堤防隐患探测规程、堤防养护修理规程、水库大坝风险等级划分与评估导则、水库防洪抢险技术导则等10余个技术标准；印发《关于强化水库漫坝险情和垮坝事件调查处理工作的意见》《水库漫坝险情和垮

坝事件调查技术大纲》，通过完善事故调查、追究、整改、惩戒程序，建立夯实水库安全管理责任、严防漫坝险情和垮坝事件的倒逼机制。

三是流域运行管理工作机制初步建立。坚持系统观念，强化流域统一规划、统一治理、统一调度、统一管理，印发《关于强化流域管理机构水利工程运行管理工作的通知》，明确流域运行管理总体要求、职责任务和工作机制。各流域管理机构充分发挥技术与管理优势，按照"分区包干，确保落实"的原则，深度参与水库除险加固和运行管护、水利工程安全度汛、信息化建设、标准化管理等工作，在监督、指导、检查、考核评价中发挥重要作用。以流域为单元推进水利工程运行管理的工作机制已初步建立，流域内水利工程运行管理的全链条、各环节监管力度显著增强。

万玉倩　韩　涵　执笔

刘宝军　审核

强化三峡工程管理　确保长期安全运行

水利部三峡工程管理司

2022年，水利部门深入贯彻党的二十大精神和习近平总书记治水重要论述精神、关于三峡工程重要讲话指示批示精神，立足"大时空、大系统、大担当、大安全"，充分发挥三峡工程在水旱灾害防御、生态安全调度中的关键骨干作用，扎实推进工程运行安全管理，三峡后续工作规划实施、三峡移民安稳致富和数字孪生三峡建设等重点工作取得新的成绩，为推动新阶段水利高质量发展作出积极贡献。

一、三峡工程运行安全管理不断强化

深入贯彻落实习近平总书记关于安全生产的重要论述精神，印发《水利部办公厅关于做好2022年度三峡工程运行安全工作的通知》，组织召开2022年度三峡工程运行安全座谈会，对做好全年三峡工程运行安全管理作出部署。加大安全检查和巡查力度，通过现场检查、督导调研、交流座谈等形式，开展三峡枢纽工程监督检查和三峡水库汛期安全巡查，督导三峡工程南线船闸停航检修和升船机安全检查，督促落实防洪度汛措施，督导湖北省、重庆市及有关区县加强三峡水库管理和保护范围划界、做好"四乱"清理、强化蓄（退）水影响处理和漂浮物清理等工作，有力保障了三峡工程运行安全和持续发挥巨大综合效益。持续开展安全综合监测，印发《三峡工程运行安全综合监测系统2022年度实施方案》，组织开展监测系统中期调研，举办三峡工程运行安全综合监测系统培训班，编制监测系统月报季报，编制并发布《三峡工程公报2021》，为保障三峡工程运行安全提供了有力的技术支撑。2022年，三峡枢纽全年航运通过量高达1.6亿t，再创历史新高；三峡电站发电量达788亿kW·h。

二、三峡水库调度运用成果显著

2022 年，面对长江流域气象水文干旱，水利部联合调度以三峡水库为核心的长江上游梯级水库群，累计为下游补水 62 亿 m³，保障了人民群众饮水安全和 1.83 亿亩秋粮作物灌溉用水需求。针对咸潮不利影响，三峡水库累计向下游补水 40.63 亿 m³，为压制长江口咸潮、长江口水源地引水补库创造条件。全年 2 次开展库区产黏沉性卵鱼类自然繁殖生态调度试验，库区监测断面总产卵规模约 1.1 亿粒；2 次开展坝下产漂流性卵鱼类自然繁殖生态调度试验，宜都断面鱼类总产卵量达 153 亿粒，其中四大家鱼产卵规模达 88 亿粒，创历年之最。

三、三峡后续工作年度目标任务圆满完成

加强顶层设计，强化制度建设，经国务院同意印发《三峡后续工作规划"十四五"实施方案》，与财政部联合修订印发《三峡后续工作专项资金使用管理办法》，建立 2023—2025 年三峡后续工作滚动项目库，为"十四五"时期全面完成三峡后续工作规划提供了依据。全面落实加快水利基础设施建设部署要求，采取超常规措施，积极推进三峡后续年度项目实施，2022 年安排的 624 个项目全部开工，完成投资 93.6 亿元，投资完成率创历史新高，达 94.3%。不断强化三峡后续工作事中事后监管，实施清单化管理，坚持周调度、半月通报，开展年度项目实施和专项资金使用情况的内部审计调查和暗访检查，按照"花钱必问效、无效必问责"要求，加强成果综合运用，三峡后续工作专项资金使用管理更加规范，项目管理效能持续提升。充分发挥三峡后续项目实施对促进水利高质量发展的积极作用，2022 年三峡后续资金支持地方建设小型水库 15 座，新建改建水厂 68 座，新增日供水能力 355 万 t，完成支流系统治理 12 条、水土流失治理 22.8 万 m²，完成库区地质灾害治理 73 处，开展高切坡监测预警 2988 处，整治长江中下游干堤 86.3 km，提升 1600 个外迁移民安置村生产生活基础设施。

四、三峡移民稳定帮扶工作扎实开展

大力实施三峡库区城镇移民小区综合帮扶和农村移民安置区精准帮

扶，库区移民可支配收入持续增长，实施外迁移民安置区项目帮扶，促进移民与当地居民的融合发展，开展 2022 年三峡库区农村移民安置区现状调查及外迁移民生产生活水平跟踪监测，增强帮扶的针对性实效性，有力促进三峡移民安稳致富，移民群众的获得感、幸福感、安全感不断增强。召开三峡后续及移民工作座谈会，明确工作要求，进一步落实各级各部门管理责任；举办三峡移民政策落实培训班，不断提升三峡移民信访工作人员业务能力；强化联动防控机制落实，狠抓关键时段移民信访稳定，将信访事项和矛盾纠纷妥善解决在地方，确保社会和谐稳定。

五、数字孪生三峡建设有序推进

按照"需求牵引、应用至上、数字赋能、提升能力"要求，组织编制"十四五"数字孪生三峡建设方案（数字孪生三峡建设先行先试实施方案），成立协调工作小组，建立工作机制，筹措建设经费。加强统筹协调，加大系统谋划，组织中国长江三峡集团有限公司、水利部长江水利委员会、水利部信息中心等单位合力推进先行先试工作取得阶段性成效。围绕数据底板、模型平台、知识平台、业务应用等试点任务，重点构建三峡枢纽 L3 级数据底板，完成三峡枢纽重点区 30 km 实景建模，初步完成概率预报模型、库容计算模型等模型的技术选型和蓄滞洪区知识图谱的初步研发。积极探索防洪精准调度、枢纽安全运行管理等重点业务应用，有效支撑了长江流域 1870 年洪水防洪调度演练工作，三峡枢纽安全监测在线监控系统广泛应用于三峡大坝安全管理中。

六、下一步工作重点

下一步，水利部将深化落实《加强三峡工程运行安全管理工作的指导意见》和《三峡后续工作规划"十四五"实施方案》，开拓创新，埋头苦干，推动新阶段三峡工程管理工作再上新台阶。

一是持续强化三峡工程运行安全管理。组织开展三峡枢纽检查和三峡水库运行安全巡查，督促各有关单位强化管理责任，保障三峡工程运行安全和库区人民群众生命财产安全。进一步完善"四预"措施，贯通"四情"防御,科学制定、严格执行调度方案,提升水旱灾害防御能力。开展2023年度枢纽工程运行安全评估和检查,重点对三峡枢纽工程运行安全管理、防洪度汛工作、三峡船闸危化品过闸等情况进行检查。

二是全力推进数字孪生三峡建设。力争在防洪精准调度、枢纽运行安全、水库运行安全、后续工作管理等重点业务应用层面实现突破,基本建成统一支撑、多级部署、多户共享的数字孪生三峡1.0版,服务数字孪生流域,支撑保障"四预"工作。

三是扎实推进三峡后续工作规划实施。认真落实《三峡后续工作规划"十四五"实施方案》,进一步促进三峡移民安稳致富,推进三峡库区高质量发展,更好地服务长江大保护。强化过程监管,持续运用统计报告、动态监测、内审调查和暗访检查等手段,加强绩效管理,强化成果运用,加大评价结果与资金安排挂钩力度。深入开展重大问题研究,组织开展三峡后续工作规划实施情况评估,探索促进三峡库区高质量发展的长效扶持机制。

四是抓实抓好三峡移民稳定帮扶工作。全面贯彻落实《信访工作条例》,压紧属地管理主体责任,进一步健全完善工作机制,畅通信访渠道,依法依规接访,紧盯重要关键节点,确保移民信访稳定。继续实施三峡农村移民精准帮扶、城镇移民小区综合帮扶、外迁移民项目帮扶,进一步解决移民生产生活中的实际困难,促进移民安稳致富和融合发展。

徐　浩　张雅文　执笔

王治华　审核

南水北调工程稳定运行效益显著

水利部南水北调工程管理司

2022 年，水利部门深入贯彻落实习近平总书记治水重要论述精神，以高度的政治自觉、强烈的使命担当，统筹发展和安全，扎实推进南水北调工程管理工作，确保了南水北调工程运行安全平稳，水质稳定达标，效益不断提升。截至 2022 年 12 月 31 日，工程累计调水 593.97 亿 m³，惠及沿线 42 座大中城市 280 多个县（市、区），直接受益人口超过 1.5 亿人，发挥了显著的经济、社会、生态和安全效益。

一、守牢南水北调工程"三个安全"底线

一是顺利实现工程安全度汛。认真贯彻党中央、国务院决策部署，全力协调督导中线防洪加固项目加快实施，26 项中线防洪加固项目已完成 23 项，其中 21 项需在主汛期前完成的加固项目按计划完成，确保工程安全度汛。按照南水北调中线工程防汛安全风险隐患处置工作分工，建立协调会议机制和动态台账，加快实施左岸水库除险加固、交叉河道问题排查整治、雨水情信息互联互通等工作。通过防汛检查和现场防汛实操演练，及时发现和消除工程安全度汛隐患。

二是强化工程运行安全监督管理。强化对中国南水北调集团有限公司和工程运管单位的监管指导和督导检查，通过现场和视频方式开展专项检查，及时发现问题隐患，督促整改落实。加强穿跨邻接项目管理，会同国家能源局起草制定南水北调中线干线与石油天然气长输管道交汇工程保护管理办法。

三是妥善处置南水北调中线刚毛藻异常增殖事件。及时分析成因、研判趋势，采取果断措施，保证南水北调中线沿线城市特别是北京市正常供水。加强南水北调中线水质安全重点工作督导，多次开展多元生物预警技

术、水质监测、藻类等方面水质调研检查。全面通水以来，南水北调东线水质一直稳定在地表水Ⅲ类标准，中线水质一直稳定在地表水Ⅱ类标准及以上。

四是全力组织推进中线"12+1"项安全风险评估。建立月度协调会议和信息月报机制，按节点目标督导落实，按计划完成12项单项评估和安全风险综合评估成果。

2022年8月25日，南水北调东、中线一期工程全线155个设计单元工程全部通过水利部完工验收，为下一步工程正式竣工验收奠定坚实基础。

二、不断巩固提升南水北调工程效益

一是水资源配置格局持续优化。全面通水以来，通过实施科学调度，实现了年调水量从20多亿 m³ 持续攀升至近100亿 m³ 的突破性进展。在做好精准精确调度的基础上，抢抓汛前腾库容的有利时机，充分利用工程输水能力，实施优化调度，向北方多调水、增供水，中线一期工程2021—2022年度调水92.12亿 m³，再创新高，相应口门分水量90.02亿 m³，连续3年超过工程规划的多年平均供水规模。南水北调水已由规划的辅助水源成为受水区的主力水源，北京市城区7成以上供水为南水北调水；天津市主城区供水几乎全部为南水北调水。南水北调东线北延应急供水工程开始发挥效益并将东线供水范围进一步扩展到河北省、天津市，进一步提高了受水区供水保障。

二是群众饮水安全得到有效保障。由于水质优良、供水保障率高，受水区对南水北调水依赖度越来越高。北京市自来水硬度由过去的380 mg/L降至120 mg/L；河南省10余个省辖市用上南水北调水，其中郑州市中心城区90%以上居民生活用水为南水北调水；河北省黑龙港流域500多万人告别了世代饮用高氟水、苦咸水的历史。南水北调东线一期工程累计调水入山东省54.46亿 m³，已成为胶东地区城市供水生命线。

三是国家重大战略得到有效支撑和保障。随着工程供水范围不断扩大，水资源支撑保障作用充分发挥，截至2022年年底，累计向京津冀地区供水 335 亿 m³，其中，向雄安新区供水 8219.24 万 m³，为京津冀协同发展、雄安新区建设、黄河流域生态保护和高质量发展等重大国家战略实施提供有力的水资源支撑。沿线地方优化配置南水北调水、当地地表水、地下水和再生水等水资源，促进了产业结构调整和优化升级，实现了水资源集约节约高效利用。按照 2021 年万元 GDP 用水量 51.8 m³ 计算，南水北调东、中线累计接近 594 亿 m³ 的调水量，相当于有力支撑了北方地区 11 万多亿元 GDP 的持续增长。

四是河湖生态环境持续复苏。通过水源置换、生态补水等综合措施，有效保障了沿线河湖生态安全。南水北调东线沿线受水区各湖泊利用抽江水及时补充蒸发渗漏水量，湖泊蓄水保持稳定，生态环境持续向好，济南市"泉城"再现四季泉水喷涌景象；南水北调中线已累计向北方 50 余条河流生态补水近 90 亿 m³，推动了滹沱河、瀑河、南拒马河、大清河、白洋淀等一大批河湖重现生机，河湖生态环境显著改善，华北地区浅层地下水水位持续多年下降后实现止跌回升。2022 年 3—5 月，南水北调东线北延应急供水工程向黄河以北供水 1.89 亿 m³，助力京杭大运河实现近百年来首次全线水流贯通；6—7 月，南水北调中线生态补水达 2.13 亿 m³，助力华北地区河湖生态环境复苏 2022 年夏季行动顺利完成，南水北调工程生态效益更加显现。

三、扎实推进后续工程高质量发展

一是开展重大专题研究。完成南水北调重要受水城市供水安全保障、南水北调工程建设运营体制、南水北调东线工程水量消纳等重大专题研究，开展多水源用户组合水价形成机制、坚持两部制水价制度、推进区域综合水价改革、农业生态用水补贴、大运河贯通综合水价等研究，为后续工程规划设计提供重要支撑。

二是推动构建南水北调中线工程风险防御体系。全面总结应对郑州市"7·20"特大暴雨及历年安全度汛的经验教训，迅速查漏补缺，及时修复水毁工程，确保 2022 年度汛安全。组织实施中线工程安全风险评估，为后续工作创造良好条件。

三是全力推进南水北调中线引江补汉工程开工建设。采取超常规协调措施推动南水北调中线引江补汉工程按计划开工，拉开了南水北调后续工程建设帷幕。工程建设有序推进，进展顺利。

2023年是贯彻落实党的二十大精神的开局之年，是加快推进南水北调后续工程高质量发展、构建国家水网的关键之年，做好南水北调工程管理各项工作，责任重大，意义重大。水利部门将深入贯彻落实习近平总书记在推进南水北调后续工程高质量发展座谈会上的重要讲话精神，扎实推进南水北调各项工作任务落实。持续提升南水北调工程"三个安全"水平，加快构建南水北调中线工程风险防御体系。科学精准实施水量调度，组织完成年度水量调度计划，配合做好生态补水工作。扎实推进后续工程高质量发展，认真落实推进南水北调后续工程高质量发展下一步工作思路明确的分工任务。持续推进"数字孪生南水北调工程"建设，不断提升工程运行管理数字化、信息化水平。全力推动南水北调东、中线一期工程竣工验收。加强南水北调工程规章制度建设和科技管理。继续组织做好南水北调宣传工作，打造南水北调品牌。

袁凯凯　执笔

李　勇　审核

持续推进病险水库除险加固

水利部运行管理司　水利部水利工程建设司

2022 年，水利部深入贯彻习近平总书记关于水库安全工作的重要指示批示精神，认真落实党中央、国务院决策部署，按照《国务院办公厅关于切实加强水库除险加固和运行管护工作的通知》（以下简称《通知》）、《国务院关于"十四五"水库除险加固实施方案的批复》要求，统筹发展和安全，将水库除险加固作为稳住经济大盘 19 项水利措施之一，督促有关工作顺利开展，如期兑现节点目标。通过对水库病险问题的综合治理，病险隐患消除不断加快，安全状况持续改善，水库充分发挥防洪抗旱、灌溉供水等综合效益，为水利惠民生、稳经济、促增长、保就业作出积极贡献。

一是落实属地管理责任。督促指导各地构建省负总责、市县抓落实的水库除险加固责任体系，将水库除险加固工作纳入地方政府重要议事日程和河湖长制管理体系。各流域管理机构按任务分工，监督指导地方加快项目实施、加强质量安全和工程验收监管。地方各级水行政主管部门上下联动，夯实属地管理责任，完善责任体系，挂图作战、压茬推进，严格过程管理、强化质量安全监管，扎实有序推进项目实施。

二是积极落实相关资金。抓紧抓细抓实稳住经济大盘水利相关工作，积极开展水库除险加固项目调度会商，明确目标任务，明晰责任分工，节点精准管控，落实分类支持政策，多渠道筹措建设资金，其中 2022 年全年筹措中央补助资金、地方财政预算资金和地方政府一般债券共计 100 亿元，用于小型水库除险加固。

三是制定印发配套文件。根据国务院批复的《"十四五"水库除险加固实施方案》，制定印发《关于报送大中型水库除险加固 2021 年度工作总结和 2022 年实施方案的函》《关于健全小型水库除险加固和运行管护机制的意见》《小型病险水库除险加固项目管理办法》《小型水库除险加固工程初步设计技术要求》等文件，从规范水库除险加固前期工作、加强建设管理、建立健全长效机制等方面作出明确规定。

四是加快推进项目实施。按照区分轻重缓急、科学安排项目的原则，采取周调度、月通报、约谈会商、现场调研、电话提醒、技术帮扶等措施，督促抓紧汛前汛后施工有利时机，压茬推进水库除险加固项目实施。组织流域管理机构对项目多、任务重的片区省份，开展挂牌督办与现场帮扶。截至2022年年底，《通知》中明确的256座大中型水库除险加固项目，除6座不再实施除险加固外，剩余250座均完成前期工作，已开工232座，主体工程完工160座；2022年计划实施的135座大中型水库除险加固项目，实际开工148座，计划完成100座主体工程建设，实际完成124座，年度目标任务全部完成；2022年安排实施的3400座小型水库除险加固项目，主体工程完工3176座，完工率93.41%。

五是完成水库安全鉴定目标。实现2020年到期水库安全鉴定任务全面完成、新增到期水库得到及时安全鉴定的节点任务，2021年、2022年共完成34695座水库安全鉴定任务，水库大坝安全鉴定工作转入常态化。

六是合理妥善实施水库降等报废。对淤积严重、功能萎缩或丧失、区域规划调整、除险加固技术上不可行或经济不合理的水库，经过充分论证后，合理妥善实施降等或报废，并同步解决生态保护和修复等相关问题。全年降等报废水库共1496座，其中降等1222座，报废274座。

七是严格考核评价。修订水库除险加固和运行管护工作年度评价方案，对32个省级水行政主管部门开展2022年度评价，并将评价结果纳入河湖长制国务院督查激励体系。对评价结果排名前十的省级水行政主管部门予以通报表扬。

下一步，水利部将按照《"十四五"水库除险加固实施方案》明确的年度计划，持续推进水库除险加固项目实施，加快消除工程病险。一是按期完成水库除险加固目标任务。256座大中型水库中尚未完工的项目，结合水库病险程度、规模、批复工期等因素，科学制定实施计划，确保2025年年底前全部完成除险加固任务；2023年计划实施的小型水库除险加固建设任务投资完成率、主体工程完工率均达到 90% 以上。二是健全水库大坝安全鉴定常态化机制。2023 年安全鉴定到期的水库大坝在规定期限内全部完成安全鉴定，实现当年任务当年清零，并在全国水库运行管理信息系统中完成填报。三是强化对水库除险加固工作的督促指导。进一步压实地方属地责任，地方各级水行政主管部门积极协调财政部门，及时足额落实建设资金；持续强化项目管理，确保质量安全，加快实施进度。

刘　岩　范志刚　徐海峰　赵建波　执笔

徐　洪　张　伟　审核

统筹推进水库移民工作

水利部水库移民司

2022 年，水利部深入贯彻落实习近平总书记治水重要论述精神和关于移民工作的重要讲话指示批示精神，牢固树立以人民为中心的发展思想，指挥各地统筹发展和安全，统筹工程建设和移民安置，统筹前期补偿补助与后期扶持，全力推进水库移民各项工作做深做实，为稳增长、惠民生、保稳定、促发展作出了积极贡献。

一、扎实做好移民安置管理

切实加强移民安置管理，在移民安置规划、移民搬迁实施和各阶段移民验收等环节持续加力，有效维护移民群众合法权益，有力保障水利工程顺利建设和区域社会和谐稳定。

一是移民安置前期工作进一步加快。加强移民安置前期工作的指导协调，确保工程立项审批要求，及时完成重大水利工程移民安置规划审核，保障了具有战略意义的南水北调中线引江补汉、淮河入海水道二期、环北部湾广东水资源配置等一大批重大项目开工建设。推动各地围绕推进工程项目尽早开工目标，加快移民安置规划编审进度，严把程序关、要件关、质量关，为项目顺利推进提供了保证。

二是移民安置质量进一步提高。汇集多方力量，不断完善移民安置区生产生活设施，提升公共服务供给水平，为移民群众尽快融入当地、开展正常生产生活打下坚实基础。大中型水库移民 15 万余人得到妥善安置，保障了工程顺利建设，为稳定宏观经济大盘、促进经济回稳向上作出贡献。

三是移民安置验收进一步规范。水利部对大中型水利水电工程移民安置验收管理办法进行了修订完善，进一步压实移民安置验收责任，规范验收行为，维护国家、集体和移民个人的合法权益。认真落实新修订的《大中型水利水电工程移民安置验收管理办法》，湖北省碾盘山、贵州省夹岩、黑龙江省阁山等重大水利工程及时通过移民安置阶段性验收，河南省前坪、重庆市观景口、辽宁省猴山等20座重大水利工程及时通过移民安置竣工验收。

二、深入实施后期扶持政策

围绕"十四五"时期水库移民后期扶持规划目标任务，持续加大扶持力度，全年安排中央水库移民扶持基金436亿元用于后期扶持政策实施，不断改善移民生产生活条件，着力增加移民收入，加快推进库区和移民安置区乡村振兴。

一是水库移民脱贫攻坚成果不断巩固拓展。加强资金倾斜、做实帮扶举措，持续加大对86.5万建档立卡脱贫移民和53万避险解困搬迁移民的扶持力度，脱贫移民群众生活水平稳中有升，脱贫攻坚成果进一步巩固，守住了不发生规模性返贫的底线。

二是水库移民美丽家园建设取得显著成效。全国建成美丽移民村2万多个，其中181个移民村获得"全国美丽（休闲）乡村"称号，涌现出一批田园风光型、文化特色型、产业发展型的库区乡村振兴特色村。

三是移民收入与当地群众收入差距不断缩小。完成大中型水库移民后期扶持政策实施效果阶段性评估（2006—2021年）工作，全国累计形成"一村一品"特色产业移民村1.52万个，培育新型经营主体18.26万个，2022年全国大中型水库移民人均可支配收入达到1.95万元，占全国农村居民人均可支配收入的97%，水库移民与当地农村居民收入差距进一步缩小。

四是人口动态管理进一步科学规范。严格执行新修订的《新增大中型水库农村移民后期扶持人口核定登记办法》，核定登记2021年度新增后期扶持人口15.02万人。截至2022年年底，全国大中型水库移民后期扶持人口已达2532万人。

三、强化制度建设和监督管理

开展《大中型水利水电工程征地补偿和移民安置条例》修订前期研究

工作，形成阶段性成果。水利部印发《新增大中型水库农村移民后期扶持人口核定登记办法》，修订印发《大中型水利水电工程移民安置验收管理办法》，财政部、水利部联合印发《大中型水库移民后期扶持项目资金管理办法》，组织完成后期扶持政策实施15年成效评估并报国务院。开展大型水库防洪调度临时淹没补偿机制和政策研究。组织修订2022年版水库移民监督检查问题清单，完成18个省份54个县后期扶持和6个在建水利工程移民安置稽察，完成8个省份16个县后期扶持工作监测评估，对全国31个省（自治区、直辖市）和新疆生产建设兵团的年度后期扶持资金使用情况进行了绩效评价。

四、提升移民干部工作能力

编辑出版《水库移民工作管理》《水库移民后期扶持典型案例选编》《水利工程移民高质量安置典型案例选编》等，加强移民干部业务培训。以大中型水库移民后期扶持政策实施15年为契机，通过制作视频、出版画册等方式，加强正面宣传，营造良好舆论氛围。学习贯彻新修订的《信访工作条例》，认真做好移民信访接待处理，着力防范化解不稳定因素，库区和移民安置区社会总体和谐稳定。

下一步，水利部将以党的二十大精神为引领，围绕水利高质量发展中心任务，坚持系统思维、底线思维，找准切入点，打好攻坚战，高质量推进移民安置和后期扶持工作。一是围绕加快推进水利基础设施建设，扎实做好移民搬迁安置工作。坚持高起点规划、高质量实施、高标准验收，紧盯移民前期审查审批和工程导截流、下闸蓄水等关键节点移民搬迁目标任务，推动水利工程尽早开工、顺利建设，早日发挥效益。二是锚定水库移民共同富裕目标，加强后期扶持政策实施管理。以2026年移民后期扶持政策实施20年为节点，统筹开展后期扶持政策研究、短板弱项攻坚等工作。突出扶持项目管理，持续改善移民生产生活条件，支持移民产业发展，巩固拓展水库移民脱贫攻坚成果，推进库区和移民安置区乡村振兴。三是聚焦强化体制机制法治管理，提升移民治理管理能力。发挥流域管理机构和水利部直属单位的作用，加强水库移民理论研究、制度建设和监督管理工作，开展政策宣贯和培训，着力提高水库移民工作管理水平。

张栩铭　执笔

靳宏强　审核

水资源节约与管理篇

深入实施国家节水行动
加强节水型社会建设

全国节约用水办公室

2022 年，水利部门大力实施国家节水行动，建立健全节水制度政策，全面加强节水型社会建设，持续深化节水宣传教育，不断提高水资源节约集约利用能力。

一、国家节水行动深入实施

一是全面落实习近平总书记治水重要论述精神，深入贯彻党的二十大精神，学习领会习近平总书记"节水优先、空间均衡、系统治理、两手发力"治水思路，从全局和战略高度将"节水优先"方针、实施全面节约战略等要求落实到节水各项工作中。二是切实发挥协调机制作用，组织召开节约用水工作部际协调机制 2022 年度全体会议，印发协调机制 2022 年度工作要点，推动各成员单位落实分工职责，协调推进六大重点行动，2022年重要节点目标任务均按时高质量完成。筹划国家节水行动方案实施情况阶段性总结评估，组织编制总结评估工作方案和技术大纲。三是打好黄河流域深度节水控水攻坚战，召开黄河流域深度节水控水工作推进会，指导沿黄河 9 省（自治区）编制发布本地区深度节水控水行动年度任务清单，进一步部署沿黄河各省（自治区）打好深度节水控水攻坚战。印发《关于加快推动黄河流域计划用水管理全覆盖的通知》，推动流域 2.4 万余家年用水量 1 万 m^3 及以上工业服务业单位计划用水管理实现全覆盖。开展黄河流域火力发电行业水效对标达标，全面掌握沿黄河各省（自治区）火力发电行业用水效率情况。梳理沿黄河重点地区工业项目入园和严控高耗水项目建设情况，推动建立各级各类工业园区和高耗水项目台账。联合教育部、国家机关事务管理局印发《黄河流域高校节水专项行动方案》，推动流域建成节水型高校 117 所，建成率接近 30%。四是加快推进再生水利用配置试点工作，指导各地按照《典型地区再生水配置利用试点方案》安排，扎实推进试点申报、审批与备案工作，形成了包含 78 个城市的试点名单，联合国家发展改革委等六部门公布了试点城市名单。开展非常规水源配置利用政策研究，提出了关于加强非常规水源配置利用的指导意见。五是推动南水北调东中线受水区全面节水。联合国家发展改革委编制《关于加强南水北调东中线工程受水区全面节水的指导意见》，严格落实"先节水后调水、先治污后通水、先环保后用水"的"三先三后"原则，把节水作为受水区发展的根本出路，统筹推进受水区全面建成节水型社会。

二、节水制度政策加快健全

一是健全用水总量和强度双控指标体系。联合国家发展改革委印发省级行政区"十四五"用水总量和强度双控目标（首次纳入非常规水源利用量指标），完成省级行政区分年度用水强度控制目标备案，指导各地将双控目标进一步分解明确到市、县级行政区。二是健全节水法规标准体系。积极推动出台节约用水条例。组织制订严格用水定额管理的指导意见，进一步规范用水定额编制和管理。推动钢铁、纺织染整等用水定额国家标准修订发布，推动报批《服务业用水定额　第 1 部分：体育场所》以及《节水评价技术导则》《节水产品认证技术规范》等标准。指导发布《机关节水评价规范》和《高速公路服务区节水管理规范》等团标。三是强化计划用水和节水评价管理。组织推动黄河流域和京津冀地区年用水量 1 万 m³ 及以上工业和服务业单位实现计划用水管理全覆盖，组织水利部黄河水利委员会、水利部海河水利委员会进行督导复核。指导完成引江补汉输水沿线补水工程以及江苏省、广西壮族自治区、陕西省等省级水网规划节水评价审查。梳理规划和建设项目节水评价登记台账，对节水评价有关内容进行抽查复核。四是严格实施节水监督考核。完成 2021 年度最严格水资源管理制度节水部分考核赋分，提出"一省一单"问题清单。研究制定 2022 年度最严格水资源管理制度节水部分考核事项和赋分细则。组织开展 2022 年节水监督检查。五是强化重点监控用水单位管理。更新完善国家、省、市三级重点监控用水单位名录，对纳入名录的 13762 个工业、服务业、农业灌区用水单位严格节水监管。

三、节水型社会建设全面推进

一是推动实施节水型社会建设规划。印发《水利部落实〈"十四五"节水型社会建设规划〉任务分工方案》，推进水利行业重点任务落实。指导督促全国 31 个省（自治区、直辖市）全部编制印发"十四五"节水规划。二是开展县域节水型社会达标建设复核。组织对 2021 年度向水利部申报的节水型社会达标建设县（区）进行全面复核，公布第五批 349 个节水型社会达标县（区）名单，全国累计已有 1443 个县（区）达到节水型社会标准，超额完成 2022 年阶段目标。三是持续开展节水型高校建设。征集遴选 88 个节水型高校典型案例，推广节水型高校建设先进经验做法，部署推动黄河流域开展高校节水专项行动，号召流域内高校积极创建节水型高校。四是大力推广合同节水管理。指导推动各省实施合同节水管理项目151 个，吸引社会资本投资 42.4 亿元，年节水量 1.5 亿 m³。五是激发节水市场创新活力。指导推动部分省份出台"节水贷"融资服务政策，已累计支持节水项目 506 个，批复贷款 268 亿元，发放贷款 184 亿元。举办 2022年全国节水创新发展大会，并在第二十四届高交会平台下设全国节水高新技术成果展，参展企业达 46 家，项目现场签约金额 9.5 亿元。六是加强节水技术推广应用。遴选公布 78 家重点用水企业、园区水效领跑者和 30 项水效领跑者用水产品。组织开展节水装备及产品质量评级和市场准入管理制度专题研究。七是推进节水信息化前期研究。组织完善节水业务信息化需求分析，研究构建节水统计指标体系，组织编制节水信息数据库标准，完善国家用水定额、节水载体、节水评价等信息数据库。编制发布 2021 年中国节约用水报告、节约用水管理年报。

四、节水宣传教育力度持续加大

一是组织新闻媒体广泛宣传报道。中央主流媒体和网络新媒体累计发布节水相关报道 3940 余篇，其中，中央媒体报道 160 多篇，今日头条、澎湃新闻等新闻客户端发稿 1510 余篇。制作节水公益广告《节约用水　从娃娃抓起》，在央视多频道连续滚动播出。二是组织开展节水主题深度采访活动。组织《人民日报》《人民政协报》《农民日报》《中国财经报》《中国水利报》和封面新闻等 6 家主流媒体，赴宁夏回族自治区开展"节水中国行·黄河流域深度节水控水行动"主题采访活动，实地采访工业、农业、生活节水的典型经验和成效，发布宣传报道稿件 20 篇。三是开展《公民节约用水行为规范》主题宣传活动。牵头中央文明办、国家发展改革委等 10 部门联合举办《公民节约用水行为规范》主题宣传活动，通过现场与视频方式观看活动启动仪式人数达 11 万人次。开展 2022 年"节水中国　你我同行"联合行动专项活动，各地各单位在"节水中国"网站活动专区发布节水活动 5664 个，观众点赞量超过 3 亿人次。举办第三届"节水在身边"短视频大赛，参赛作品达 52 万部，抖音平台大赛话题播放量达 16 亿次。四是建立健全节水宣传教育常态化机制。研究提出《关于加强节水宣传教育的指导意见》，积极协调有关部门推进联合印发。建立全国节约用水信息专报机制，编发 9 期《全国节约用水信息专报》，促进各部门各地区节水信息交流。与中国科协等 18 个部门联合举办 2022 年全国科普日活动，连续 3 年举办全国科普日北京主场活动节水科普展。组织编制节约用水培训教材等。

下一步，各级水利部门将深入开展国家节水行动，实施用水总量和强度双控，打好黄河流域深度节水控水攻坚战，推动南水北调工程受水区全面建设节水型社会，推进典型地区再生水利用配置试点。深入开展县域节水型社会达标建设，推动建成一批节水型企业，全国节水型高校建成比例达到 40%。制修订 5 项以上工业服务业用水定额国家标准和不少于 200 项省级用水定额。大力推广合同节水管理和"节水贷"金融服务，推进水效标识、节水认证等机制创新。拓展节水科普宣传教育，持续增强全社会节水意识。

何兰超　李佳奇　执笔

许文海　张清勇　审核

第五批县域节水型社会达标建设顺利完成

全国节约用水办公室

县域是社会治理的基本单元，推进县域节水型社会达标建设（以下简称县域达标建设），是实施全面节约战略和建设节水型社会的重要工作。2022年，水利部公布了第五批节水型社会建设达标县（区）名单，认定天津市静海区等349个县（区）达到了节水型社会评价标准。

一、强化组织指导

水利部高度重视、大力推进，加强节水制度建设，补齐基层节水工作短板，赴西藏等重点地区调研指导，组织培训班和座谈会，持续推进县域节水型社会达标建设。指导各地认真落实《县域节水型社会达标建设管理办法》，大力推进机制创新和典型示范，例如水利部太湖流域管理局联合上海市、江苏省、浙江省共同印发实施《推进太湖流域节水型社会高标准建设指导意见》，评选发布太湖流域片县域节水型社会达标建设十佳案例；黑龙江省水利厅、水利部松辽水利委员会联合开展2022年县域节水型社会达标建设"回头看"评估；河北省评选发布节水型社会建设示范县（区），发挥标杆带动作用。

二、严格复核审核

2022年2月，水利部办公厅印发《关于对2021年度县域节水型社会达标建设开展复核工作的通知》，部署对2021年度向水利部申报的411个县（区）进行全面复核。各流域管理机构对上报备案资料进行全面复核，对备案资料合规性、审核程序规范性、指标赋分合理性和各项建设指标完成情况进行核验，严格指标赋分。选取94个县（区）开展现场复核，累计派出 205 人次，现场检查 125 个灌区、180 个企业、188 个单位、187 个居民小区。部分流域管理机构派专家参加了其他流域管理机构的交叉复核，水利部黄河水利委员会引入郑州大学作为第三方参与复核，水利部珠江水利委员会首次利用无人机和遥感技术开展灌区节水复核。

三、完成阶段目标任务

公告第五批 349 个节水型社会建设达标县（区）名单。截至 2022 年年底，全国累计创建 1443 个达标县（区），北方地区建成率 59%，南方地区建成率 41%，超额完成《国家节水行动方案》确定的 2022 年阶段目标任务。通过开展县域达标建设，达标县（区）用水效率指标明显改善，地下水供水总量整体下降，节水管理工作和设施建设全面加强，有力促进了生态保护和高质量发展。

李佳奇　赵　明　执笔

许文海　张清勇　审核

专栏十四

黄河流域高校节水专项行动正式启动

全国节约用水办公室

2022年3月，水利部、教育部、国家机关事务管理局联合印发《黄河流域高校节水专项行动方案》（以下简称《行动方案》），部署黄河流域高校节水专项行动。

习近平总书记关于黄河流域生态保护和高质量发展的重要讲话强调，要全面实施黄河流域深度节水控水行动，推进水资源节约集约利用。高校是知识传播、人才培养、文化传承创新的主阵地，是城市公共用水大户，是节水型社会建设的重要组成部分。在黄河流域部署推进高校节水专项行动，是落实《黄河流域生态保护和高质量发展规划纲要》的关键举措，将有助于提高黄河流域高校用水效率，增强师生节水意识，示范带动全国高校以及重点领域用水户节约用水，不断提升水资源节约集约利用能力。

《行动方案》针对黄河流域部分高校在供水设施和用水管理等方面存在的问题，提出了"十四五"期间的行动目标和重点任务。明确到2023年年底，实现黄河流域高校计划用水管理全覆盖，超定额、超计划用水问题基本得到整治，50%高校建成节水型高校；到2025年年底，黄河流域高校用水全部达到定额要求，全面建成节水型高校，打造一批具有典型示范意义的水效领跑者。

《行动方案》提出开展用水统计核查、制定专项实施方案、规范计划用水管理、加强节水设施建设、推进节水型高校建设、支持节水科技研发、强化节水监督考核等7项重点任务。强调黄河流域高校要根据流域水资源特点，发挥高校科研和人才优势加强节水技术和设备的研发推广，推动形成产学研用相结合的技术创新体系。

《行动方案》印发后，沿黄河各省（自治区）积极响应，制定印发了省级实施方案，建立了黄河流域节水型高校建设信息台账，明确将黄河流域411所高校纳入建设范围。各级水行政主管部门加强高校计划用水和定额管理，鼓励高校采用合同节水管理服务模式实施节水改造，推动将高校节水专项行动落实情况纳入节水考核。截至2022年年底，黄河流域建成节水型高校117所，建成率达30%，师生节水意识不断增强、高校的用水效率和节水管理水平不断提升，形成了一批节水制度完备、节水器具普及、节水技术先进、用水管理精细的节水型高校，为广大青年践行绿色发展理念，示范带动全社会节约用水，保障黄河流域水安全发挥了积极作用。

罗　敏　王　雪　执笔

许文海　张清勇　审核

强化刚性约束
不断推进水资源集约节约利用

水利部水资源管理司

2022 年，水利部围绕强化水资源刚性约束，开展了一系列工作，各地水资源集约节约利用取得显著成效。

一、推进落实水资源刚性约束指标

加快落实水资源刚性约束指标，推动明晰各地区初始水权，为建立水资源刚性约束制度，控制水资源开发利用总量奠定了重要基础。

一是确定重点河湖生态流量目标。加快确定重点河湖生态流量保障目标，确定 53 条跨省河湖和 32 条省内河湖共 106 个断面的生态流量目标。近 3 年来累计确定 171 条跨省河湖和 415 条省内河湖共 957 个断面的生态流量目标，超额完成《全国重点河湖生态流量确定工作方案》明确的工作目标，实现了跨省河湖生态流量保障体系全覆盖。启动已建水利水电工程生态流量核定与保障先行先试工作。

二是加快推进江河流域水量分配。2022 年，新批复綦江、御临河、澧水、洞庭湖环湖区、池河、高邮湖（含白塔河）、霍林河、湘江、资水、信江、赣江、富水、青弋江及水阳江、饶河等 14 条跨省江河流域水量分配方案。截至 2022 年年底，全国计划开展水量分配的 95 条跨省重要江河，已累计批复 77 条，占全国计划开展水量分配江河的 81%，松辽、珠江、太湖流域跨省江河流域水量分配方案全部批复。指导各省份累计批复 351 条省内跨地市江河水量分配方案，辽宁、黑龙江、安徽、江西、山东、广西、重庆、四川、贵州、陕西等省（自治区、直辖市）基本完成省内跨地市江河流域水量分配。

三是研究可用水量确定工作。研究提出明确各地区可用水量的技术要求。以海河流域为试点，结合可用水量确定工作，提出海河流域省（自治区、直辖市）套水资源二级区可用水量成果，为推进海河流域跨省江河流域水量分配夯实基础。

二、严格水资源刚性约束监管

不断强化水资源监管措施，推动刚性约束指标落实落地，规范水资源开发利用行为，约束和抑制不合理用水需求，遏制和纠正错误的取用水行为。

一是严格生态流量和地下水监管。对已确定生态流量目标的河湖，组织编制生态流量保障方案。组织开展 137 条重点河湖 283 个生态流量管控断面监测与信息报送，定期通报生态流量目标满足情况。完善地下水水位变化通报机制，组织编制全国地下水超采区水位变化通报规则，印发 3 期全国地下水超采区水位变化通报，开展水位变化通报评估。先后组织水位下降明显且排名靠后的河北省石家庄市、辛集市，山西省临汾市，内蒙古自治区鄂尔多斯市，山东省东营市等 5 地市人民政府进行技术会商，提出整改要求。

二是严格水资源论证和取水许可管理。印发《关于加强水资源配置工程水资源刚性约束论证和审查的通知》，促进水资源开发利用科学决策。印发《关于进一步强化取用水监管工作的通知》，明确了取用水监管的工作重点、方式方法和保障措施。全面推进取用水管理专项整治行动整改提升，组织对 590 多万个取水口的核查登记、问题认定、整改提升等情况进行"回头看"，整治近 100 万个取水口的违规取用水问题。

三是强化水资源考核监督。进一步完善最严格水资源管理制度考核内容，优化考核指标，改进考核机制，会同国家发展改革委等 9 部门制定印发年度考核方案，组织开展考核。组织开展水资源管理监督检查，确认 583 个水资源管理问题，对发现的问题形成"一省一单"，监督检查成果纳入最严格水资源管理制度考核。

三、推进水资源超载治理

深入推进黄河流域水资源超载治理，加快地下水超采治理，切实将经济活动限定在水资源承载能力范围之内。

一是加快推进黄河流域水资源超载治理。组织对山东省水利厅提交的黄河干流超载细化到县级行政区方案进行技术复核，印发《关于明确山东省黄河干流水资源超载县级行政区的通知》。指导督促黄河流域水资源超载地区所在的 7 个省（自治区）制订完成超载治理方案，开展超载治理。指导水利部黄河水利委员会开展黄河流域水资源超载地区暂停新增取水许可政策落实情况的监督检查。

二是加快推进地下水超采治理。华北地区地下水超采综合治理完成国务院确定的近期治理目标，治理区地下水水位总体回升。编制完成华北地区地下水超采综合治理实施方案（2023—2025 年）。推进重点区域地下水超采综合治理，组织编制"十四五"重点区域地下水超采综合治理方案，联合财政部、国家发展改革委、农业农村部印发实施。开展南水北调东中线一期工程受水区压采评估。

四、提高水资源管理精细化水平和改革力度

强化水资源监测计量体系建设和信息化建设，支撑水资源管理精准化决策。按照"两手发力"要求，加强用水权改革，促进市场机制在水资源配置中发挥重要作用。

一是不断加强取用水监测计量统计。落实《关于强化取水口取水监测计量的意见》，落实中央水利发展资金支持地方推进取水计量体系建设，联合国家电网公司在河北、内蒙古、山东等 10 个省（自治区）推进农业灌溉机井"以电折水"，全国取用水在线监测计量点已增至 5.9 万个，各地 5 万亩以上的大中型灌区渠首基本实现取水在线计量。深入实施用水统计调查制度，出台《全国用水统计调查基本单位名录库管理办法（试行）》，加强名录库建设、数据填报审核、用水总量核算，组织河北、新疆等地加强遥感技术在用水统计中的探索应用。

二是加快推进水资源管理信息化建设。强化信息化手段在水资源管理业务中的应用，定期开展重点监控取用水户疑似超许可取水问题线索排查，推进取水许可电子证照共享应用、互信互认和数据治理，全国取水许

可电子证照已发放 60 多万套。加快推进取用水管理信息系统整合共享与应用推广。

三是深入推进用水权改革。联合国家发展改革委、财政部制定印发《关于推进用水权改革的指导意见》，对当前和今后一个时期的用水权改革工作作出总体安排部署。鼓励地方结合实际开展创新实践，因地制宜推进区域水权、取水权、灌溉用水户水权等水权交易。

下一步，水利部将加快建立水资源刚性约束制度，推动水资源刚性约束制度文件尽快出台，健全水资源刚性约束指标，推动明晰初始水权，为控制水资源开发利用总量夯实基础；严格落实确定下来的刚性约束指标，强化水资源论证和取水许可管理，加强取用水监测计量体系建设和信息化建设，抓好水资源管理监督检查和考核，推进用水权市场化交易，推动水资源超载治理，提高水资源节约集约利用水平，促进生态保护和高质量发展。

齐兵强　常　帅　执笔

杨得瑞　杨　谦　审核

专栏十五

2021 年度实行最严格水资源
管理制度考核结果

水利部水资源管理司

根据《国务院关于实行最严格水资源管理制度的意见》和《国务院办公厅关于印发实行最严格水资源管理制度考核办法的通知》规定，水利部会同国家发展改革委、工业和信息化部、财政部、自然资源部、生态环境部、住房和城乡建设部、农业农村部、国家统计局等部门，制定了考核方案，成立了考核工作组，对 31 个省（自治区、直辖市）目标完成情况、制度建设和措施落实情况进行了综合评价，考核结果经国务院审定，并向社会公告。31 个省（自治区、直辖市）2021 年度考核等级均为合格以上，其中江苏、浙江、重庆、广东、上海、广西、江西、安徽、福建、贵州 10 个省（自治区、直辖市）考核等级为优秀。

总体上看，各地区、各部门认真落实党中央、国务院决策部署，完整、准确、全面贯彻新发展理念，积极采取有力措施，扎实推进最严格水资源管理制度实施，节约用水深入推进，取用水监管持续强化，水资源保护不断加强，河湖管理成效明显，农村供水保障水平持续提升，全国用水总量、用水效率和重要江河湖泊水功能区水质达标率等控制目标全面完成，水资源刚性约束加快推进，水资源集约节约利用水平显著提升，为生态文明建设和高质量发展提供了有力支撑。

2021 年，全国 31 个省（自治区、直辖市）用水总量为 5920.2 亿 m³，完成了 2021 年控制在 6400 亿 m³ 以内的目标；万元国内生产总值用水量、万元工业增加值用水量分别比 2020 年下降 5.8% 和 7.1%，均完成了 2021

年下降 3.4% 的控制目标；农田灌溉水有效利用系数为 0.568，比 2020 年提高 0.003，完成了 2021 年度目标；重要江河湖泊水功能区水质达标率为 88.4%，完成了控制在 83% 以上的目标。

马　超　王　华　王海洋　执笔

杨得瑞　郭孟卓　审核

扎实抓好地下水保护利用管理

水利部水资源管理司

2022年，水利部全面落实习近平总书记治水重要论述精神，深入贯彻《地下水管理条例》，推进地下水取用水总量、水位双控管理，加快推进新一轮地下水超采区划定，全面部署重点区域地下水超采综合治理，强化地下水监管，地下水保护和治理取得显著成效。

一、加快地下水取水总量控制、水位控制指标确定

以县级行政区为单元，加快地下水取用水总量、地下水水位以及地下水取用水计量率、地下水监测井密度、灌溉用机井密度等地下水管控指标的确定工作，作为地下水开发利用的管理目标。累计完成30个省（自治区、直辖市）成果的技术审查，其中17个省（自治区、直辖市）通过技术审查。黑龙江、上海、江苏、浙江、安徽、江西、湖北、湖南、广东、广西、海南、重庆、四川、贵州、宁夏等15个省（自治区、直辖市）的成果已经批复实施。推动已批复实施的省（自治区、直辖市），按照确定的管控指标严格地下水管理。

二、开展新一轮地下水超采区划定

组织开展新一轮地下水超采区划定工作，结合最新的水资源量和地下水监测成果，核定地下水超采区和超采量。目前31个省（自治区、直辖市）已全部提交初步成果，29个省（自治区、直辖市）通过所涉流域复核，水利部组织完成11个省（自治区、直辖市）成果技术审查工作，指导京津冀超采区划定工作。推动京津冀地下水禁、限采区划定，北京市、河北省划定成果已发布。研究提出地下水超采区动态评价工作方案。

三、全面部署重点区域地下水超采综合治理工作

会同财政部、国家发展改革委、农业农村部编制印发《"十四五"重点区域地下水超采综合治理方案》（以下简称《方案》），全面部署三江平原、松嫩平原、辽河平原及辽西北地区、西辽河流域、黄淮地区、鄂尔多斯台地、汾渭谷地、河西走廊、天山南北麓及吐哈盆地、北部湾等10个重点区域地下水超采综合治理工作。《方案》根据10个重点区域地下水资源及其开发利用特点，因地制宜提出了地下水超采治理目标任务与对策措施，为"十四五"时期全面推进重点区域地下水超采综合治理工作提供了科学引领。

四、深入实施华北地区河湖生态环境复苏行动

编制印发《华北地区河湖生态环境复苏行动方案（2023—2025年）》，从"治、调、补、管"四个方面明确了2023—2025年华北地区河湖生态环境复苏的目标及任务。编制印发《2022年华北地区河湖生态环境复苏实施方案》《华北地区河湖生态环境复苏行动方案（2022年夏季）》和《京杭大运河2022年全线贯通补水方案》，组织实施2022年常态化补水、夏季集中补水和京杭大运河贯通补水，补水范围扩大至7个水系48条河（湖）流。累计生态补水近70亿 m^3，贯通河长近3264 km，比2021年增加4.2倍。京杭大运河实现百年来首次全线通水，永定河两度实现865 km河道全线通水，与京杭大运河实现世纪交汇，唐河、沙河等常年干涸河流实现全线贯通，漳卫河水系、大清河白洋淀水系分别实现自20世纪60年代、80年代以来通过补水首次贯通入海，子牙河水系连续两年实现贯通入海，白洋淀生态水位达标率100%。华北地区大部分河湖实现了有流动的水、有干净的水，过去"有河皆干、有水皆污"的局面得到明显改观，越来越多的河流恢复生命、越来越多的流域重现生机。

五、完善地下水管理保护制度

围绕《地下水管理条例》贯彻落实，组织编制地下水保护利用管理办

法，对地下水资源调查评价与规划、地下水节约保护与开发利用管理、超采治理、监测计量、监督管理与考核等进行规定。完成地下水管控指标确定技术导则、河湖地下水回补技术规程等 2 项标准送审稿审查，完成海（咸）水入侵监测与防治技术导则，地下水禁限采区划定导则，需要取水的地热能开发利用项目禁止、限制取水范围划定技术导则等 3 项标准立项。开展地下水储备制度研究，编制完成地下水储备管理技术要求（初稿）。

六、强化地下水监管

一是继续发挥地下水水位变化通报机制作用。完善地下水水位变化通报机制，组织编制全国地下水超采区水位变化通报规则，进一步规范监测站网、数据上传及审核流程。印发 2022 年第一至第四季度全国地下水超采区水位变化通报，开展水位变化通报评估。组织对下降幅度大、排名靠后而被点名的地市就地下水水位同比下降问题开展会商。

二是严格地下水管理监督检查考核。充分发挥考核指挥棒的作用，把地下水超采区综合治理完成情况、水位变化排名、管控指标确定、监督检查中发现问题及整改情况等纳入考核，引起地方的高度重视，取得了很好的效果。组织开展黄河流域、海河流域、松辽流域地下水超采专项执法行动，共收集问题线索 707 条，核实属实线索 608 条，立案查处各类地下水违法案件 364 件，办结 299 件。

三是增强地下水信息化能力。进一步完善地下水动态监管一张图，整合多个地下水相关平台信息成果，实现重要基础信息"一数一源"管理，在全国水利一张图平台同步更新基础数据和空间数据，提供地下水监管信息展示、统计分析和空间运算服务。

下一步，水利部将深入贯彻落实《地下水管理条例》，进一步加快确定地下水管控指标，明确区域的地下水用水权利边界；加快推进新一轮超采区划定工作，核定地下水超采区范围及超采量，推动划定地下水禁采区、限采区；组织实施华北地区地下水超采综合治理实施方案（2023—2025 年）、"十四五"重点区域地下水超采治理方案，深入实施华北地区河湖生态环境复苏行动；加强地下水管理保护的制度和能力建设，出台地下水保护利用管理办法，开展地下水储备制度建设，推进地下水储备区确定工作，推进海（咸）水入侵防治、地下水战略储备和禁限采区划定等标准制修订工作；进一步完善地下水水位变化通报机制，督促地方人民政府落实地下水保护责任。

黄利群　廖四辉　穆恩林　执笔

杨得瑞　杜丙照　审核

河北省阳原县：
做好"加减乘除"法 涵养地下水资源

桑干河从山西省进入河北省境内，首先经过河北省阳原县东井集镇施家会村。河水从施家会村开始，由西至东横贯阳原县103km。长久以来，桑干河被阳原人亲切地称为当地的"母亲河"。然而，东井集镇辖区严重缺水，加之当地水含氟量超标，如何让当地居民吃上放心水一直是阳原县东井集镇急需解决的难题。

近年来，阳原县将地下水超采综合治理作为政治任务和民心工程，坚持做好"加减乘除"法，全力推进地下水超采综合治理，终于破解了困扰阳原县已久的难题。如今，曾经断流多年的桑干河又恢复了往日生机。蓝天白云下，桑干河奔腾向前，水清岸绿，鱼翔浅底，风光旖旎……一幅人水和谐共生的水美画卷正在阳原县徐徐铺展。

做好"加法"——提高水资源承载能力。针对桑干河两岸地表支流与沟壑干枯缺水的现状，阳原县引进实施总投资22.77亿元的干枯河流创新治理项目，采用留蓄雨洪水、水面种植阔叶植物减少蒸发等治理方案，全年满足200天以上河道过流，努力将干枯河道治理成为蓄水河、常流河、生态河、景观河。在防洪输水方面，阳原县充分利用永定河综合治理与生态修复张家口市桑干河综合整治工程契机，实施防洪输水工程和生态修复工程。在生态修复方面，阳原县扩建揣骨疃湿地1850亩、新建桑壶湿地650亩以及沿线绿化工程，实施"以河代库"工程，补充沿岸地下水。在推进再生水利用工程方面，阳原县实施污水处理厂提升改造及中水回用项目，项目建成后可利用中水200万 m^3。

做好"减法"——全面加快节水型社会建设。阳原县充分利用"世界水日""中国水周"等集中宣传机会,在阳原县所属电视台、融媒体平台播放节水宣传新闻;建立相关微信公众号,推出节水视频,发布节水信息。通过制定城镇节约用水管理办法等文件,建立健全节水监督、管理制度和体系;积极发展节水产业,大力发展低耗水作物,推进高标准农田建设2万亩,投资310万元实施水土保持项目和京津风沙水源治理项目。

做好"乘法"——构建兴水"新业态"。阳原县坚持挖掘水文化资源,在桑干河北岸建设桑干河国家湿地公园,精心打造特色生态景点。通过加快县城干枯河道治理、精心做好民俗文化街、街心公园等重要景观打造,打通环县城水系。同时,阳原县努力加快桑干河流域文化带保护建设,对沿河两岸乡镇统筹规划。目前,阳原县已打造100 km长桑干河绿化长廊,在施家会、曲长城等村落建成生态休闲驿站,初步形成游览、休闲于一体的生态景观带和桑干河流域水文化景观公园、水文化景观带。

做好"除法"——严格推进地下水管理。阳原县实行严格的产业准入制度,严把取水许可关口,不得新建扩建高耗水项目,加强地下水取水大户、特殊行业用水户的监督管理;严格计划用水管理,对超计划用水的自备井取水户超计划取水量按规定征收水资源税;对城镇居民用水实行阶梯水价制度,对城镇非居民用水实行超定额累进加价制度,对淘汰类、限制类设备用水实行差别水价。此外,阳原县还实施季节性休耕、旱作雨养、节水灌溉等办法,推进种植结构调整,压减高耗水农业种植面积,减少地下水开采。目前,全县排查机井1445眼,其中已关停41眼,已取得取水许可及批复1404眼,农业用水井实现"以电折水"计量达到100%。

崔占勇　执笔

席　晶　李　攀　审核

深化水资源论证与取水许可管理

水利部水资源管理司

2022 年，水利部按照从严从细管好水资源的要求，深化水资源论证与取水许可管理，切实抓好取用水管理突出问题整改，规范和加强水资源论证管理，健全取用水监管长效机制，推进取水监测计量体系建设，加强用水统计调查管理，加快取用水管理信息化建设，不断提升取用水管理能力和水平，扎实推动新阶段水利高质量发展。

一、抓好取用水管理突出问题整改

一是全面总结取用水管理专项整治行动成效。开展取用水管理专项整治行动，是强化水资源监督管理的重要举措。此项工作自 2019 年 2 月在长江、太湖流域率先启动，2020 年 5 月在全国范围部署推开。经过近 3 年的努力，取用水管理专项整治行动已基本完成，基本摸清了全国取水口的分布和取水情况，初步掌握了水资源开发利用管理现状，整治了一大批违法违规取用水问题，在依法依规规范取用水秩序，促进水资源合理开发利用，提升监管能力方面取得了显著进展和成效。二是开展专项整治行动"回头看"。指导流域管理机构和地方水行政主管部门对 590 多万个取水口的核查登记、问题认定和整改情况进行自查自纠，整治近 100 万个取水口违规取用水问题，进一步巩固治理成果，防止问题反弹。

二、规范和加强水资源论证管理

一是强化水资源刚性约束论证和审查。印发《关于加强水资源配置工程水资源刚性约束论证和审查的通知》，强调要以促进水资源科学利用与节约保护为主要目标，在认真审查水资源配置工程取用水规模合理性的基础上，做好可行性研究阶段水资源刚性约束审查，坚决抑制不合理用水需求，切实保护河湖生态环境，防止水资源过度开发利用，为经济社会持续健康发展提供有力支撑。二是开展建设项目水资源论证标准制修订。组织南京水利科学研究院开展《建设项目水资源论证导则：第 8 部分　钢铁行业建设项目》《建设项目水资源论证导则：第 9 部分　纺织行业建设项目》等 2 项水利行业标准制定工作，强化钢铁、纺织行业建设项目水资源论证，目前已完成送审稿审查。三是组织开展建设项目水资源论证区域评估专题研究。组织南京水利科学研究院开展水资源论证区域评估政策实施情况跟踪评估，对各省份开展水资源论证区域评估的进展情况、经验做法等开展调研，进一步完善水资源政策标准体系、加强评估区域取用水事中事后监管、研究建立水资源领域信用评价体系。

三、健全取用水监管长效机制

一是强化取用水事中事后监管。切实抓好中央生态环保督察、巡视、审计、长江经济带和黄河流域生态环境警示片等反馈的违规取用水问题整改。在此基础上制定印发《关于进一步强化取用水监管工作的通知》，指导流域管理机构和地方水行政主管部门把从严从细管好水资源作为一项重要政治任务，切实落实监管责任，健全监管制度，创新监管方式，提高监管效能，规范全社会水资源开发利用秩序。二是开展水资源管理监督检查。制定印发《关于开展 2022 年水资源管理、节约用水和河湖长制落实情况监督检查工作的通知》，聚焦取用水管理、黄河流域水资源超载治理等水资源突出问题。创新监督检查方式，2022 年首次选取内蒙古自治区包头市、山西省运城市、辽宁省阜新市、海南省海口市开展专项监督检查，并将检查发现问题以"一省一单"形式印发各省级水行政主管部门，推动问题整改。三是研究推进水资源领域信用体系建设。贯彻落实党中央、国务院关于推进社会信用体系建设高质量发展的部署要求，研究提出实施水资源领域信用评价的初步方案。以强化取用水户信用监管为重点，创新监管理念、监管制度和监管方式，构建跨地区、跨部门、跨领域的守信激励和失信惩戒机制，定期将取用水户承诺守信、失信情况计入信用评价档案，并根据问题性质依法追究责任，督促取用水户依法依规取用水资源，规范水资源开发利用秩序，促进水资源集约节约安全利用。四是推进《取水许可和水资源费征收管理条例》（以下简称《条例》）修订立法前期工作。组织水利部发展研究中心开展《条例》修订研究，形成修订研究报告和修订草案。在此基础上，组织调研组，赴水利部长江水利委员会、水利部珠江水利委员会等流域管理机构，浙江、广东、广西等省（自治区）水利厅开展专题调研，进一步夯实《条例》修订的实践基础。

四、推进取水监测计量体系建设

一是切实提高取水监测计量覆盖面。指导流域管理机构和地方水行政主管部门落实《关于强化取水口取水监测计量的意见》，严格水资源论证和取水许可管理，要求新改扩建取水项目必须同步安装或完善取水计量设施。推进非农业取水口和大中型灌区取水口计量全覆盖，5万亩以上大中型灌区渠首取水实现在线计量。对农用灌溉机井取水，在10个省份推进"以电折水"计量水量。二是完善取水监测计量标准规范。针对当前取水监测计量设施配备、安装、运行维护等方面存在的问题，对取水计量的有关技术要求进行了完善，强化了取水单位的计量主体责任，完成了《取水计量技术导则》修订。三是做好取水监测计量组织实施。落实年度中央水利发展资金5亿元支持地方推进取水计量体系建设，重点支持在线监测计量设施建设、农业灌溉取水计量设施建设等，组织各省份落实《取水口监测计量体系建设实施方案（2021—2023年）》年度建设任务。

五、加强用水统计调查管理

做好年度用水统计调查制度实施。印发实施《全国用水统计调查基本单位名录库管理办法（试行）》，指导科学管理全国用水统计调查基本单位名录库，坚持先入库、后出数，数出有源、数出有据，进一步扩大用水统计调查名录库范围，严格数据质量审核，改进统计方式方法，加强用水总量核算，提高用水统计数据的真实性、准确性。完成2021年度用水总量核算，核算成果作为高质量考核和最严格水资源管理制度考核的依据，发布《中国水资源公报2021》。组织完成2022年季度用水统计表填报工作，利用《水资源监管信息月报》反映年度、季度流域区域及行业用水情况，支撑管理决策。

六、加快取用水管理信息化建设

一是开展取用水管理信息系统整合和共享。全面梳理已建水资源管理信息系统现状、存在问题，紧紧围绕当前水资源管理实际需求，制定印发《2022 年推进智慧水利建设水资源管理工作要点》，提出水资源管理业务应用需求和推进系统建设的重点任务。根据《水利部"十四五"智慧水利建设规划》等要求，制定印发《取用水管理信息系统整合共享与应用推广实施方案》《取用水管理信息系统整合共享与应用推广技术方案》，明确了系统整合的基本原则、建设目标、主要任务和技术要点，推进系统整合工作。2022 年，21 个省（自治区、直辖市）完成取用水管理平台开发并试运行。二是深化取水许可电子证照应用。加快取水许可电子证照应用推广，全国取水许可电子证照已发放 60 多万套，取水许可管理的信息化水平明显提升。在全面实现取水许可证电子化基础上，重点针对部分证照数据不准、不全、错误、失效等问题，加快开展电子证照数据治理，提高证照数据质量，在此基础上强化证照数据信息的分析应用，提高群众办事效率和政务服务效能，提升取用水监管能力和水平。

马　超　王　华　王海洋　执笔

杨得瑞　郭孟卓　审核

有序推进水资源统一调度

水利部调水管理司

2022 年，水利部组织流域管理机构和地方各级水行政主管部门，以有序调度、科学调度为目标，完善调水管理体制机制，继续加强跨省江河流域水资源统一调度，有序组织实施省内江河水资源调度，强化生态调度，健全工作机制，不断提升水资源调度管理能力和水平。

一、管理制度不断出台

印发《水利部关于公布开展水资源调度的跨省江河流域及重大调水工程名录（第一批）的通知》（以下简称《名录》），明确跨省江河流域、重大调水工程清单及审批备案要求，涉及河流 55 条、调水工程 11 个。印发《关于进一步加强流域水资源统一调度管理工作的通知》，从工作机制、调度实施、信息化建设、监督管理等方面对加强流域水资源统一调度管理提出要求。印发《跨省江河流域水资源调度方案与年度调度计划编制技术指南》及《调水工程水资源调度方案与年度调度计划编制技术指南》，完善水资源调度技术体系。

二、跨省江河调度持续推进

强化流域水资源统一调度和管理，审批印发《西江流域水资源调度方案》，在黄河、黑河、汉江等 42 条跨省江河流域实行了水资源统一调度，取得了显著效益。黄河实现连续 23 年不断流，确保了供水安全、生态安全，塑造了下游生态廊道，保护了河口三角洲湿地，维持了黄河健康生命；黑河流域生态环境明显改善，东居延海连续 18 年不干涸，额济纳绿洲面积稳步扩展。

三、重点流域区域调度成效更加显著

按照复苏河湖生态环境总体安排，以河流恢复生命、流域重现生机为目标，重点实施了永定河、西辽河、白洋淀等流域区域生态调度以及滇池、向海湿地生态补水。2022 年，结合永定河流域内外水雨情变化等因素，坚持全国一盘棋，强化流域水资源统一调度，统筹优化多水源科学配置，实现永定河春季和秋季两次全线通水，其中，春季开展符合永定河自然水文律动规律、有利于维护河流健康生命的 500 m³/s 大流量脉冲泄水试验，遏制河道萎缩，畅通排泄通道；秋季通过数字孪生永定河建设，提高调度精细化水平，科学利用宝贵水资源，实施小流量持续通水，实现与河道冰期相衔接。通过开展水资源统一调度，西辽河干流实现 92 km 脉冲式通水，总办窝堡枢纽自 2002 年以来首次过水，并向下游推进 18 km。向塔里木河下游实施第 23 次生态输水，尾闾台特玛湖水面面积和湿地生态环境有效恢复。

四、省内江河流域调度有序开展

指导省级水行政主管部门确定本行政区域内需要开展水资源调度的江河流域名录，推动开展水资源统一调度，31 个省（自治区、直辖市）均已印发省级名录，涉及省内河流 146 条，成为水资源统一调度向全国范围纵深推进、推动新阶段水利高质量发展、复苏河湖生态环境的有力抓手。

五、工作机制逐步健全

组织流域管理机构、省级水行政主管部门明确水资源调度管理机构和责任人，完善水资源调度组织体系。明确调度方案、计划编报程序和工作要求，建立健全协商、协调、预警、生态补水及信息共享等工作机制。

下一步，水利部将不断强化水资源统一调度，争取在更高水平、更大目标、更广范围全力推动水资源调度工作取得新进展。一是继续完善配套措施。启动水资源调度管理立法前期工作；印发开展水资源调度的跨省江河流域名录（第二批），有序推进调度工作；指导省级名录（第二批）的

制定工作；加强调水管理信息化建设，指导加快推进数字孪生流域和数字孪生工程建设，提高预报预警预演预案能力，确保调度决策精准安全有效。二是全面推进统一调度。推进《名录》内55条跨省江河流域于2023年年底前全部启动调度；促进精确精准调水，充分发挥调水工程的经济、社会、生态综合效益；推进省级名录内江河流域、调水工程水资源调度工作全面开展。三是扎实开展生态调度。抓好永定河、西辽河、白洋淀等重点流域区域生态调度，加强河道径流演进和地下水（入渗）补充等水文数据监测，不断提高生态补水规律性认识和调度精细化水平，制定更大的目标计划。四是全面加强行业管理。组织流域管理机构加强指导和监督检查，推动省级名录内江河流域及调水工程按要求有序开展水资源调度工作，全面提升水资源调度管理能力和水平，支撑流域区域高质量发展。

李云成　马立亚　执笔
程晓冰　孙　卫　审核

专栏十六

开展水资源调度的跨省江河流域及
重大调水工程名录（第一批）

水利部调水管理司

按照《水资源调度管理办法》有关要求，水利部于 2022 年 4 月 20 日印发了《水利部关于公布开展水资源调度的跨省江河流域及重大调水工程名录（第一批）的通知》，明确了跨省江河流域、重大调水工程清单及审批备案要求，涉及河流 55 条、调水工程 11 项。名录如表 1、表 2 所列。

截至 2022 年 12 月底，已有 42 条跨省江河流域、7 项重大调水工程开展了水资源调度。

表 1　　　　　　　　开展水资源调度的跨省江河流域名录（第一批）

序号	江河流域名称	涉及流域管理机构	江河流域范围涉及省（自治区、直辖市）	调度方案（计划）编制、审批及备案要求
1	金沙江	长江委	四川、贵州、云南、西藏、青海	长江委组织编制，报水利部审批
2	赤水河		四川、贵州、云南	长江委组织编制印发，报水利部备案
3	沱江		重庆、四川	
4	岷江		四川、青海	
5	嘉陵江		重庆、四川、陕西、甘肃	
6	汉江		河南、湖北、重庆、四川、陕西、甘肃	
7	乌江		云南、贵州、重庆、湖北	
8	牛栏江		云南、贵州	
9	沅江		贵州、湖南、重庆、湖北	

续表

序号	江河流域名称	涉及流域管理机构	江河流域范围涉及省（自治区、直辖市）	调度方案（计划）编制、审批及备案要求
10	黄河	黄委	青海、四川、甘肃、陕西、宁夏、内蒙古、山西、河南、山东	渭河、洮河、伊洛河、北洛河、无定河、泾河纳入黄河开展干支流统一调度。依据《黄河水量调度条例》，黄委组织编制年度调度计划，报水利部审批
11	渭河		陕西、甘肃、宁夏	
12	伊洛河		河南、陕西	
13	洮河		甘肃、青海	
14	北洛河		陕西、甘肃	
15	无定河		内蒙古、陕西	
16	泾河		甘肃、陕西、宁夏	
17	黑河		内蒙古、甘肃、青海	依据《黑河干流水量调度管理办法》，黄委组织编制年度水量调度方案，报水利部审批
18	淮河	淮委	江苏、安徽、河南、湖北	淮委组织编制，报水利部审批
19	沭河		江苏、山东	淮委组织编制印发，报水利部备案
20	沂河		江苏、山东	
21	沙颍河		河南、安徽	
22	涡河		河南、安徽	
23	史灌河		安徽、河南	
24	奎濉河		江苏、安徽	
25	竹竿河		河南、湖北	
26	浉河		河南、湖北	
27	漳河	海委	山西、河北、河南	海委组织编制，报水利部审批
28	永定河		北京、天津、河北、山西、内蒙古	
29	西江	珠江委	湖南、广东、广西、贵州、云南	北盘江、黄泥河、柳江、黄华河、谷拉河、六硐河（含曹渡河）等纳入西江开展干支流统一调度，珠江委组织编制调度方案和年度调度计划，报水利部审批
30	北盘江		贵州、云南	
31	黄泥河		贵州、云南	
32	柳江		贵州、湖南、广西	
33	黄华河		广西、广东	
34	谷拉河		广西、云南	
35	六硐河（含曹渡河）		广西、贵州	

序号	江河流域名称	涉及流域管理机构	江河流域范围涉及省（自治区、直辖市）	调度方案（计划）编制、审批及备案要求
36	东江	珠江委	江西、广东	珠江委组织编制印发，报水利部备案
37	韩江		福建、江西、广东	
38	北江		江西、湖南、广东、广西	
39	九洲江		广西、广东	
40	松花江干流	松辽委	吉林、黑龙江	松辽委组织编制，报水利部审批
41	大凌河		河北、内蒙古、辽宁	松辽委组织编制印发，报水利部备案
42	东辽河		内蒙古、辽宁、吉林	
43	嫩江		内蒙古、吉林、黑龙江	
44	诺敏河		内蒙古、黑龙江	
45	绰尔河		内蒙古、黑龙江	
46	雅鲁河		内蒙古、黑龙江	
47	牡丹江		吉林、黑龙江	
48	第二松花江		辽宁、吉林	
49	柳河		内蒙古、辽宁	
50	辽河干流		内蒙古、辽宁、吉林	
51	拉林河		吉林、黑龙江	
52	西辽河		河北、辽宁、吉林、内蒙古	
53	洮儿河		内蒙古、吉林	
54	太湖	太湖局	上海、江苏、浙江	依据《太湖流域管理条例》，太湖局组织编制，报水利部审批
55	新安江		安徽、浙江	太湖局组织编制印发，报水利部备案

表 2   开展水资源调度的重大调水工程名录（第一批）

序号	调水工程名称	涉及流域管理机构	工程涉及省（自治区、直辖市，特别行政区）	调度方案（计划）编制、审批及备案要求
1	南水北调东线一期工程（含南水北调东线一期工程北延应急供水工程）	长江委黄委淮委海委	天津、河北、江苏、安徽、山东	依据《南水北调工程供用水管理条例》，水利部组织淮委编制，长江委、黄委、海委，相关省（直辖市）水利（水务）厅（局）参与，水利部下达。其中南水北调东线一期工程北延应急供水工程由水利部组织黄委编制，长江委、黄委、淮委，相关省（直辖市）水利（水务）厅（局）参与，水利部下达

续表

序号	调水工程名称	涉及流域管理机构	工程涉及省（自治区、直辖市，特别行政区）	调度方案（计划）编制、审批及备案要求
2	南水北调中线一期工程	长江委黄委淮委海委	北京、天津、河北、河南、湖北	依据《南水北调工程供用水管理条例》，水利部组织长江委编制，黄委、淮委、海委，相关省（直辖市）水利（水务）厅（局）参与，水利部下达
3	引黄入冀补淀工程	黄委海委	河北、河南	水利部组织黄委编制，海委、河北省水利厅、河南省水利厅参与，水利部下达
4	引江济太工程	长江委太湖局	江苏	依据《太湖流域管理条例》，太湖局组织编制，长江委、江苏省水利厅、浙江省水利厅、上海市水务局参与，报水利部审批下达
5	新孟河延伸拓浚工程	长江委太湖局	江苏	依据《太湖流域管理条例》，太湖局组织编制，长江委、江苏省水利厅、浙江省水利厅、上海市水务局参与，报水利部审批下达
6	引江济淮工程	长江委淮委	安徽、河南	水利部组织淮委编制，长江委、安徽省水利厅、河南省水利厅参与，水利部下达
7	滇中引水工程	长江委珠江委	云南	水利部组织长江委编制，珠江委、云南省水利厅参与，水利部下达
8	引汉济渭工程	长江委黄委	陕西	水利部组织长江委编制，黄委、陕西省水利厅参与，水利部下达
9	引滦工程	海委	天津、河北	海委组织编制印发，报水利部备案
10	东深供水工程	珠江委	广东、香港	广东省水利厅商珠江委组织编制印发，报水利部备案
11	珠海对澳门供水工程	珠江委	广东、澳门	广东省水利厅商珠江委组织编制印发，报水利部备案

李云成　马立亚　执笔

程晓冰　孙　卫　审核

复苏河湖生态环境篇

强化河湖长制　守护河湖健康

水利部河湖管理司

2022 年，水利部门心怀"国之大者"，坚决扛起河湖长制政治责任，对表对标，真抓实干，全面强化河湖长制，推动建设幸福河湖，守护河湖健康生命。

一、强化责任落实，健全体制机制法治

（一）强化履职尽责，健全河湖长制责任体系

深入落实习近平总书记在推进南水北调后续工程高质量发展座谈会上的重要讲话精神，在南水北调工程建立健全河湖长制，东、中线干线沿线明确 1150 名省、市、县、乡级河湖长，切实维护南水北调工程安全、供水安全、水质安全。全国 31 个省（自治区、直辖市）党委、政府主要负责同志担任省级总河长，靠前指挥、以上率下，带领 30 万名省、市、县、乡级河湖长全年巡查河湖 663 万人次，主动破解河湖管理保护难题。各地建立健全河湖长动态调整机制，确保不因领导干部调整而出现河湖长责任"真空"。

（二）加强联动共治，推进区域统筹部门协调

七大流域全部建立省级河湖长联席会议机制，分别召开省级河湖长联席会议，长江流域发布"携手共建幸福长江"倡议书，黄河流域发布"西宁宣言"，流域管理机构充分发挥省级河湖长联席会议办公室作用，深化与省级河长办协作，从河湖整体性和流域系统性出发，强化流域统一规划、统一治理、统一调度、统一管理。天津、贵州、云南、新疆等地建立健全跨界河湖联防联控联治机制；内蒙古、辽宁、福建等 20 多个省份建立健全"河湖长+警长""河湖长+检察长"协作机制，推进水行政执法与刑事司法、公益诉讼衔接。

（三）严格考核奖惩，保障河湖管理有能有效

水利部开展河湖长制落实情况监督检查，发现问题 462 个，督促地方整改。水利部 12314 监督举报服务平台群众监督举报件件有回音，查实整改 110 个问题。落实国务院河湖长制督查激励措施，对河湖长制工作真抓实干成效明显的 7 市 8 县予以激励。湖南、陕西、青海等省份将河湖长制纳入省级政府督查激励，山西、河南等省份对考核优秀的地区予以通报表扬、资金奖励。江西、重庆、甘肃等省份对河湖长制先进集体和先进个人进行省级表彰。黑龙江、广东、四川等省份开展河湖长制专项督查、暗访检查，天津、内蒙古、西藏等省份将考核结果作为党政领导干部综合考核评价的重要依据，多地将河湖长制纳入部门年度绩效考核。2022 年，各地问责履职不力的河湖长及有关责任人 5297 人次。

（四）加强宣传引导，凝聚社会共治共管合力

受中央组织部委托，举办河长制湖长制网上专题班，在全国调训 5000 名市县级河湖长，举办西藏河湖管护培训班，帮助河湖长学习贯彻相关政策、把握岗位职责、掌握基本知识、明晰履职要求、提升履职效能。联合中华全国总工会、中华全国妇女联合会组织开展第二届"寻找最美河湖卫士"活动，开展"寻找最美家乡河""守护幸福河湖"等活动，发布国家水利风景区典型案例、河湖长制典型案例、长江河道非法采砂典型案例，编印河长制湖长制工作简报，总结推广河湖长制经验成效，讲好河湖故事和河湖人的故事。各地开展丰富多彩的宣传活动，采取电视问政、有奖举报等方式，引导公众关爱河湖，参与河湖管理保护工作。北京、宁夏等省份开展"优美河湖在身边""争当河小青"等活动，福建省河湖保护志愿者超 600 万人，广东省护河志愿者注册人数近 100 万人，山东省"碧水积分"注册用户超 170 万人，浙江省公众"绿水币"使用人数突破 360 万人，社会公众爱河护河氛围日益浓厚。

二、聚焦重点任务，维护河湖健康生命

（一）开展专项整治，推动河湖面貌持续改善

聚焦长江、黄河等重点河湖，挂牌督办黄河韩城龙门段侵占河道、长

江镇江段违建、辽宁绕阳河溃口、西江干流梧州段违法网箱养殖等重大问题。纵深推进河湖"清四乱"常态化规范化，坚持清存量、遏增量，全国累计清理河湖违法违规问题 22.32 万个。组织开展全国妨碍河道行洪突出问题排查整治，地方党委政府高度重视，山西、吉林、陕西等 15 个省份签发总河长令进行部署，全国共清理整治 1.24 万个问题。开展丹江口"守好一库碧水"、南水北调中线交叉河道突出问题专项整治，完成 918 个丹江口水库库区侵占水域岸线问题、62 个南水北调中线交叉河道突出问题清理整治。为保障京杭大运河全线通水，组织沿线省份清理整治补水河道障碍 137 处。配合永定河全线通水，组织排查整治 56 个碍洪问题。开展长江干流岸线利用项目排查整治"回头看"，完成黄河岸线利用项目扫尾工作，配合开展江河湖库清漂、违建别墅清查整治、高尔夫球场清理整治"回头看"等。通过清理整治，有力推动河湖面貌持续改善。

（二）制定规范规划，严格水域岸线空间管控

印发《水利部关于加强河湖水域岸线空间管控的指导意见》，对贯彻落实《中华人民共和国防洪法》《中华人民共和国河道管理条例》遇到的新问题进行梳理规范，分类明确涉河湖违法违规问题处置意见，严格依法依规审批涉河建设项目和活动。编制完成七大流域重要河湖水域岸线保护与利用规划。对第一次全国水利普查名录内（无人区除外）河湖管理范围划界成果进行抽查复核，对不符合要求的及时整改。

（三）强化打治并举，采砂管理秩序平稳向好

全国 2753 个采砂管理重点河段、敏感水域全部落实采砂责任，并公告河长、主管部门、现场监管、行政执法四个责任人。落实《长江河道采砂管理条例》，公告长江宜宾以下干流河道采砂管理省、市、县三级河长和行政首长、主管部门、现场监管、行政执法五个责任人。按照《中华人民共和国长江保护法》要求，首次公布长江干流云南段采砂管理五个责任人。组织开展全国河道非法采砂专项整治行动，累计查处非法采砂行为 5839 起，罚款 12843 万元，查扣非法采砂船舶 488 艘、挖掘机具 1334 台；移交公安机关案件 179 件，其中涉黑涉恶线索 26 条；追责问责相关责任人 145 人，形成有力震慑，规模性非法采砂行为得到有效遏制。废止《水利

部　国土资源部　交通运输部关于进一步加强河道采砂管理工作的通知》，进一步理顺河道采砂管理体制。水利部、公安部、交通运输部持续深化长江河道采砂管理合作机制。长江、黄河、淮河等大江大河省际联合监管机制全面建立。推进应用河道采砂许可电子证照。湖北、湖南等10多个省份推行河道砂石集约化规模化统一开采，采砂管理进一步规范有序。

三、坚持系统治理，推动幸福河湖建设

（一）因地制宜，推进河湖健康评价

全国22个省（自治区、直辖市）编制了省级河湖健康评价技术标准，2500多条（个）河湖完成河湖健康评价工作。发布《水利部办公厅关于开展河湖健康评价　建立河湖健康档案工作的通知》，推动各地因地制宜，对第一次全国水利普查名录内45203条河流和2865个湖泊（无人区、交通特别不便地区的河湖，以及监测设施不完善、监测数据无法获取的河湖除外）开展河湖健康评价工作，建立全国河湖健康档案，科学、动态掌握河湖健康状况，为管理、保护、治理河湖提供有力支撑。

（二）实践引领，开展幸福河湖建设

2022年，水利部联合财政部在全国遴选7个省份的6条河流和1个湖泊，以防洪保安全、优质水资源、健康水生态、宜居水环境、先进水文化为目标，探索幸福河湖的建设路径。各地将幸福河湖建设作为强化河湖长制的重要着力点，辽宁、山东、甘肃等省份签发总河长令部署全面建设幸福河湖工作，河北、江苏、河南等省份印发建设幸福河湖的指导意见，安徽、广西、海南等省份印发建设方案、导则、评价办法等。各地在上千条河湖探索建设幸福河湖，提升人民群众的安全感、获得感、幸福感。

（三）打造智慧河湖，持续提升河湖智治水平

充分利用全国水利一张图及河湖遥感本底数据，基本完成第一次全国水利普查名录内河湖划界成果、大江大河（除太湖外）岸线功能分区成果、长江干流岸线利用项目成果上图，强化信息化管控基础。组织各流域管理机构开展河湖遥感影像解译工作，完成第一次全国水利普查名录内河

湖（无人区除外）遥感影像解译工作，为推进河湖智慧化监管打下良好基础。依托数字孪生流域建设，河北、福建等多地上线了省、市、县、乡、村五级河湖长管理信息系统，形成河湖长制一张图管理。

下一步，各级水利部门要全面落实习近平总书记治水重要论述精神，深入落实党中央、国务院关于强化河湖长制的决策部署，统筹水灾害、水资源、水环境、水生态、水文化，强化体制机制法治建设，严格河湖水域岸线空间管控和河道采砂管理，纵深推进河湖"清四乱"常态化规范化，推动各级河湖长和相关部门履职尽责，着力建设维护安全河湖、健康河湖、美丽河湖、幸福河湖。

戴江玉　执笔

李春明　审核

山东省诸城市：

落实"一河一策" 建设美丽潍河

潍河是山东省的重要河流，连山通海，流经诸城市 65 km，是山东省最大水库——峡山水库水源地，也是山东半岛胶东调水的战略水源之一。近年来，山东省诸城市以"担当上游责任、攻坚水质提标"为主线，深入落实河湖长制"一河一策"措施，对潍河流域诸城市境内的 65 km 干流和 11 条支流持续实施水质提升工程，全力打造美丽示范河湖。

打好源头防控"阻击战"。诸城市制定《诸城市入河（湖）排污口综合整治方案》，开展排污口排查统计，运用徒步巡查与无人机、无人船相结合的方式，实行"水陆空"全方位排查，全面摸清排污口现状。先后开展河长巡河 2258 人次，组织 6000 多人（次）对潍河干支流等主要河道开展了入河排污口排查，封堵畜禽粪污、雨污混流、农田退水、工业污水等各类排污口 419 处。

打好限期整治"歼灭战"。强化排污口管理，落实水利、市政、畜牧、生态环境、农业农村等部门的主体责任和监管责任，分类建立整治台账，明确整治要求、具体措施、完成时限，完成一个，验收一个，销号一个。在污水处理厂入河口安装水质在线监控系统 10 套，实行超标即溯源、超标即处罚。完成 17 家重点涉水企业雨水口在线监控系统建设，严防雨水口成为污水口。

打好水质提升"攻坚战"。实行城乡一体、水岸同治，综合运用生物、工程措施，打造"清水长廊"。投资 4500 万元，在潍河干支流安装 90 台微生物生发器、2 台移动水处理设施，配套建设微型透水坝、植物浮岛、人工湿地，不断净化潍河水质。投资 5700 万元实施扶淇河综合整治工程，埋设污水管道 10 km，全面实施城区雨污分流。实施潍河中水分离工程，以潍坊市峡山水库水质提升工程建设为契机，投资 9.17 亿元建设中水管道 48.5 km，实现 7 座污水处理厂的中水一管汇流、远程输送、循环利用。

打好执法监管"持久战"。以河湖长制为统领，落实包河包库包片责任制和水利、环保联合执法机制，对列入整治范围而拒不整治或整改缓慢的企业和个体生产经营者，责令其对排污口进行规范化整治。对整治进度持续缓慢不能按期完成目标任务的，依法立案调查，从严从重查处非法排污行为。

周德宝 执笔

席 晶 李 攀 审核

全面实施母亲河复苏行动

水利部水资源管理司

母亲河是国家民族以及沿河区域人民世代繁衍生息、文明孕育和文化传承发展的摇篮。让母亲河永葆生机活力是生态文明建设的必然要求，是水利高质量发展的重要路径，是建设幸福河湖的具体行动。2022 年，各级水利部门以母亲河复苏行动为重要抓手，"一河（湖）一策"、靶向施策，加快修复河湖生态环境，取得显著进展和成效。

一、推进华北地区河湖复苏

编制印发《华北地区河湖生态环境复苏行动方案（2023—2025年）》，印发《2022 年度华北地区河湖生态环境复苏实施方案》《华北地区河湖生态环境复苏行动方案（2022 年夏季）》，持续推进华北地区河湖生态补水，补水河湖已扩大到 7 个水系 48 条（个）河湖，2022 年累计生态补水近 70 亿 m^3，唐河、沙河等常年干涸河流实现全线贯通，大清河白洋淀水系、子牙河水系、漳卫河水系贯通入海，白洋淀生态水位达标率 100%，水面面积稳定在 250 km^2。永定河实现春、秋季两次全线通水，全线通水 123 天，全线有水 195 天，官厅水库以上基本实现全年不断流。潮白河、潮白新河夏季集中贯通期间，212 km 河道实现全线有水。

二、实施大运河水生态保护修复

水利部会同北京市、天津市、河北省、山东省人民政府制定印发并组织实施《京杭大运河 2022 年全线贯通补水方案》。2022 年 4 月 28 日，京杭大运河实现百年来首次全线水流贯通；5 月底，完成集中补水任务；6 月底前大运河保持有水状态，累计补水量 8.40 亿 m^3，黄河以北河段及补水路径河道入渗地下水量 2.69 亿 m^3。置换深层承压水超采区农田灌溉面积 77.71 万亩。黄河以北河段水面面积达到 45.1 km², 较补水前增加 4.1 km²; 补水沿线河道以及衡水湖水面面积增加 12.4 km²。

三、开展母亲河复苏行动

印发《母亲河复苏行动方案（2022—2025）》，全面排查断流河流、萎缩干涸湖泊，选取确有修复必要且具备修复可行性的断流河流和萎缩干涸湖泊共 212 条（个），纳入修复名录。在修复名录基础上，选取在京津冀协同发展、长江经济带发展、长三角一体化发展、粤港澳大湾区建设、黄河流域生态保护和高质量发展等重大国家战略中具有重要地位和作用，在县级以上行政区域内经济、社会、文化中地位突出，对防洪安全、供水安全、粮食安全、生态安全具有重要保障作用或发挥重要影响，水生态环境问题突出，人民群众反映强烈，修复措施合理、可操作性强、修复效果显著的 80 余条（个）河湖纳入 2022—2025 年母亲河复苏行动河湖名单。印发母亲河复苏行动"一河（湖）一策"方案编制提纲，制定并实施母亲河复苏行动"一河（湖）一策"方案，优化配置水资源，恢复河湖良好连通性，恢复和改善河道有水状态，恢复湖泊水面面积，修复受损的河湖生态系统，确保实施一条、见效一条，让河流恢复生命、流域重现生机。

四、加强江河流域水量统一调度

持续推进黄河干流、渭河等 6 条支流水资源统一调度，黄河干流连续 23 年不断流，生态环境持续改善；持续向乌梁素海、黄河三角洲湿地等重点区域生态补水，2022 年河道外生态补水 37.27 亿 m³。西辽河干流实现 92 km 通水，总办窝堡断面实现 2002 年以来首次过水，断流多年的西辽河干流过水河段逐年延长，对复苏下游生态环境回补地下水发挥重要作用。实施第 23 次塔里木河下游生态输水，有效遏制下游生态严重退化局面，地下水水位抬升、水质好转，下游动植物物种和数量增加，水生态环境得以改善。加强石羊河水资源管理，将石羊河流域水量调度纳入甘肃省内第一批开展水资源调度的跨市（州）江河流域名录，石羊河蔡旗断面过水 3.31 亿 m³，超额完成 2022 年度调水任务。自 2010 年以来，民勤蔡旗断面总下泄水量累计达到41.17亿 m^3，提前8年实现蔡旗断面下泄水量2.9亿 m^3 的目标，连续13年超额完成年度调水任务。下游民勤生态环境恶化趋势得到有效遏制，青土湖形成多个面积为3~26.7 km^2 的人工季节性水面和106 km^2 的旱区湿地。

下一步，水利部门将聚焦解决河道断流、湖泊萎缩干涸问题，深入推进母亲河复苏行动，推进80余条（个）河湖生态环境复苏。持续开展京杭大运河贯通补水、华北地区河湖夏季集中补水和常态化补水，持续实现京杭大运河全线贯通。力争实现永定河全年全线有水，白洋淀水面稳定在250 km^2，潮白河、大清河、滹沱河补水成效进一步巩固，漳河全线贯通。继续开展西辽河流域生态调度，逐步恢复西辽河全线过流。

毕守海　江方利　执笔
杨得瑞　杜丙照　审核

专栏十七

永定河首次实现春秋两次全线通水

水利部调水管理司

2022 年，水利部深入贯彻习近平总书记治水重要论述精神，坚定不移恢复永定河生命，在更高水平更大目标上接续推进永定河水量调度工作取得新成效，永定河首次实现春秋两次全线通水。

一、贯彻落实有关工作部署，统筹谋划高位推动

水利部党组在推动新阶段水利高质量发展六条实施路径中明确提出"复苏河湖生态环境，维护河湖健康生命"，永定河水量调度即是其中重点工作任务之一。

为做好永定河水量调度工作，水利部相继出台《开展水资源调度的跨省江河流域名录（第一批）》《关于进一步加强流域水资源统一调度管理工作的通知》等政策性文件，要求进一步加强流域水资源统一调度管理，规范调度行为，提高调度水平；多次通过调研、会商等方式部署永定河水量调度工作，高位推动生态补水各项工作；组织水利部海河水利委员会提前部署、统筹协调生态补水及全线通水各关键节点和关键工作，保障永定河水量调度工作顺利实施。

二、持续强化水资源统一调度，两次实现全线通水

2022 年 1 月，水利部印发《2022 年度永定河水量调度计划》，提出永定河全线通水不少于 3 个月、有水时间不少于 5 个月的年度调度目标。

结合永定河流域内外水雨情变化等因素，坚持全国一盘棋，强化流域水资源统一调度，统筹优化多水源科学配置，实现永定河春季和秋季两次全线通水。其中，春季开展符合河流自然水文律动规律、有利于维护永定

河健康生命的 500 m³/s 大流量脉冲泄水试验，遏制河道萎缩，畅通排泄通道，与京杭大运河实现世纪交汇，成为复苏河湖生态环境的重要标志；秋季结合数字孪生永定河建设，提高调度精细化水平，科学利用宝贵水资源，实施小流量持续通水，实现与河道冰期相衔接。2022 年累计全线通水 123 天，全线有水（冰）195 天，超额完成全年通水 3 个月、有水 5 个月的年度调度目标

三、不断加强补水规律性研究，巩固拓展调度成效

全线通水期间，持续跟踪补水进展、摸清补水规律、评估补水效果，永定河生态环境复苏成效显著。

官厅水库以上桑干河、洋河及永定河山峡段均维持了河道生态基流，二家店断面以上全年不断流，永定河生命正在恢复。沿线地下水水位持续回升，以春季全线通水为例，陈家庄至卢沟桥河段沿线 3 km 内地下水水位平均回升 1.94 m，10 km 内地下水水位平均回升 1.20 m。自永定河生态补水以来，Ⅲ类及以上水质河长占总河长的比例由 33% 提升到 93%，生物多样性进一步丰富，生态系统的质量和稳定性逐步提升，永定河流域生机重现。

下一步，水利部将组织各有关单位，提高政治站位，心怀"国之大者"，站在推进京津冀协同发展重大国家战略、促进人与自然和谐共生的高度，坚定不移地做好恢复永定河生命的工作，力争实现永定河全年全线有水。

李云成　张园园　执笔

程晓冰　孙　卫　审核

专栏十八

西辽河干流总办窝堡枢纽实现 20 年来首次过水

水利部调水管理司

西辽河属于辽河干流，为季节性河流，流域水资源禀赋条件差，受气候条件和人类活动的双重影响，长期以来干流断流现象时常发生，且由于经济社会用水大幅增加，河道内生态水量被严重挤占，河道断流加剧。2001年以来，麦新断面以下（西辽河干流）全线断流，断流河长 400 多 km，是目前七大江河中唯一处于断流状态的大江大河干流。近年来，水利部将恢复西辽河健康生命作为重大使命任务，在 2022 年全国水利工作会议上明确提出"逐步复苏西辽河生态环境""继续开展西辽河流域生态调度，逐步恢复西辽河全线过流"。

围绕复苏西辽河健康生命，水利部组织开展了西辽河流域水资源统一调度，自 2020 年实施水资源统一调度以来，生态补水取得了显著成效，2020 年干流实现下泄生态水量 3700 万 m^3，水头最终到达苏家堡枢纽下游 32 km；2021 年西辽河干流水头进一步向下游延伸，较 2020 年多行进 52 km，麦新断面下泄生态水量达到 1.95 亿 m^3，常年干涸的莫力庙水库首次实现生态补水 692.6 万 m^3；2022 年 3 月，水利部指导水利部松辽水利委员会（以下简称松辽委）和内蒙古自治区水利厅先后组织编制并印发实施了《西辽河 2022 年度分水指标核算报告》《内蒙古西辽河流域 2022 年水量调度方案》，要求强化用水总量控制，实施水资源统一调度。5 月 20 日，水利部组织召开西辽河水资源统一调度专题视频会商，部署西辽河 2022 年度水资源统一调度工作，要求结合西辽河雨水情预报，实现洪水资源化；汛期，松辽委结合西辽河流域雨水情实际，采用西拉木伦河和西辽河干流"全线闭口、集中下泄"方式，保障西辽河干流下游过水，最终西辽河干流实现 92 km 脉冲式通水，总办窝堡枢纽自 2002 年以来首次过水，水头最终推进至总办窝堡枢纽下游 18 km 处，推动西辽河干流全线有水目标向前迈进坚实一步。

下一步，水利部将组织松辽委，河北、内蒙古、吉林和辽宁 4 省（自治区）水利厅等有关单位，提高政治站位，站在推动绿色发展、促进人与自然和谐共生的高度，坚定不移做好恢复西辽河健康生命的工作。

李云成　王慧宁　执笔

程晓冰　孙　卫　审核

华北地区地下水超采综合治理
实现近期目标

水利部规划计划司

为深入贯彻落实习近平总书记治水重要论述精神和党中央、国务院有关部署，水利部、财政部、国家发展改革委、农业农村部会同有关部门和京津冀3省（直辖市）人民政府，研究制定《华北地区地下水超采综合治理行动方案》（以下简称《行动方案》），经国务院同意，于2019年1月印发实施。《行动方案》实施以来，水利部会同有关部门和地方，以京津冀地区为治理重点，采取综合治理措施，大力推进地下水超采综合治理行动，压减地下水开采，促进地下水水位回升，改善河湖生态环境，取得了阶段性治理成效。

一、组织实施情况

水利部会同有关部门和地方，加大组织实施力度，切实落实省负总责、市县抓落实、国家层面指导支持的工作机制，全力推进地下水超采综合治理。

一是加强组织领导。在华北地区地下水超采综合治理工作协调小组的组织领导下，水利部发挥牵头抓总作用，加强统筹协调和跟踪督促；财政部、国家发展改革委、农业农村部等有关部门加大政策协调、项目支持、资金保障；京津冀3省（直辖市）高位推动，成立了由党政负责同志牵头的领导小组，建立了工作机制，制定了实施方案，压实工作责任，全力推进各项治理措施落地见效。

二是细化任务落实。水利部逐年制定年度工作要点及河湖生态补水方案，细化实化具体任务，明确具体目标指标、重点任务和责任分工。京津冀三省（直辖市）制订本地区年度实施计划，将治理目标任务逐级分解落实到相关市县，明确任务要求。

三是加大投入力度。各有关部门统筹现有资金渠道，加大中央资金支持力度。京津冀三省（直辖市）多渠道筹措资金，加大投入力度。

四是及时监测评估。水利部会同有关部门将地下水超采综合治理纳入最严格水资源管理制度考核，对机井关停、水源置换、河湖生态补水进行多次暗访核查。利用国家级和省级地下水监测站点，持续开展治理情况的动态监测，分析评估地下水水位的变化情况。

二、治理进展与成效

治理行动坚持问题导向，按照远近结合、综合施策、突出重点、试点先行的原则，围绕"一减、一增"，综合采取"节、控、换、补、管"治理措施，系统推进华北地区地下水超采综合治理。

一是节水控水压采取得突破性进展。在强化重点领域节水方面，推进农业节水增效，新增高效节水灌溉面积 837 万亩，加强工业节水减排和城镇节水降损。在严控开发规模和强度方面，科学开展农业适水种植和量水生产，调整种植结构面积 411 万亩；严控高耗水产业发展，依法依规压减或淘汰高耗水产能。在严格地下水开采管控方面，加大地表水置换地下水力度，形成置换能力 23.7 亿 m^3，累计关停 27.9 万眼机井。通过治理，2022 年治理区地下水开采量较 2018 年减少约 40 亿 m^3，压减地下水超采量 26.2 亿 m^3，超额完成了《行动方案》确定的近期治理目标任务。

二是调水补水力度加大。充分挖掘已建蓄引提调工程潜力，科学调度，用好当地水、增供外调水，多渠道增加水资源供给。2018 年以来，通过引江、引黄等外流域调水向治理区供水 330 亿 m^3，其中 253 亿 m^3 用于保障经济社会发展和水源置换；77 亿 m^3 用于河湖生态补水。统筹当地水、外调水、再生水，在永定河、潮白河、白洋淀、滹沱河、滏阳河、南拒马河等48 条河湖，持续开展常态化补水和夏季集中补水，累计补水 240 亿 m^3。据监测分析，补水河流入渗地下的水量累计超过 100 亿 m^3，促进了地下水回补和河湖生态环境复苏。

三是地下水水位总体回升。根据治理区 3665 眼地下水监测站点监测数据分析，通过近 5 年的治理，从根本上扭转了自 20 世纪 70 年代以来地下水水位逐年下降的趋势，实现由下降幅度趋缓、到局部回升、再到总体回升的持续好转。与 2018 年相比，京津冀治理区浅层地下水回升和稳定面积占比达 92%，水位平均回升 2.25 m；深层承压水回升和稳定面积占比达 97%，水位平均回升 6.72 m。治理区约 90% 的区域初步实现了地下水采补平衡。

四是河湖生态环境明显改善。通过实施河湖生态补水和地下水回补，治理区河湖生态环境加快复苏，2022 年补水河湖有水河长增至 2284 km，形成水面面积 736 km²，分别为 2018 年的 2.5 倍和 2.1 倍。永定河、潮白河、大清河、南运河等主要水系先后实现水流全线贯通，永定河连续两年实现全线通水，白洋淀生态水位保证率达到 100%，京杭大运河实现百年来首次全线水流贯通，与永定河实现百年交汇。河湖水质普遍改善，水生生物多样性逐步提升。

下一步，水利部将深入贯彻党的二十大精神，全面落实习近平总书记治水重要论述精神，按照党中央、国务院有关部署，持续推进华北地区地下水超采综合治理各项工作，统筹抓好节水控水、水源置换、河湖生态补水和地下水回补、严格地下水管控等治理任务，逐步实现地下水采补平衡，降低流域和区域水资源开发强度，从根本上解决华北地区地下水超采问题，为全面建设社会主义现代化国家提供水安全保障。

周智伟　郭东阳　曾奕滔　执笔

李　明　审核

专栏十九

以 11 个区域为重点
推进地下水超采综合治理

水利部水资源管理司

实施地下水超采治理，是党中央、国务院为保障国家水安全作出的重大决策部署，是保护地下水资源、改善生态环境、保障民生、实现高质量发展的迫切需要。

《中华人民共和国国民经济和社会发展第十四个五年规划和 2035 年远景目标纲要》明确提出加快华北地区及其他重点区域地下水超采综合治理。为深入贯彻落实党中央、国务院关于地下水管理与保护的决策部署，水利部、财政部、国家发展改革委、农业农村部会同有关部门和京津冀三省（直辖市）人民政府，研究制定《华北地区地下水超采综合治理行动方案》，经国务院同意，于 2019 年 1 月印发实施。水利部会同有关部门和地方，以京津冀地区为治理重点，采取综合治理措施，大力推进地下水超采综合治理，压减地下水开采，促进地下水水位回升。与 2018 年相比，京津冀治理区浅层地下水回升和稳定面积占比达 92%，水位平均回升 2.25 m；深层承压水回升和稳定面积占比达 97%，水位平均回升 6.72 m。

在进一步推动华北地区地下水超采治理的同时，水利部会同财政部、国家发展改革委、农业农村部组织编制了《"十四五"重点区域地下水超采综合治理方案》（以下简称《方案》），全面部署三江平原、松嫩平原、辽河平原及辽西北地区、西辽河流域、黄淮地区、鄂尔多斯台地、汾渭谷地、河西走廊、天山南北麓及吐哈盆地、北部湾等 10 个重点区域地下水超采综合治理。

《方案》明确，到 2025 年，重点区域较现状水平年压减地下水超采量 46 亿 m³ 左右，压减比例超 40%。其中，辽河平原、北部湾地下水实现采补平衡。其他重点区域大部分地区地下水水位下降速率明显减缓，地下水超采引发的生态与地质环境问题得到缓解。地下水利用监测计量体系基本完善，地下水监督考核机制基本建立，智慧化管理水平得到提升。

《方案》提出，各片区要结合区域节水水平和水资源总体配置要求，因地制宜落实各项治理措施、强化地下水管理措施。《方案》要求，相关省（自治区）要根据方案组织编制细化实施方案，进一步细化目标任务和措施，加大执法力度，加强资金支持，强化考核和监督，推进科技创新和宣传引导。

穆恩林　严聆嘉　执笔

杨得瑞　杜丙照　审核

提升重点河湖生态流量保障水平

水利部水资源管理司

　　河湖生态流量是维系河流、湖泊等水生态系统的结构和功能，需要保留在河湖内符合水质要求的流量（水量、水位）及其过程。保障河湖生态流量，事关河湖生态环境复苏。近年来，水利部按照生态文明建设部署，加快推进河湖生态流量确定与保障工作，河湖生态用水保障水平不断提升。

一、加快推进重点河湖生态流量目标确定

　　水利部印发《水利部关于印发第四批重点河湖生态流量保障目标的函》，确定53条跨省重点河湖和32条省内重点河湖共106个断面的生态流量目标，截至2022年年底，已累计确定171条跨省重点河湖和415条省内重点河湖共957个断面的生态流量目标。印发《水利部关于做好2022年度重点河湖生态流量管理工作的通知》，部署推进河湖生态流量管理工作。印发《水利部办公厅关于进一步加强流域水资源统一调度管理工作的通知》《关于印发跨省江河流域水资源调度方案与年度调度计划编制技术指南（试行）的通知》等指导性文件，明确将河湖生态流量目标纳入江河流域水资源调度方案与年度调度计划，落实各项管控要求，加强监测预警，严格考核监督。

二、落实河湖生态流量管理措施

　　将河湖生态流量保障目标落实纳入江河流域水量调度，落实各项调度管理措施。印发《水利部调水管理司关于明确水资源调度管理机构和责任人的通知》，推动建立水资源调度管理责任制。印发《水利部关于公布开展水资源调度的跨省江河流域及重大调水工程名录（第一批）的通知》，

明确先期开展水量调度的江河流域和调水工程，有序推进水资源统一调度。31 个省（自治区、直辖市）均已印发需开展水资源调度的省级江河流域名录，涉及省内河流 146 条。组织实施黄河、黑河、汉江等 42 条跨省江河流域水资源统一调度，合理配置生活、生产和生态用水，全力保持河湖基本生态用水。印发《跨省江河流域及调水工程水资源调度方案与年度调度计划编制技术指南》，对河湖生态流量管理目标措施落实提出明确要求。

三、加强生态流量监测预警考核监督

加强河湖生态流量监测，按月通报重点河湖生态流量达标情况。开展全国生态流量预警监管平台建设，启动生态流量监管"四预"业务技术先行先试，初步实现了动态监测预警、管控措施复核、流量预测预报、调度方案预演、调度预案比选等功能。水利部长江水利委员会、水利部黄河水利委员会流域生态流量监管平台动态展示重点河湖生态流量保障情况，提升监测预警能力。印发《已建水利水电工程生态流量核定与保障先行先试工作方案》，部署已建大中型水利水电工程生态流量核定与保障先行先试。探索推进水利水电工程生态流量保障工作。将重点河湖控制断面生态流量保障目标纳入最严格水资源管理制度考核。2022 年全国重点河湖生态流量达标率达到 90% 以上。

四、加强小水电生态流量监督管理

组织编制《小型水电站生态流量确定技术导则》，指导地方开展小水电站生态流量泄放评估和监督检查工作，25 个省（自治区、直辖市）出台了省级小水电生态流量监管文件，26 个省（自治区、直辖市）分级建立了生态流量重点监管名录。将小水电生态流量管理工作纳入最严格水资源管理制度考核。加快推进黄河流域小水电清理整改，沿黄河的 8 个省（自治区）全面完成 740 余座电站全覆盖现场问题核查，逐站明确"退出、整改、保留"分类意见，完成问题核查和综合评估阶段任务。全面完成长江经济带小水电清理整改，其中 2.1 万座整改、保留电站生态流量保障得到加强，超 9 万 km 减水河段恢复河流连通性，生态修复治理成果得到巩固提升。组织对约 300 座长江经济带小水电站生态流量落实情况进行暗访，印发"一省一单"重点问题，2022 年年底全部完成整改销号。

下一步，水利部门将逐级建立健全生态流量管理责任体系，压实生态流量监管责任。建立事前研判、事中监管、事后追责的生态流量保障工作体系，落实水量调度、取用水总量控制、水利水电工程水量调度、监测预警等管理措施，切实提高河湖生态流量保障水平。深化生态流量监测分析，建立完善生态流量监测预警机制。推进已建水利水电工程生态流量核定与保障先行先试，探索形成工程生态流量核定与保障工作模式和经验。

毕守海　江方利　执笔

杨得瑞　杜丙照　审核

加强水土流失综合治理
提升生态系统稳定性

水利部水土保持司

2022年，水利部全力落实党中央、国务院决策部署，攻坚克难、扎实工作，水土流失综合治理取得积极进展。2022年12月29日，中共中央办公厅、国务院办公厅印发《关于加强新时代水土保持工作的意见》，擘画了新时代水土保持工作的宏伟蓝图。

一、坚持依法依规，有效防治人为水土流失

修订出台《生产建设项目水土保持方案管理办法》，推动将水土保持信用评价纳入《关于推进社会信用体系建设高质量发展促进新发展格局的意见》，联合中国国家铁路集团有限公司印发《关于加强铁路建设项目水土保持工作的通知》，构建生产建设项目水土保持全链条全流程监管体系。强化政策支持，加快重大基础设施项目水土保持方案审查审批，全年部本级审批各类重大基础设施建设项目水土保持方案73个，有力保障了重大基础设施项目开工建设。制定生产建设项目水土保持方案审批行政许可清单，制定行政许可实施规范。随机抽取4756个地方审批的水土保持方案组织开展质量抽查，从源头上把好生产建设项目人为水土流失的第一道防线。开展覆盖全国的人为水土流失遥感监管，依法认定查处违法违规项目1.4万个，建立问题台账，督促整改销号。

二、围绕重大国家战略，科学推进水土流失综合治理

紧紧围绕黄河流域生态保护和高质量发展、长江经济带发展、乡村振兴等重大国家战略，以及保障国家粮食安全和美丽中国建设目标，在长江上中游、黄河上中游、东北黑土区等重点区域，实施国家水土保持重点工

程，治理水土流失面积 1.31 万 km²。加强组织协调，落实地方政府和有关部门主体责任，调动社会资本参与积极性，全国共治理水土流失面积 6.3 万 km²。加强黄土高原多沙粗沙区特别是粗泥沙集中来源区综合治理，安排沿黄河 9 省（自治区）中央资金 55.6 亿元实施水土保持重点工程，治理水土流失面积 5400 多 km²，建设淤地坝和拦沙坝 790 座，病险淤地坝除险加固 622 座，改造坡耕地 83 万亩。印发《黄土高原地区淤地坝工程建设管理办法》和《老旧淤地坝提升改造技术指南》。加强东北黑土区侵蚀沟治理，安排中央资金 6.2 亿元，治理侵蚀沟 2067 条，保护耕地面积近 50 万亩，带动黑龙江、辽宁、内蒙古等省（自治区）落实省级财政和地方政府一般性债券 19.8 亿元，治理侵蚀沟 9143 条。会同农业农村部、国家林业和草原局、国家乡村振兴局印发《关于加快推进生态清洁小流域建设的指导意见》，打造生态清洁小流域 496 个。

三、精心组织，确保淤地坝安全度汛

完成 16788 座大中型淤地坝安全风险隐患排查，夯实"三个责任人"责任。汛前组织开展安全隐患排查处置和避险演练。汛期针对强降雨过程开展预报预警，及时发布预警信息 28 期 5.2 万坝次。派出 26 个工作组指导地方防汛工作，组织水利部黄河水利委员会（以下简称黄委）暗访抽查 400 余坝次，建立问题台账，限期整改销号。初步建成支撑"四预"功能的淤地坝管理信息系统，纳入黄委和水利部防汛抗旱指挥系统运行。黄土高原淤地坝实现"不死一人"安全度汛目标，确保了人民群众生命财产安全。

四、坚持数字赋能，加快推进智慧水土保持建设

制定印发《"十四五"时期智慧水土保持建设工作方案》，明确了智慧水土保持建设的总体思路、建设目标，确定了四方面 23 项具体任务内容、承担单位和时限要求。制定水土保持数据标准及规则，组织全国录入更新 6.02 万个生产建设项目水土保持方案、2448 个水土保持重点工程项目区信息，加强数据管理，推进构建水土保持数字化场景及水土保持一张图。推进全国土壤侵蚀"1+7"模型体系研发，全国水土流失动态监测优化模型

1.0 版上线运行，淤地坝安全度汛"四预"模型在 4 座试点坝实现"四预"功能，西北黄土高原土壤侵蚀模型、东北黑土区侵蚀沟土壤侵蚀模型、人为水土流失风险预警模型、水土流失综合治理智能管理模型基本完成模型框架构建。全面梳理水土保持业务智慧化管理需求，统筹开展全国水土保持信息管理系统模块升级改造。

五、聚焦管理需求，持续深化全国水土流失动态监测

连续 5 年实现国土面积全覆盖水土流失动态监测，及时发布动态监测成果及《中国水土保持公报》。2021 年监测评价成果显示，全国水土流失面积已下降到 267.42 万 km^2，比 2011 年减少 27.49 万 km^2，强烈及以上等级占比下降到 18.93%，水土保持率达到 72.04%，我国水土流失面积和强度"双下降"趋势进一步稳固。制定印发《全国水土流失动态监测实施方案（2023—2027 年）》，积极推进国家水土保持监测站点优化布局工程项目。加强监测计量管理，积极推进河北、吉林、山东、湖北、海南、四川等省水土保持监测设备计量管理先行先试。

六、创新引领，强化体制机制法治建设

积极推进落实以奖代补机制，指导江西、安徽等 10 个省份出台省级以奖代补政策实施办法或细则。进一步强化流域管理机构水土保持管理职责，启动编制七大江河流域水土保持规划。完成省级人民政府 2021 年度全国水土保持规划实施情况评估，评估结果已上报国务院。扎实推进国家水土保持示范创建工作，2022 年度共评审认定 102 个国家水土保持示范。加快全国水土保持高质量发展先行区建设，探索了一批可复制可推广的经验。经中央批准，对 150 个水土保持工作先进集体和 299 名先进个人进行表彰。组织开展水土保持碳汇作用研究，提出水土保持碳汇内涵机理、核算方法，并进行全国水土保持碳汇量核算。

七、下一步工作重点

下一步，各级水利部门将强化政治担当，全面贯彻落实《关于加强新时

代水土保持工作的意见》，积极践行习近平生态文明思想，牢固树立绿水青山就是金山银山的理念，坚持山水林田湖草沙一体化保护和系统治理，着力推动新阶段水土保持高质量发展，促进人与自然和谐共生。一是加快建立水土保持目标责任考核体系。推动建立对地方各级政府水土保持目标责任考核制度，将考核结果作为领导班子和干部综合考核评价、责任追究、自然资源资产离任审计的重要参考。建立水土保持部门协调机制，压实地方各级政府和相关部门水土流失防治责任。二是强化生产建设活动水土保持监管。全覆盖常态化开展遥感监管，及时发现、精准判别、严格查处违法违规行为。加大《中华人民共和国黄河保护法》《中华人民共和国黑土地保护法》执法力度，推进水土保持行政执法与刑事司法衔接、与检察公益诉讼协作。健全信用分级分类监管和激励惩戒机制，强化事前事中事后全链条全过程监管。三是持续推进水土流失重点治理。继续在长江上中游、黄河上中游、东北黑土区等重点区域实施水土保持重点工程，大力推行以奖代补、以工代赈等建设模式，全国新增水土流失治理面积不少于 6.2 万 km^2。四是大力推进智慧水土保持建设。加快构建行业上下协同、信息共享的水土保持数字化场景，推进智慧水利水土保持分系统开发建设，加快土壤侵蚀模型研发与应用验证。力争启动实施国家水土保持监测站点优化布局工程。五是强化淤地坝安全管理。落实部党组淤地坝"管住增量，改造存量""管到每一座坝"的总体要求，完善淤地坝建设、管护、安全管理制度与标准，加强新建淤地坝质量安全监管。组织开展淤地坝登记销号、小型淤地坝调查、淤地坝淤积专项调查。实施新一期病险淤地坝除险加固和老旧淤地坝提升改造。加强风险隐患预警，落实"三个责任人"责任，确保淤地坝安全度汛，保障人民群众生命财产安全。六是强化体制机制法治管理。强化流域管理机构履职能力与作用发挥，组织编制七大江河流域（片）水土保持规划，开展水土保持重点领域监督检查。抓好国家水土保持示范创建和全国水土保持高质量发展先行区建设，引领带动全国水土保持高质量发展。

谢雨轩　执笔

蒲朝勇　张新玉　审核

专栏二十

国家水土保持示范创建和全国水土保持
高质量发展先行区建设

水利部水土保持司

按照《水利部关于开展国家水土保持示范创建工作的通知》《水利部办公厅关于印发国家水土保持示范创建管理办法的通知》有关要求，2022年，水利部积极推动国家水土保持示范创建，全年共评审认定 102 个国家水土保持示范地（见表1）。

表1 2022 年度国家水土保持示范名单

序号	类型	名　　　称
1		河北省涉县
2		河北省围场县
3		山西省右玉县
4		江苏省溧阳市
5		江苏省无锡市锡山区
6		江苏省苏州市吴江区
7		浙江省杭州市临安区
8	示范县 （市、区）	浙江省永康市
9		浙江省绍兴市越城区
10		安徽省定远县
11		安徽省潜山市
12		安徽省濉溪县
13		福建省永春县
14		福建省浦城县
15		福建省周宁县
16		江西省宁都县
17		江西省修水县

续表

序号	类型	名　　称
18	示范县（市、区）	江西省铜鼓县
19		江西省婺源县
20		山东省莒县
21		山东省新泰市
22		山东省费县
23		山东省邹城市
24		山东省东营市河口区
25		河南省三门峡市湖滨区
26		湖北省竹山县
27		湖南省韶山市
28		广东省深圳市光明区
29		广西壮族自治区蒙山县
30		重庆市城口县
31		四川省德阳市旌阳区
32		四川省江油市
33		云南省牟定县
34		陕西省凤县
35		陕西省柞水县
36		甘肃省天水市秦州区
37		甘肃省泾川县
38		甘肃省两当县
39		宁夏回族自治区海原县
40		新疆维吾尔自治区巩留县
41		新疆维吾尔自治区特克斯县
42		新疆维吾尔自治区富蕴县
43	科技示范园	黑龙江省克山水土保持科技示范园
44		浙江省淳安县千岛鲁能胜地水土保持科技示范园
45		江西省赣州市赣县区金钩形水土保持科技示范园
46		山东省淄博市淄川区镶月湖水土保持科技示范园
47		山东省泰安市泰山区安家庄水土保持科技示范园
48		河南省淅川县南水北调中线工程渠首水土保持科技示范园

序号	类型	名　称
49	科技示范园	海南省儋州市水土保持科技示范园
50		四川省青神县天河沟水土保持科技示范园
51		北京市门头沟区南涧沟小流域
52		河北省赤城县东栅子小流域
53		河北省行唐县花沟小流域
54		山西省乡宁县驮涧小流域
55		上海市浦东新区张家浜小流域
56		上海市青浦区西虹桥小流域
57		上海市松江区小昆山镇现代农业示范小流域
58		上海市闵行区浦锦街道河狸社区小流域
59		江苏省南京市六合区河王坝小流域
60		江苏省南京市浦口区瓦殿冲小流域
61		浙江省开化县钱江源齐溪小流域
62		安徽省金寨县邢湾小流域
63		安徽省巢湖市夏阁河小流域
64	示范工程 （生态清洁 小流域）	安徽省池州市贵池区杏花村小流域
65		安徽省宁国市云山小流域
66		福建省长汀县罗地河小流域
67		福建省南靖县石桥小流域
68		福建省惠安县黄塘溪小流域
69		江西省庐山市桃花源小流域
70		江西省武宁县长乐小流域
71		山东省兰陵县压油沟小流域
72		河南省安阳市龙安区马鞍山小流域
73		河南省西峡县孔沟小流域
74		河南省罗山县何家冲小流域
75		湖北省宜昌市夷陵区塬子河小流域
76		四川省资阳市雁江区花溪河小流域
77		四川省西昌市小箐河小流域
78		四川省宜宾市翠屏区涪溪河小流域
79		贵州省赤水市凤凰沟小流域

序号	类型	名　　称
80	示范工程（生态清洁小流域）	云南省腾冲市和顺小流域
81		广西壮族自治区金秀瑶族自治县古池小流域
82		陕西省镇安县磨石沟小流域
83		陕西省铜川市王益区王家河小流域
84		甘肃省庆阳市西峰区清水沟小流域
85	示范工程（生产建设项目）	南水北调中线干线工程
86		江苏省新沟河延伸拓浚工程
87		黄河东平湖蓄滞洪区防洪工程
88		河南省出山店水库工程
89		云南澜沧江苗尾水电站工程
90		乌东德电站送电广东广西（昆柳龙直流）输电工程（特高压多端直流示范工程）
91		青海—河南±800千伏特高压直流输电工程
92		保障北京冬奥绿色电能电力组团工程
93		苏州南部500kV电网加强工程
94		尤溪汤川风电场工程
95		玉林天堂顶风电场工程
96		新建商丘至合肥至杭州铁路（安徽、浙江段）
97		新建鲁南高速铁路（山东段）
98		新建杭州经绍兴至台州铁路
99		82省道（S325）延伸线黄岩北洋至宁溪段公路工程
100		河惠莞高速公路河源紫金至惠州惠阳段工程
101		汕（头）湛（江）高速公路惠州至清远段工程
102		青岛新机场工程

从示范创建、申报、推荐、评审情况看，通过对示范创建工作的宣传指导，示范创建在强化地方政府牵头作用、发挥部门协作机制优势、整合资源等方面发挥了较好的示范引导作用。基层单位普遍更加重视示范创建工作，市县政府按照创建标准认真组织开展示范创建，积极踊跃主动申报。省级水行政主管部门精心组织、严格把关、优中选优，创建效果越来越好。各地创建的国家水土保持示范通过加快水土流失综合治理有效改善

了当地生态环境，通过培育发展特色产业有力促进了乡村振兴战略实施，通过统筹山水林田湖草沙系统治理全面推动了美丽乡村建设，通过搭建宣传教育平台进一步提升了全社会水土保持意识，打造了高标准水土保持示范样板，逐渐成为各地推进生态文明建设的亮丽名片。

开展国家水土保持示范创建的同时，有序推进赣州市、延安市、长汀县、右玉县、拜泉县等 5 个全国水土保持高质量发展先行区建设，在体制机制、政策制度、技术模式、规律把握等方面探索了一批可复制可推广的经验。

谢雨轩　执笔

蒲朝勇　张新玉　审核

贵州省松桃县：
综合治理激发"水保+"动能

近年来，贵州省松桃县在持续推进水土保持综合治理基础上，探索水土保持与农业产业深度融合发展，走出了生态美、百姓富的水土保持新路子。

"水保+"推动高质量发展。松桃县在水土保持工作中驶入"要效益"快车道，编制松桃县水土保持专项规划、水土保持与园区融合发展规划和实施方案。出台《关于鼓励和引导民间资本通过多种形式参与水土保持工程建设的实施办法》等一系列水土保持综合治理优惠政策，抓好治理与发展，激发市场活力，调动社会资本参与水土流失综合治理。同时，结合"一事一议""以奖代补"等政策精准发力，完成建设产业园区水肥一体自动化灌溉系统18个，完成机耕道110余km，建设农业园区产业供水项目15个。

坚持"两手发力"。因地制宜在水土流失治理区发展产业，引进21家龙头企业，推行"水保+农业产业园区""水保+旅游产业"等模式，初步形成以油茶、茶叶、猕猴桃、中药材、经果林等为代表的产业集群。

长效机制巩固治理成果。松桃县一直以来把水土保持工作作为打造"生态松桃"的主要抓手，梳理体系，建章立制，持续开展综合治理整治工作，严管严治严执法，提高监督管理与执法水平，打通水土流失防治"最后一公里"，为推动水土保持高质量发展夯实基础。

松桃县把全县水土流失点登记在册，在各级水利系统中优选优派干部职工，作为网管员切实落实水土流失监管责任。采取"现场+

书面"方式，实现在建项目水土保持监督管理全覆盖。全面落实"放管服"工作要求，对扰动地表、可能造成水土流失的生产建设项目，严格实施水土保持方案管理，及时公开水土保持信息。近两年来，累计审批水保方案172件、水土保持设施验收88件。在重要的生态保护区、水源涵养区、江河源头和山地灾害易发区，严格控制开发建设活动，防止水土流失的发生和发展。

截至2022年11月，松桃县现已完成小流域综合治理15条，国家水土保持重点建设工程5个，坡耕地水土流失专项治理工程2个，有效治理水土流失面积116.65 km²。

伍岱禧　执笔

席　晶　李　攀　审核

专栏二十一

第二十批国家水利风景区名录

水利部综合事业局

2022年，水利部印发《水利风景区管理办法》《关于推动水利风景区高质量发展指导意见》《国家水利风景区复核工作方案》，组织开展第二十批国家水利风景区申报和考察评价，新认定19个国家水利风景区（见表1）。遴选发布第二批国家水利风景区高质量发展典型案例重点推介名录（见表2）和红色基因水利风景区名录（见表3）。

表1　　　　　　　　第二十批国家水利风景区名录

序号	行政隶属	水利风景区名称
1	淮委	中运河宿迁枢纽水利风景区
2	河北省	迁西滦水湾水利风景区
3	黑龙江省	铁力呼兰河水利风景区
4	江苏省	南京浦口象山湖水利风景区
5	江苏省	武进滆湖水利风景区
6	浙江省	丽水瓯江源—龙泉溪水利风景区
7	浙江省	金华梅溪水利风景区
8	浙江省	德清洛舍漾水利风景区
9	福建省	上杭城区江滨水利风景区
10	福建省	德化银瓶湖水利风景区
11	江西省	乐安九瀑峡水利风景区
12	江西省	泰和槎滩陂水利风景区
13	山东省	郯城沭河水利风景区
14	湖北省	襄阳引丹渠水利风景区
15	广西壮族自治区	贵港九凌湖水利风景区
16	四川省	洪雅烟雨柳江水利风景区
17	四川省	仪陇柏杨湖水利风景区
18	四川省	剑阁翠云湖水利风景区
19	甘肃省	庆阳西峰清水沟水利风景区

表2　第二批国家水利风景区高质量发展典型案例重点推介名录

序号	行政隶属	水利风景区名称
1	四川省	都江堰水利风景区
2	黄委	兰考黄河水利风景区
3	长江委	丹江口大坝水利风景区
4	江西省	峡江水利枢纽水利风景区
5	山东省	聊城位山灌区水利风景区
6	江苏省	淮安三河闸水利风景区
7	浙江省	建德新安江—富春江水利风景区
8	陕西省	汉中石门水利风景区
9	湖北省	襄阳三道河水镜湖水利风景区
10	福建省	永春桃溪水利风景区

表3　　　　　红色基因水利风景区名录

序号	行政隶属	水利风景区名称	景区级别
1	长江委	丹江口大坝水利风景区	国家级
2	长江委	陆水水库水利风景区	国家级
3	黄委	济南百里黄河水利风景区	国家级
4	黄委	山东菏泽黄河水利风景区	国家级
5	黄委	河南台前将军渡黄河风景区	国家级
6	黄委	兰考黄河水利风景区	国家级
7	太湖局	吴江太湖浦江源水利风景区	国家级
8	北京市	十三陵水库水利风景区	国家级
9	河北省	邢台前南峪生态水利风景区	国家级
10	内蒙古自治区	乌兰浩特洮儿河水利风景区	国家级
11	内蒙古自治区	巴彦淖尔黄河三盛公水利风景区	国家级
12	内蒙古自治区	巴彦淖尔二黄河水利风景区	国家级
13	吉林省	长春净月潭水库水利风景区	国家级
14	吉林省	临江鸭绿江水利风景区	国家级
15	江苏省	江都水利枢纽水利风景区	国家级
16	江苏省	淮安三河闸水利风景区	国家级
17	江苏省	盐城大纵湖水利风景区	国家级

续表

序号	行政隶属	水利风景区名称	景区级别
18	江苏省	宿迁宿城古黄河水利风景区	国家级
19	江苏省	夹谷山水利风景区	省级
20	浙江省	建德新安江-富春江水利风景区	国家级
21	浙江省	衢州信安湖水利风景区	国家级
22	安徽省	阜南王家坝水利风景区	国家级
23	安徽省	六安横排头水利风景区	国家级
24	福建省	长汀水土保持科教园水利风景区	国家级
25	福建省	泉州惠女水库水利风景区	省级
26	福建省	莆田东圳水库水利风景区	省级
27	福建省	漳州龙江颂歌水利风景区	省级
28	江西省	井冈山井冈湖水利风景区	国家级
29	江西省	崇义客家梯田水利风景区	国家级
30	江西省	峡江水利枢纽水利风景区	国家级
31	江西省	宜黄观音山水库水利风景区	省级
32	山东省	聊城位山灌区水利风景区	国家级
33	山东省	金乡羊山湖水利风景区	国家级
34	山东省	沂蒙红色影视基地水利风景区	省级
35	河南省	林州红旗渠水利风景区	国家级
36	湖北省	武汉江滩水利风景区	国家级
37	湖北省	荆州北闸水利风景区	国家级
38	湖北省	襄阳三道河水镜湖水利风景区	国家级
39	湖北省	武穴梅川水库水利风景区	国家级
40	湖南省	湘潭韶山灌区水利风景区	国家级
41	湖南省	芷江和平湖水利风景区	国家级
42	广东省	广州白云湖水利风景区	国家级
43	广西壮族自治区	桂林灌阳"红色沃土·幸福灌江"水利风景区	省级
44	海南省	儋州松涛水库水利风景区	国家级
45	四川省	会理仙人湖水利风景区	国家级
46	四川省	石棉安顺场水利风景区	省级

续表

序号	行政隶属	水利风景区名称	景区级别
47	陕西省	黄河壶口瀑布水利风景区	国家级
48	甘肃省	景电水利风景区	国家级
49	甘肃省	民勤红崖山水库水利风景区	国家级
50	甘肃省	迭部白龙江腊子口水利风景区	国家级

李灵军　执笔
曹淑敏　审核

数字孪生水利篇

数字孪生水利建设有序开展

水利部信息中心

水利部在 2021 年出台《关于大力推进智慧水利建设的指导意见》《智慧水利建设顶层设计》《"十四五"智慧水利建设规划》等文件的基础上，以数字孪生流域建设为重点，统筹数字孪生水网和数字孪生水利工程建设，持续完善框架体系，印发规划方案，出台制度办法，制定技术规范，回答了数字孪生流域、数字孪生水网、数字孪生水利工程"谁来建、怎么建、怎么共享"等问题，指导数字孪生水利建设有序推进。

一是构建框架体系。2022 年，水利部先后印发《数字孪生流域建设技术大纲（试行）》《数字孪生水网建设技术导则（试行）》《数字孪生水利工程建设技术导则（试行）》《水利业务"四预"基本技术要求（试行）》等 4 项技术指导文件，数字孪生水利概念从无到有、持续完善，数字孪生流域、数字孪生水网、数字孪生水利工程三者"互不替代、各有侧重、相对独立、互联互通、信息共享"，形成数字孪生水利框架体系。

二是编制建设规划。水利部编制印发了《"十四五"数字孪生流域建设总体方案》，审查批复了长江、黄河、淮河、海河、珠江、松辽、太湖等七大江河"十四五"数字孪生流域建设方案，以及三峡、南水北调、小浪底、丹江口、岳城、尼尔基、大藤峡等 11 个重点水利工程"十四五"数字孪生建设方案，确定了数字孪生水利建设的目标任务、重点内容、技术路线、实施计划等，为全面推进数字孪生水利建设奠定坚实基础。

三是出台制度办法。水利部出台《数字孪生流域共建共享管理办法（试行）》《数字孪生流域建设先行先试中期评估评分表（试行）》等文件，明确了数字孪生流域建设的体制机制、共建共享、监督考核等要求，以及组织推动、任务实施、成果应用、共建共享、特色亮点等方面的评分规则，为数字孪生系统建设和评估提供了重要的工作依据。

四是制定技术规范。按照结构科学、体系稳定、内容开放的原则，提出了通用、基础设施、数字孪生平台、业务应用、网络安全、保障体系等6个领域的数字孪生水利建设技术标准体系。先后编制印发《数字孪生流域数据底板地理空间数据规范（试行）》《数字孪生流域可视化模型规范（试行）》《数字孪生流域资源共享平台资源注册与服务基本技术要求（试行）》《水利测雨雷达系统建设与应用技术要求（试行）》《水利数据分类分级指南（试行）》《水利业务网建设指南》《河湖管理范围内地物遥感解译技术规范》《水利行业北斗三号民用用户入网规定》《关于加强重大水利工程数字孪生项目设计的通知》《数字孪生灌区建设技术指南（试行）》等10项标准。

下一步，水利部将按照数字孪生水利建设顶层设计统筹推进数字孪生流域、数字孪生水网、数字孪生水利工程建设。一是加快推进数字孪生流域建设，完善水利部本级信息基础设施，强化网络安全和数据安全防护。二是启动数字孪生水网建设，编制数字孪生国家骨干水网建设方案，全力推进数字孪生南水北调工程建设。三是基本完成先行先试数字孪生水利工程建设，提升工程安全、防洪调度、运行管理等业务能力和水平。四是推进防洪业务"四预"功能应用，基本实现大江大河先行先试区域"四预"业务功能。

张阿哲　陈雨潇　王鸿赫　杨　阳　执笔

蔡　阳　审核

数字孪生流域建设先行先试
分步开展

水利部信息中心

2022 年，水利部印发《关于开展数字孪生流域建设先行先试工作的通知》，启动数字孪生流域建设先行先试工作，计划用 2 年左右时间，在大江大河重点河段、主要支流开展数字孪生流域建设先行先试，在重要水利工程开展数字孪生水利工程先行先试，以点带面、重点突破，引领和带动全国数字孪生流域建设。组织 56 家先行先试单位，强化需求牵引、督促指导和流域统筹，顺利完成建立任务台账、编制实施方案、推进任务实施和开展中期评估等工作，数字孪生流域建设初见成效。

一、建立任务台账

一是确定台账。在各单位遴选上报的基础上，水利部组织以流域为单元进行复核，经部长专题办公会议研究形成《数字孪生流域建设先行先试台账》并以办公厅文件印发。明确 56 家单位共 94 项先行先试任务，其中，数字孪生流域建设 46 项，数字孪生水利工程建设 44 项，水利部本级建设任务 4 项；按流域划分，长江流域 22 项，黄河流域 17 项，淮河流域 9 项，海河流域 9 项，珠江流域 10 项，松辽流域 7 项，太湖流域 16 项。水利部向 94 项任务 126 家具体承担单位发放"水利部数字孪生流域建设先行先试证书"。

二是开通专栏。在水利部门户网站开通"数字孪生流域建设"专栏，开设工作部署、数字孪生流域、数字孪生水利工程、"2+N"智能业务应用、数字孪生科普等栏目，发布最新工作动态及建设进展、成果等，发挥相互交流学习、借鉴经验的作用。

二、编制实施方案

一是组建"1+7"指导组。为加强先行先试工作统筹指导，水利部组建"1+7"指导组（总体指导组和7个流域指导组），每组配备业务指导人、技术指导人和责任专家三类人员共138人，全程跟踪指导任务实施。其中，业务指导人主要为业务主管部门业务骨干，侧重本业务领域；技术指导人主要为水利部网信部门技术骨干，侧重智慧水利建设顶层设计、数字孪生流域建设相关技术要求和共建共享办法等方面；责任专家主要为熟悉水利业务、新一代信息技术应用、水利网信建设的行业内外知名专家，侧重方案的可行性、技术的先进性、成果的实用性。

二是开展宣讲。水利部围绕《数字孪生流域建设技术大纲（试行）》《数字孪生水利工程建设技术导则（试行）》《水利业务"四预"基本技术要求（试行）》《数字孪生流域共建共享管理办法（试行）》等文件，组织开展了视频宣讲，同时部署了《数字孪生流域（水利工程）建设先行先试实施方案》审核等工作，为有序推进数字孪生流域先行先试工作奠定坚实基础。业务指导人、技术指导人、责任专家及56家先行先试单位相关人员共700余人通过蓝信视频参加培训。此外，通过水利部党校、推动新阶段水利高质量发展研讨班、智慧水利高级研修班等开展数字孪生水利技术培训。

三是审核方案。水利部开展了39次视频连线，在业务指导人、技术指导人、责任专家预审基础上完成实施方案审核工作，以水利部办公厅文件印发审核意见，先行先试全面进入实施阶段。部领导指导并参加部分方案审核工作，邀请水利部原总工程师、水利部原总规划师、中国工程院院士，以及自然资源部、生态环境部、农业农村部、中国气象局、中国地理信息产业协会等行业内外专家参加会审。水利部有关司局、直属单位，各省（自治区、直辖市）、各计划单列市、新疆生产建设兵团水行政主管部门，有关水利工程管理单位共1600余人次线上、线下参与。

三、推进任务实施

一是通报进展。为督促94项先行先试任务建设，保障各项阶段性任务按时保质保量完成，以水利信息化工作简报"数字孪生流域建设先行先试专题"的形式通报任务实施进展，并同步在水利部门户网站发布。发布内容包含先行先试各项任务的进展情况、成果应用和推广情况等，以及水利部关于数字孪生流域（水利工程）建设的最新政策和措施，起到了定期通报、督促指导的作用。

二是监督检查。为查找先行先试任务实施中的突出问题和薄弱环节，及时发现问题隐患并督促整改，水利部采用线上与线下、自查与现场检查相结合的方式，组织开展了先行先试专项监督检查，重点检查组织推进、工作进展、项目成果、应用成效、共建共享等方面。2022年9月底前，组织各先行先试单位开展自查，同步对数字孪生平台中数据底板的基础数据和地理空间数据建设成果共建共享情况进行线上检查；10—11月，在自查和线上检查的基础上，水利部成立检查组，选取7家先行先试单位开展现场检查；12月，对检查发现的问题进行梳理，向各单位印发整改通知，同时对问题进行分析研判，筛选出共性问题予以剖析，作为后续监督检查工作的重点。

四、开展中期评估

一是提前谋划。根据《数字孪生流域共建共享管理办法（试行）》，数字孪生流域建设将纳入最严格水资源管理制度考核和河长制湖长制督查激励评价内容。为此，水利部积极谋划数字孪生流域建设先行先试中期评估工作，在制定《数字孪生流域建设先行先试工作评估打分表》的基础上，编制了《数字孪生流域建设先行先试中期评估工作方案》，经征求意见、部长专题办公会议审议后，以办公厅文件印发《关于开展数字孪生流域建设先行先试中期评估工作的通知》，确定开展优秀应用案例评选和中期评估评分工作，为下一步工作提供了依据。

二是案例评选。水利部开展了优秀应用案例的评选工作，形成了包括47项应用案例的《数字孪生流域建设先行先试应用案例推荐名录（2022年）》。47项应用案例主要涉及流域防洪"四预"应用、水资源管理与调配"四预"应用、工程安全、水质安全、数据安全、监测感知、数据底板构建等多个领域，体现了数字孪生技术在水利领域的多方面应用，在汛期和业务工作中发挥重要作用，成效明显，并为数字孪生流域建设积累了宝贵经验。

三是评估评分。水利部对55家先行先试单位（不包括部本级）开展中期评估工作，重点评估组织推动、任务实施、成果应用、共建共享、特色亮点等内容，设置优秀、良好、合格、不合格四个等次。55家先行先试单位中有31家评估结果为优秀；31个省（自治区、直辖市）水行政主管部门的得分将折算为实行最严格水资源管理制度考核和河长制湖长制督查激励评价相应分值。通过中期评估，先行先试工作的组织领导全面加强，目标任务基本落实，共建共享进展明显，形成一批可复制、可推广的应用案例，掀起全面推进数字孪生流域建设热潮，达到了预期目标。

下一步，将通过"晒、比、促"，督促56家单位按时高质量完成94项先行先试任务，加强跟踪指导，定期通报进展，线上线下相结合强化监督检查，开展验收总结，深化数据底板、模型、知识等共建共享，推进新一代信息技术与水利业务深度融合，聚焦成效成果和赋能提升能力，打造一批可推广可复制的成果和经验，推动数字孪生水利在水利行业的全面建设和应用。

曾 焱 执笔

蔡 阳 钱 峰 审核

浙江省兰溪市：
数字孪生流域建设助力兰江
从"治水"到"智水"

兰溪市位于浙江省中西部，地处钱塘江流域中游，素有"三江之汇""六水之腰""七省通衢"之称。特殊的地理位置使兰溪洪涝灾害频发，1950年以来，兰江有58年发生超警戒水位洪水、32年发生超保证水位洪水，成为浙江省防汛的痛点和关键点。

2022年9月，兰溪市整体上线"兰江流域数字孪生"应用，并纳入水利部数字孪生流域建设先行先试试点。该应用对兰江流域全要素和兰江防汛管理活动全过程进行数字化映射、智能化模拟，实现了与物理流域同步仿真运行、虚实交互、迭代优化，满足了防洪过程中前瞻性推演、多维度研判、科学化决策、精准化管控及系统性复盘的需求。

坚持问题导向，构建科学体系。根据目前防洪过程中存在的"防洪数据不突出，决策缺乏数字化手段""防洪数据连通不畅，多跨协同缺失""数据支撑不显著，应急抢险不明确""预报方式单一，模拟仿真能力缺乏"等问题，"兰江流域数字孪生"应用从需求、场景、改革"三张清单"入手，按照数字孪生流域"2+N"的总体架构，搭建了"决策中心、实时态势、未来趋势和历史回溯"4个三维子场景，构建起"三维驾驶舱+二维业务应用+移动端"应用体系，实现了兰江干流及主要支流防洪业务的一图全览、一链贯通和预报、预警、预演、预案"四预"管理。

紧扣防洪需求，实现部门协同。三江与金华江、衢江在三江口实现汇流，三江口以上集雨面积达1.83万km²，下游即为富春江水库，防汛调度涉及杭州、金华、衢州的多个县（市）以及姚家枢纽、富春江大坝等多项水利工程，实现统一领导、统一指挥、统一调度、信息互通成为关键。兰溪市坚持横纵一体、上下联动模式，横向联动水利、应急等 20 多个部门，纵向贯通省、市、县、乡四级组织，接入浙江省 200 余处水文站点、98.69 km 堤防、40 座排涝站、134 座水库以及河湖长制平台等信息，实现了上下级数据平台互通、上下游水雨情和工程调度信息共享，构建了日常巡河治水与汛期巡堤保安"平战结合"的即时转换模式，完善了跨业务、跨部门、跨层级、跨区域、跨系统的多跨协同工作机制。

实时监测预警，优化指挥体系。兰溪市三江干堤长 148.6 km，兰江洪水来势快，水位曾在 1 天之内上涨 7 m 以上。为此，兰溪市以实时监测、应急响应、抢险支持为重点，全面提升数字化防洪能力。一方面强化线下实时监测，结合原有水利工程，新建 39 个视频监控、13 处堤防安全监测设施和 1 处水位站，改造 40 座排涝站，形成兰江流域防洪全要素的数字映射；另一方面加强线上预警响应，通过整合分析水雨情，判断堤防、排涝站运行状态，自动发送各类预警信息，并生成抢险救援方案，辅助作出科学、更精准的决策，实现"全方位感知、全方面预判、全流程处置"的智慧管理。

检验实战成效，及时推演复盘。2022 年 5 月底，在防汛防台风的关键时期，"兰江流域数字孪生"应用主模块率先上线运行，并在实际抵御"6·21"兰江超保证水位洪水过程中成功上演"首秀"。通过实时河道沿程水位计算分析、洪水演进和围片淹没过程模拟等环节，自动生成风险清单，开展水位和流量预报 28 次，精度均在 80% 以上，预报结果与实测洪峰水位仅差 0.05 m。洪水过后，兰溪市通过洪水过程、灾情节点、防御操作、受灾影响等核心信息，全流程复盘、可视化模拟洪水演进过程，并结合不同调度方案，对比分析各方案的洪水淹没情况和演进过程差异，为防御同类型同量级洪水及台风提供决策依据。

朱俊华　执笔

席　晶　李　攀　审核

数字孪生水网建设启动实施

水利部信息中心　水利部南水北调工程管理司

2022 年，水利部门深入贯彻落实习近平总书记治水重要论述精神和中央财经委员会第十一次会议精神，锚定"系统完备、安全可靠，集约高效、绿色智能，循环通畅、调控有序"的目标加快构建国家水网。同时，为提升水网建设管理和调控运行数字化、网络化、智能化水平，依据数字孪生水利建设顶层设计，扎实做好数字孪生水网技术规范，在第一批省级水网先导区优先开展数字孪生水网建设先行先试工作。

一、加强标准化管理体系建设

2022 年 11 月，《数字孪生水网建设技术导则（试行）》（以下简称《技术导则》）印发实施，旨在规范数字孪生水网总体框架、数字孪生平台、信息化基础设施、调度运行应用、网络安全体系、保障体系、共建共享等要求，指导省级以上数字孪生水网的规划、设计、建设、运行，为市级、县级数字孪生水网建设提供参考。《技术导则》涵盖总则、术语和定义、总体设计、数字孪生平台、信息化基础设施、调度运行应用、网络安全体系、保障体系、水网工程智能化建设与改造、共建共享等共 10 章内容，确定了数字孪生水网的定义，明确了数字孪生水网中数字孪生平台、信息化基础设施、调度运行应用、网络安全体系、保障体系等方面的建设内容，提出了水网工程智能化建设改造、数字孪生水网共建共享要求，为数字孪生水网建设提供了技术指导准则。

二、全力推进数字孪生骨干水网建设

南水北调工程作为国家水网的主骨架和大动脉，初步构筑起我国"四横三纵、南北调配、东西互济"的水网格局。2022 年，数字孪生南水北调先行先试工作完成了年度建设任务，其中，"数字孪生南水北调（洪泽泵站）大型泵站水泵声纹 AI 监测系统"应用案例被水利部评为优秀案例。研发的声纹 AI 监测模型获得 2 项软件著作权。预研的视频智能识别模型，在中线干线长葛段通过了 2022 年汛期和实际场景检验。开发的数据模型接入水利部水雨情数据，并封装成应急指挥系统所需数据服务，支撑中线应急防汛抢险。预研的惠南庄泵站 BIM 模型和上游渠道三维实景模型，在中线一张图中应用。研发的声纹 AI 监测模型、单站经济运行模型在南水北调洪泽泵站 2022 年北延应急供水、2022—2023 年度调水中得到应用。《数字孪生南水北调工程建设技术导则》《数字孪生泵（闸）站工程建设技术导则》《数字孪生隧洞工程建设技术导则》《数字孪生南水北调 BIM 应用技术标准》4 项技术标准的大纲已编制完成。

三、稳步推进数字孪生省级水网建设

截至 2022 年年底，河南、湖南、浙江、宁夏、贵州、河北、江苏、山西、四川、湖北、山东、江西、广东、广西、辽宁等 15 个省（自治区）水网规划已审核完成并报送水利部，其中数字孪生水网建设内容参照了《数字孪生水网建设技术导则（试行）》的具体要求。第一批省级水网先导区广东、浙江、山东、江西、湖北、辽宁、广西等省（自治区）结合各自地域特点和信息化基础现状，完成省级水网规划编制，并提出水网监测能力建设、智能化改造与建设、数字孪生水网建设、调度运行体系建设等举措以及水网智慧化指标。重点启动了广东省北江、东江、潭江，浙江省钱塘江、杭嘉湖平原、曹娥江、瓯江大溪、飞云江、椒江，山东省胶东调水工程、弥河、小清河、黄垒河，江西省乐安河，湖北省汉江兴隆水利枢纽，辽宁省辽河（部分河段），以及广西壮族自治区漓江等的数字孪生先行先试建设。

数字孪生水网是建设国家水网的重要内容，也是推动新阶段水利高质量发展的重要标志之一。2023 年，数字孪生水网建设前期工作继续推进，编制数字孪生国家骨干水网建设方案，把数字孪生水网作为省级水网建设的重要内容，结合中小河流治理、水库除险加固及安全监测、水文站自动

化监测、大中型灌区现代化改造、农村供水规模化工程智能化监测等专项工作，加快推进广东、浙江、山东、江西、湖北、辽宁、广西等省（自治区）第一批省级水网先导区数字孪生水网建设，取得标志性成果并应用于水量调度实际工作，积极推进市、县等层级数字孪生水网建设。通过数字孪生水网建设，大力提升国家水网数智化水平，助力保障国家水安全。

李　夏　张　超　高定能　李　鞾　执笔

蔡　阳　成建国　审核

江苏省南通市：
打造数字孪生水网综合样板

2023 年 1 月 2 日，江苏省南通市数字孪生水网成功入选水利部数字孪生流域建设先行先试应用案例。南通市将通过数字孪生进一步构建智慧水利体系，既实现了"数字一张网、管理一张图、调度一指令、安全一平台"目标，又提高了调度效率和精确度，打造具有南通特色的数字孪生水网综合样板。

"陆洪闸开度30cm，大学闸15cm""南川河闸全开半小时"，南通市市区涵闸管理中心主任盂辉点开"在水一方"工程微信调度群，市区所有闸站启闭和开度信息不断滚动。

此外，水利工程移动信息平台中，南濠河、胜利河的水位、警戒等实时信息一览无余。手机"数字一张图"一图展现、一键搜索等，大大提高防汛和日常调度、值班、巡查工作效率。即使负责人不在岗时，依然能够通过手机查看河道水位的变化、闸门的启闭，及时回复处理每个工作信息，确保工程运行。

人力资源短缺时，智慧水利"秒变"生产力。新江海河闸是新江海河唯一的入江口门，承担着引江排涝、船舶过闸通航等重要任务，年通航船舶数万艘、货运量数百万吨。新冠肺炎疫情防控措施调整后，一线运行减员过半，留守员工依靠"智慧水闸"系统连轴运转。2022 年 12 月 7 日—2023 年 1 月 7 日，过闸船舶仍然达到698艘，与往年同期持平。

南通市通过防汛决策指挥平台、市区涵闸智慧管控系统等，持续赋能防汛抗旱工作。全市域江海河、大中型闸站已全面实现联合精准调度。随着通州、海门防汛指挥系统数据陆续接入，防汛决策指挥平台的防汛感知能力、同城一体化指挥调度水平大幅提升。更为重要的是，南通市依托长三角一体化资源平台，开展长江口河网水动力调查和跨区域水资源配置研究，实施数字孪生区域联合调度以及长江口综合整治工程，全面展开长江口供水水网建设，为应对大旱，提供科技支撑。

唐佳美　施　晔　执笔
席　晶　李　攀　审核

数字孪生工程建设有效推进

水利部信息中心　水利部三峡工程管理司
水利部小浪底水利枢纽管理中心
广西大藤峡水利枢纽开发有限责任公司

数字孪生水利工程建设是数字孪生水利建设的切入点和突破口。2022年，11个重大水利工程的数字孪生建设有效推进，其中数字孪生三峡、数字孪生小浪底、数字孪生大藤峡取得阶段性成果，部分数字孪生工程"四预"应用已在水利工程调度、水旱灾害防御、工程综合效益上发挥积极作用，也为全面加快推进数字孪生工程建设提供了一批可推广、可复制、可借鉴的优秀示范案例。

一、数字孪生三峡

2022年，数字孪生三峡示范工程顺利完成年度任务，相关成果在长江流域旱情分析研判、长江流域防洪调度演练、三峡大坝安全管理等方面发挥重要支撑作用，数字孪生三峡建设取得良好开局。

一是做好顶层设计。水利部成立数字孪生三峡建设协调工作小组和专家组，组织编制《"十四五"数字孪生三峡建设实施方案》，明确建设任务和责任分工，划分26个子项目分阶段、分主体实施。各参建单位依托相关资金渠道，开源节流，积极筹措建设资金，为高质量开展先行先试建设提供资金保障。

二是推进先行先试。重点构建L3级数据底板，完成三峡枢纽重点区30 km^{2}实景建模，基本完成升船机、三峡大坝左厂1—5号坝段BIM模型，完成2022年度三峡库区及下游影响区规模以下河流遥感解译；开展模型库和知识库研究建设，完成概率预报模型、三峡水库一维水动力模型、堤防风险智能评估模型、精细化分洪运用模型、三峡库区动库容计算模型和三峡水库一维水沙数学模型等模型构建以及蓄滞洪区知识图谱的初步研发；积极探索重点业务应用建设，开展了三峡库区和中下游影响区的防洪精准调度"四预"、三峡枢纽工程运行安全管理和三峡水库运行安全管理等业务应用开发。

三是开展科技攻关。组织研发大数据平台数据湖治理技术，开展数字孪生流域平台研究，形成"基于 WebGIS 平台及考虑综合利用要求的流域水模拟方法""面向分布式应用场景的模型管理方法"等专利性成果；构建完全自主知识产权的水利专业模型，研究适用于大面积、长河系、多阻断、河湖互馈关系复杂的水力学模型，在三峡库区试验性应用，模拟精度总体上与国际商业软件相当；探索提出了一种防洪智慧图谱构建方法，初步建立了三峡水库调度中下游影响区城陵矶河段蓄滞洪区知识图谱，可实现蓄滞洪区调度快速预演；研究 BIM 多格式支持与模型轻量化技术，实现数字孪生三峡相关 BIM 模型的统一管理和服务。

四是推进共建共享。完成三峡坝区正射影像 DOM、三峡库区 2020 年度 2 m 分辨率遥感影像、三峡大坝左厂 1—5 号坝段 BIM 模型等共享资源在水利部数字孪生流域资源共享平台注册和目录发布。在成员单位内部实现三峡升船机 BIM 模型等数据资源和水文学模型、调度模型等水利专业模型的共享。

二、数字孪生小浪底

2022 年，数字孪生小浪底建设各项工作取得良好进展，顺利完成了"6·30""9·30"等阶段性目标和年度任务。

一是丰富算据。实施工程安全监测自动化升级改造、水情自动测报系统更新改造、进水塔前泥沙自动监测装置研发、闸门监控系统升级改造，强化防汛调度、泥沙淤积、工程安全等方面的深度感知。创建小浪底大坝、泄洪系统 L3 级 BIM 模型，完成枢纽区 L3 级约 25 km^2、库区 L2 级约 1000 km^2 空间地理数据的采集和模型构建，实现多源异构数据融合。完成工程安全、防汛调度历年数据的汇集治理，形成小浪底工程数据治理体系。

二是优化算法。结合汛期洪水过程，实战应用来水预报模型、水库调度模型、泥沙冲淤模型等水利专业模型，迭代升级算法和参数。研发构建包括自然背景演变、库区泥沙冲淤、异重流演进等可视化模型，打造高仿真应用场景。

三是提升算力。建成小浪底数据中心，部署服务器主机集群，拥有2600核CPU、14.6TB内存、1.2PB存储空间和48块高性能GPU。建成小浪底集控中心，汇集水调、闸门、发电、保障等业务，为数字孪生小浪底提供运行指挥场所。

四是构建"四预"应用，构建防汛调度"四预"应用，可视化呈现流域、库区及工程的气象、水雨沙情、闸孔等基本信息；基于相关专业模型和知识，重点建设防汛调度"四预"功能，为防汛调度业务提供数据可视化及会商支持。构建工程安全"四预"应用，融合展示工程结构、监测设施、监测数据、分析图形、安全预警、巡视检查、缺陷隐患、水文预报调度、实时雨水情等信息，并利用相关专业模型初步实现大坝安全性态预测、安全风险预警、安全状态预演、安全处置预案等"四预"功能。

五是坚持共建共享。各有关单位通过高速网络专线共享数字孪生小浪底建设成果，主要成果包括小浪底主坝及泄洪排沙建筑物BIM模型数据、坝区L3级DEM数据、漏斗区水下地形数据，以及来水预报模型、泥沙动力学模型等。

三、数字孪生大藤峡

2022年，数字孪生大藤峡建设取得重要阶段性成果，为保障珠江流域防洪安全和粤港澳大湾区水安全提供了有力支撑。

一是夯实了"三算"基础。充实算据，基本建成覆盖约1700 km² 库坝区、155 km下游河道影响区的多级数据底板，汇集实时水雨情、工情、灾情、险情和安全监测数据，共享接入珠江流域相关水情、咸情信息，构建多尺度数字化场景；优化算法，升级水文水动力学模型，搭建了契合工程特点的预报、调度、洪水淹没、大坝安全预警等专业模型，持续率定优化模型参数，逐步实现智能化模拟；提升算力，充分利用现有云平台，补充高性能 GPU 服务器，动态分配计算存储资源，完善网络安全防护体系，在工程边坡位移监测、坝区水情传输方面探索北斗、IPv6 等新技术应用。

二是提升了防洪抗旱调度科学化水平。防汛与水量调度"四预"平台为 2022 年年初珠江流域发生 60 年以来最严重干旱的调度决策工作发挥了重要作用。通过预报调度一体化与误差自动校正等关键技术运用，进一步优化了"降雨—产流—汇流—演进"和"总量—洪峰—过程—调度"链条，精准管控洪水防御全过程。在 2022 年西江第 4 场编号洪水防御中，准确预测了大藤峡入库洪峰过程，优选调度方案，精准拦洪削峰，拦蓄约 7 亿 m^3 洪量，最大削峰 3500 m^3/s，避免西江、北江洪水恶劣遭遇，以建设期有限的防洪库容实现了最大的防洪效益。

三是强化了工程安全运行保障能力。工程安全风险与健康评估系统结合有限元模型计算成果和安全监测数据，构建"点—断面 工程"分类预警指标模型；通过非线性学习方式，快速准确模拟预警指标与安全监测效应量之间的复杂函数关系，大幅提高工程安全预警分析的效率。

四是实现了建设成果共享。各有关单位及时共享数字孪生大藤峡建设成果，包括库区重点防护区、工程下游影响区、坝区等重要区域的 DOM 及 DEM 数据，261 个库区和 198 个下游影响区大断面的河道地形数据，工程范围内倾斜摄影、BIM 模型数据，防洪调度、水量调度、洪水淹没等水利专业模型，以及防洪与水量调度"四预"业务流程等。

2023 年是数字孪生水利工程建设提速见效的关键之年，水利部将全面完成数字孪生三峡、小浪底、丹江口、岳城、尼尔基、江垭、皂市、万家寨、南四湖二级坝、大藤峡、太浦闸等重点工程的先行先试任务，带动引领一批大江大河大湖及其主要支流的重要水利设施数字孪生建设；加快推进建筑信息模型（BIM）技术在水利工程全生命周期中的运用，聚焦工程安全实时监测、智能快速调度、工程控制系统安全、多维场景耦合计算与展示等展开技术攻关；全面强化数字赋能水利工程安全运行、精准调度。

詹全忠　王　超　曹鑫炜　李镇江　执笔

蔡　阳　付　静　审核

专栏二十二

水利部数字孪生平台研发取得积极进展

水利部信息中心

一、建成全国统一的 L1 级地理空间数据底板，持续汇聚共享物理流域监测数据

水利部统筹全国范围多分辨率、多时相卫星资源，建立了遥感影像接收、归档、预处理、发布、服务全流程支撑体系，完成 2022 年全国陆域范围优于 2 m 分辨率 DOM 产品加工处理和服务发布；整合处理并在线发布全国 30 m DEM。扩充了与地方视频平台接入渠道，接入 3370 余路视频资源，开发了数字孪生流域资源共享平台，打通了部本级、流域管理机构、省级水行政主管部门、水利工程管理单位之间数字孪生水利建设成果共建共享渠道。

二、构建水利数据引擎，推动"2+N"业务数据协同治理联动更新

畅通了与相关业务系统的数据共享渠道，基本实现与水库、堤防、水闸、河湖长制、调水工程、农村水利水电等业务系统基础数据打通。在明确数据责任主体基础上统一数据质量标准，建立了异议数据发现、确认、整改和复核的全生命周期闭环处理反馈技术体系，实现了 38 类共 965.33 万个对象主要属性数据和空间数据的动态联动更新。

三、建立多类型模型集成平台，实现多技术融合的三维动态模拟

完成模型平台技术架构设计，提供不同编程语言封装实例，针对不同模型资源形态，实现以源代码、容器镜像、服务接口 3 种不同方式接入水

利专业模型、遥感识别模型、视频识别模型等共计 37 个模型。建设模拟仿真引擎，开发国产环境下三维展示和动态场景等功能，实现二维、三维一体化融合展示的效果。

四、开发数字孪生流域原型系统，提升服务应用支撑保障能力

持续扩大支撑服务水利业务应用范围，建立需求实时对接、服务及时发布、结果动态反馈流程。快速响应专项业务需求，提升服务开发效率。支撑流域防洪预警应用，将地震、降雨预报、洪水预警与全国水利一张图基础数据叠加分析和深度融合，实现预警信息直达一线，直达工程管理单位，直达病险水库"三个责任人"。形成数据资源统一发布、业务需求统一对接、数据应用和服务协同的支撑体系。

五、编制系列标准规范，保障数字孪生流域建设共建共享共用

在遵循数字孪生水利建设系列文件基础上，围绕地理空间数据技术标准、模型平台封装集成、可视化模型表达规范等方面，编制了《数字孪生流域数据底板地理空间数据规范（试行）》《数字孪生流域模型平台封装注册技术要求（试行）》《数字孪生流域可视化模型规范（试行）》等文件，对有关建设工作加以指导、规范和约束。

谢文君　李家欢　贺　挺　赵轩哲　执笔
蔡　阳　成建国　审核

专栏二十三

数字孪生流域资源共享平台上线试运行

水利部信息中心

2022年，为加快数字孪生水利建设，水利部依托水信息基础平台，升级扩展形成数字孪生流域资源共享平台（以下简称共享平台）。11月1日，共享平台面向水利部本级、流域管理机构、省级水行政主管部门以及重点数字孪生工程管理单位等首批56家单位用户上线试运行。共享平台定位于提供统一的资源共享入口界面、资源目录和流程管理，为推进数字孪生流域共建共享提供有力支撑。数字孪生流域资源共享平台建设主要从三个方面开展工作。

一是明确共享要求。水利部制定印发《数字孪生流域共建共享管理办法（试行）》，明确了水利部本级、流域管理机构、地方水利部门、工程管理单位等在开展数字孪生水利建设时的职责分工以及共建管理、共享管理等方面内容，要求依托共享平台开展资源共享，并将共建共享情况作为数字孪生流域建设先行先试中期评估的重点内容，纳入最严格水资源管理制度考核和河长制湖长制督查激励。

二是搭建共享平台。共享平台主要涵盖资源管理、用户管理和平台管理等功能，现阶段在水利业务网中面向各单位开放，基本架构如图1所示。用户可通过系统对接、报表上传、文件扫描等方式将拟共享的资源注册到共享平台，通过审核后挂载到资源目录，其他用户可根据实际情况申请在线或离线使用资源。采用单点登录、代码上线检测、网络端口监测以及资源病毒查杀等方式对共享平台和各类资源进行安全防护。同时，为提高共享资源质量，与平台配套的数字孪生流域资源共享平台资源注册与服务基本技术要求也已印发实施。

三是推进共享应用。截至2022年12月31日，共享平台已支撑实现

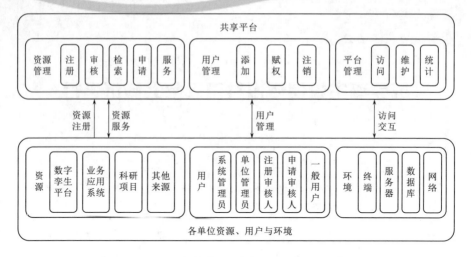

图1 数字孪生流域资源共享平台基本架构

558项数据、74项模型和52项知识等资源的共享。其中,数据方面包括覆盖全国的米级遥感影像、大江大河及重点支流重点河段近3000 km² 水下地形、近200 km 倾斜摄影、54 个重点工程BIM及三维模型,模型方面如长江中下游干流堤防风险智能评估模型、黄河干流一二维河道水动力学模型和宁蒙河段流凌预报模型、淮河时空变源分布式水文模型、太湖流域蓝藻和水葫芦智能识别模型、小浪底水库泥沙水动力学模型等。

李　夏　丁昱凯　张泽虹　执笔

蔡　阳　成建国　审核

专栏二十四

数字孪生流域建设先行先试应用案例
推荐名录（2022 年）

水利部信息中心

　　2022 年 11 月，水利部开展了数字孪生流域建设先行先试优秀应用案例评选工作。56 家先行先试单位积极响应，最终形成了包括 47 项应用案例的《数字孪生流域建设先行先试应用案例推荐名录（2022 年）》（见表 1），涉及流域防洪"四预"应用、水资源管理与调配"四预"应用、工程安全、水质安全、数据安全、监测感知、数据底板构建等多领域，在 2022 年汛期和业务工作中发挥重要作用。在淮河入梅以来的暴雨洪水、第 3 号台风"暹芭"过境、西江发生 4 次编号洪水、北江发生 3 次编号洪水过程中，在长江流域联合调度、黄河调水调沙、太浦河多目标统筹调度中，以及在有关水利工程安全运行、水质监测、大藤峡工程二期蓄水验收中，得到良好应用，成效明显，为水利业务提供了有力支撑和驱动，为数字孪生流域建设积累了经验。

表 1　　数字孪生流域建设先行先试应用案例推荐名录（2022 年）

序号	应用案例名称	先行先试单位
1	水利部数字孪生平台原型系统	水利部信息中心
2	数字孪生流域防洪业务"四预"应用	水利部信息中心
3	水资源取用水总量动态评价示范应用	水利部信息中心
4	基于国产密码的水利重要数据点面结合安全加密方法	水利部信息中心
5	数字孪生南水北调（洪泽泵站）大型泵站水泵声纹 AI 监测系统	中国南水北调集团有限公司
6	数字孪生丹江口水质安全模型平台与"四预"业务	南水北调中线水源有限责任公司
7	数字孪生小浪底	水利部小浪底枢纽管理中心

序号	应用案例名称	先行先试单位
8	数字孪生汉江防洪智能调度技术	水利部长江水利委员会
9	数字孪生黄河建设关键技术研究与应用	水利部黄河水利委员会
10	数字孪生淮河防洪"四预"系统应用	水利部淮河水利委员会
11	珠江水旱灾害防御"四预"平台	水利部珠江水利委员会
12	数字孪生支撑太浦河多目标统筹调度	水利部太湖流域管理局
13	水库视频感知融合系统	河北省水利厅
14	基于国产化自主可控的辽宁省防汛抗旱指挥平台	辽宁省水利厅
15	智慧工地管理系统在数字孪生建设中的应用	上海市水务局
16	基于信创的江苏省数字孪生水利智能中枢	江苏省水利厅
17	全国产轻量化安全逻辑控制器	江苏省水利厅
18	江苏省太湖地区水工程预报调度一体化系统	江苏省水利厅
19	数字孪生曹娥江流域防洪应用	浙江省水利厅
20	嘉兴数字水网应用	浙江省水利厅
21	凤凰河小流域山洪灾害防御"四预"	安徽省水利厅
22	福州溪源溪小流域（溪源水库）数字孪生平台	福建省水利厅
23	融合云端渲染、多源异构数据治理、工程安全预测预警、金属结构健康诊断技术的水利工程数字孪生平台	江西省水利厅
24	中小河流洪水"精确预报—精准预警—精快预演—精细预案"技术方案	山东省水利厅
25	数字孪生贾鲁河在灾后贾鲁河综合治理工程2022年防洪度汛的"四预"应用	河南省水利厅
26	数字孪生欧阳海灌区水利工程	湖南省水利厅
27	数字孪生潭江流域建设	广东省水利厅
28	数字孪生江津鹅公水库工程建设先行先试BIM技术应用	重庆市水利局
29	基于人工智能的四川省河湖知识平台构建与应用	四川省水利厅
30	数字孪生渠系智能配水和闸群联合调度	甘肃省水利厅
31	贺兰山东麓山洪防御管理应用系统	宁夏回族自治区水利厅
32	面向水污染事件应对的数字孪生深圳河湾流域知识平台	深圳市水务局

序号	应用案例名称	先行先试单位
33	三峡大坝左厂1—5号坝段BIM	中国三峡长江集团有限公司、水利部长江水利委员会
34	大藤峡防汛与水量调度"四预"平台研发及应用	广西大藤峡水利枢纽开发有限责任公司
35	基于机器学习的多维动态水位流量预测模型在太湖流域防洪和水资源调度中的应用	水利部太湖流域管理局苏州管理局
36	黄河工情险情全天候监测感知预警系统	水利部黄河水利委员会
37	永定河水资源实时监控与调度系统（数字孪生永定河1.0）	水利部海河水利委员会
38	数字孪生沂沭泗水系（江苏部分）水文预报模型共享服务	江苏省水利厅
39	数字孪生大坝安全研判与智能管控关键技术与应用	浙江省水利厅
40	椒（灵）江流域洪水预报调度一体化平台	浙江省水利厅
41	数字孪生乐安河提升小流域（县域）防洪决策支撑能力	江西省水利厅
42	数字孪生小清河智能防洪应用	山东省水利厅
43	湖南省数字孪生流域指挥决策电子沙盘	湖南省水利厅
44	数字孪生松涛水库	海南省水务厅
45	数字孪生贵州清水江（干流—都匀市茶园水库至施洞水文站河段）	贵州省水利厅
46	数字孪生引洮管理平台	甘肃省水利厅
47	数字孪生甬江流域防洪应用	宁波市水利局

注：以上案例排序不分先后。

周逸琛　执笔

蔡　阳　钱　峰　审核

水利网络安全体系持续完善

水利部信息中心

2022 年，水利部加快构建水利关键信息基础设施安全防护体系，安全监测、实战攻防等网络安全防护能力得到全面提升，圆满完成重要时期安全保障任务。水利行业数据安全保护工作全面启动，网络安全技术创新不断推进，行业网络安全防线持续筑牢，为推动新阶段水利高质量发展提供安全的网络环境。

一、重要时期网络安全专项保障任务圆满完成

为做好党的二十大、北京冬奥会等重要时期网络安全专项保障，水利部成立了保障工作领导小组，印发保障工作方案，通过"全面动员部署""自查评估整改""开展督导抽查""强化应急处置""日常监测保障"等五方面工作落实落细保障任务，指导监督相关单位开展网络安全保障工作，切实将保障工作落实到位，确保问题隐患清零。在重要时间节点，水利部组织行业开展实时监测和应急处置，落实 7×24 h 值班制度，执行"每日零报告"。在各单位的共同努力下，水利行业未发生网络安全事件。

二、关键信息基础设施安全防护不断深化

水利部严格落实关键信息基础设施保护工作部门职责，加强行业顶层设计，就水利关键信息基础设施安全保护工作出台指导意见，建立了涵盖组织管理、技术防护、监督检查在内的综合防护体系，并规划"十四五"时期水利关键信息基础设施工作任务和重点工程；加强水利关键信息基础设施供应链安全管控，印发《安全风险预判指南》，指导运营者及时开展网络安全审查。强化行业监测预警，在运营者业务网出口、互联网出口等

重要网络节点部署流量采集探针，将安全数据汇集至水利部进行统一分析预警与协调处置；同时，与国家互联网应急中心等单位深度合作，及时接收响应水利行业的安全漏洞、异常访问和信息泄露等情报线索，最大限度地帮助行业单位尤其是基层单位发现并解决问题。

三、水利网络安全实战攻防再创佳绩

2022年，水利部创新攻防演练模式，采用渗透测试与实网攻防相结合的模式开展行业攻防演练。一方面，组织专业机构对水利部信息中心、水利部长江水利委员会汉江集团公司、广西大藤峡水利枢纽开发有限责任公司开展现场白盒渗透测试，深入查找系统风险隐患；另一方面，委托专业攻击队对水利行业开展全面的攻击测试，并组织行业内70家单位、共计2300余人开展协同防守，提升实战防守能力。通过演练，发现行业安全漏洞和攻陷信息资产情况，梳理分析问题清单，印发漏洞整改通知41份，指导督促相关单位全面落实整改，确保风险隐患动态清零，并及时开展演练总结复盘，对积极溯源、发现黑客线索及零失分的单位提出表扬，对问题较多及整改不力的单位进行批评。

在内部开展演练的基础上，水利部组织有关单位参加国家级实战攻防演习，依托行业联防联控机制，积极进行态势感知、威胁分析、入侵防御、协同联动和溯源反制，成功守住目标系统在内的关键信息基础设施、重要数据、门户网站，再次取得"优异"的最佳防守等次，获有关部门通报表扬，连续两年作为部委代表在演习总结会上交流经验。

四、水利数据安全保护启动实施

水利部按照"谁管业务，谁管业务数据，谁管数据安全"原则，建立水利数据安全保护责任制，印发水利数据安全责任人名录，并以网络安全监管为基础，出台《水利数据安全管理办法（试行）》，明确数据安全责任分工，规范行业数据处理活动。同时，结合水利行业数据特点，印发《水利数据分类分级指南（试行）》，指导各单位开展数据分类分级，认定水利行业首批102类重要数据，形成行业重要数据目录。创新数据安全防护手段，采取"点""面"结合的双重防护策略，在对全国水利一张图数据库加密的基础上，实现字段加密，解决重要数据在使用过程中性能、便利性与安全难以平衡的问题。

五、网络安全技术创新持续推进

水利部组织成立"国家关键信息基础设施（水利）网络安全技术"水利人才创新团队，围绕水利关键信息基础设施安全保护体系建设、网络安全决策指挥平台构建、安全可控的核心装备研制、基于国产密码技术的数据安全防护等方面开展研究攻关，取得阶段性进展，并对成果进行总结凝练，完成"关键信息基础设施（水利）网络安全关键技术与应用"。

水利网络安全工作以数据为核心，建设网络安全人数据平台，把数据采集、数据处理、数据分析等进行解耦，形成开放可成长的态势感知系统。通过网络安全设备的统一管理和控制，达到"自动封锁—情报研判—资产定位—通知通报—追踪溯源"的智能联动，实现秒级攻击阻断、分钟级响应和事件标准化闭环处置。实现安全监测与业务的充分融合，开发算法模型，不断提升威胁识别准确率，降低误报率。实现了日均告警由过去数千万条消减至 35 条左右，从而也将分析研判耗时由数小时甚至几十小时缩短至分钟级，初步实现网络安全的可知、可控、可处置。

六、水利行业商用密码应用深入推动

水利部对 2018 年以来商用密码在水文水资源、大型水利枢纽、长距离引调水、水利大数据等重点业务领域应用情况进行了全面总结，结合"十四五"时期智慧水利建设目标及任务，从深化行业密码基础设施、健全水利工程控制系统密码保障体系、构建数字孪生水利密码保障体系等方面系统梳理水利行业未来 5 年商用密码研究方向、工作任务及重点工程。在数字孪生水利建设中，推进系统建设与密码应用"同步规划、同步建设、同步运行"，做到关口前移，并指导水利行业 18 个重要系统通过商用密码应用安全性评估。

七、着力打造网络安全试点示范

围绕关键信息基础设施安全防护、网络安全新技术等领域，组织有关单位申报国家级试点示范项目，引领水利行业网络安全创新发展。在IPv6技术创新和融合应用试点中，水利部信息中心、水利部黄河水利委员会、水利部海河水利委员会、水利部珠江水利委员会在移动工作平台、防洪及水文预报应用、运行监测物联网感知应用等业务方面实现IPv6规模化部署；在网络安全新技术试点中，水利部信息中心、山东省水利厅、浙江省水利厅成功入围；在关键信息基础设施安全防护试点中，中国长江三峡集团有限公司、中国南水北调集团中线有限公司、水利部信息中心、水利部小浪底水利枢纽管理中心成功申报试点示范项目；在关键信息基础设施信创改造试点中，中国长江三峡集团有限公司、中国南水北调集团东线有限公司正式启动项目建设，并取得阶段性成果。

下一步，水利部将聚焦关键信息基础设施安全防护体系建设，组织运营者制定年度保护计划，确保数据安全、供应链安全、运行安全；攻关数据安全和工控安全技术难题，编制《数字孪生水利工程网络安全建设指南》，开展《数字孪生流域数据安全关键技术研究与应用》重大课题研究，进一步梳理行业数据资产，动态更新水利重要数据目录，启动数据安全治理平台项目建设；推进IPv6技术创新、网络安全技术、关键信息基础设施安全防护等试点示范项目建设，发挥示范引领作用。

周维续　杨　旭　执笔

蔡　阳　付　静　审核

体制机制法治篇

水利重点领域改革积极推进

水利部规划计划司

2022 年，水利重点领域改革举措细化实化，工作责任压紧压实，各项年度改革任务圆满完成，推动新阶段水利高质量发展六条实施路径的制度机制不断完善。

一、完善顶层设计，为实施国家水网重大工程、复苏河湖生态环境提供依据

2022 年 10 月，水利部推动出台《国家水网建设规划纲要》，对国家水网的布局、结构、功能和系统集成作出顶层设计，是我国水利发展史上具有里程碑意义的大事。印发《关于加快推进省级水网建设的指导意见》，选择广东、浙江等 7 个省份开展省级水网先导区先行先试，探索经验。2022 年 12 月，中共中央办公厅、国务院办公厅印发《关于加强新时代水土保持工作的意见》，从全面加强水土流失预防保护、依法严格人为水土流失监管、加快推进水土流失重点治理、提升水土保持管理能力和水平等方面部署重大举措，对加快构建水土保持工作新格局，推动水土保持高质量发展具有重大意义。

二、建构两手发力"一二三四"工作框架体系，水利投融资改革实现重大突破

系统构建两手发力"一二三四"工作框架体系，在争取加大财政投入的同时，用足用好地方政府专项债券、政策性开发性金融工具，分别与中国人民银行、国家开发银行、中国农业发展银行、中国农业银行、中国工商银行等联合出台指导文件，制定一系列含金量高、操作性强的金融支持政策，印发《关于推进水利基础设施政府和社会资本合作（PPP）模式发

展的指导意见》《关于推进水利基础设施投资信托基金（REITs）试点工作的指导意见》。2022 年，落实地方政府专项债券 2036 亿元，较 2021 年增长 52%；落实金融贷款和社会资本 3204 亿元，较 2021 年增长 78%。"两手发力"的生动实践，解决了一大批项目融资问题，有效拓宽了水利基础设施资金筹措渠道。

三、推动水法治建设，保护江河的法治力量明显夯实

2022 年，水法治建设取得突破性进展。《中华人民共和国黄河保护法》颁布实施，为统筹推进黄河流域生态保护和高质量发展提供了法治保障。水利部联合公安部出台《关于加强河湖安全保护工作的意见》，建立健全联席会议机制、水行政执法与刑事司法衔接机制、流域安全保护协同机制等三项机制，有效防范和依法打击涉水违法犯罪。联合最高人民检察院出台《关于建立健全水行政执法与检察公益诉讼协作机制的意见》，建立健全水行政执法与检察公益诉讼协作机制。全年各级水利部门联合检察机关出台协作文件 326 件，开展专项行动 515 次，移送问题线索 314 个，全国检察机关办理涉水行政公益诉讼案件 5941 件。制定印发《水行政执法效能提升行动方案（2022—2025 年）》，进一步压实执法责任，全面提升水行政执法效能。

四、强化流域治理管理，流域"四统一"体制机制不断健全

中央机构编制委员会审核批准并印发水利部长江水利委员会、水利部黄河水利委员会"三定"规定，完成水利部权限范围内的水利部淮河水利委员会等其他 5 个流域管理机构"三定"规定修订印发工作。落实水利部强化流域治理管理工作会议要求，进一步强化了流域管理机构在河湖长制、蓄滞洪区建设管理等方面的职能定位，优化了机构编制资源配置。落实流域"四统一"要求，出台《水利部关于强化流域治理管理的指导意见》，在规划计划、水资源管理、水资源调度、水利建设运行、河湖治理保护、水利监督、水土保持等方面印发了强化流域管理机构职能的政策文件，全面强化流域统一规划、统一治理、统一调度、统一管理。

五、推进水价改革，水利融资能力不断增强

推动出台《水利工程供水价格管理办法》《水利工程供水定价成本监审办法》，实行"准许成本加合理收益"的模式，促进形成水资源节约和水利工程良性运行、与水利投融资体制机制相适应的水价形成机制，调动社会资本参与水利工程建设运营积极性。持续推动农业水价综合改革，每年落实精准补贴和节水奖励资金 15 亿元。截至 2022 年年底，全国农业水价综合改革实施面积超过 7.5 亿亩，大型灌区骨干工程平均执行水价从 0.09 元/m³ 提高到 0.13 元/m³，农业用水执行水价与运行维护成本的差距逐步缩小。云南省农田水利 PPP 模式深入推进，从陆良县到元谋县、宾川县，通过建立初始水权分配等 7 项机制，实现政府、企业、农户"多赢"，"陆良模式"以点带面，探索了农业水价综合改革、大中型灌区建设与改造的成功经验。

六、完善初始水权分配机制，市场机制在水资源配置和节约中的作用进一步发挥

关于建立水资源刚性约束制度的意见（送审稿）已报送国务院，配合国家发展改革委完成与宏观政策取向一致性评估。联合国家发展改革委、财政部出台《关于推进用水权改革的指导意见》，加快用水权初始分配和明晰，推进多种形式的用水权市场化交易，完善水权交易平台，强化监测计量和监管，充分发挥市场机制在水资源配置中的作用。指导地方开展区域水权、取水权、灌溉用水户水权交易，积极探索水权回购、预留水权出让等交易模式，江苏、重庆、四川、黑龙江等多省（直辖市）实现区域水权交易、取水权交易"零突破"。2022 年中国水权交易所完成交易 3057 单，比 2021 年翻一番。建立"十四五"用水总量和强度双控指标体系，严格用水定额和计划管理，核减取用水量不少于 22 亿 m³。各地通过"节水贷"融资项目 506 个、金额 184 亿元，推动各省在公共机构、高耗水工业、节水灌溉等领域实施合同节水管理项目 151 项，吸引社会资本投资 42.4 亿元，年节水约 1.5 亿 m³。

七、建立七大流域省级河湖长联席会议机制，打破一地一段一岸治理的局限

全面建立七大流域省级河湖长联席会议机制，目标统一、任务协同、措施衔接、行动同步的联防联控联治机制日趋完善。在南水北调工程全面推行河湖长制，明确省市县乡四级河湖长 1150 名、村级河湖长 2638 名。组织起草关于强化河湖长制的指导意见，进一步明确新阶段河湖长履职尽责要求和重点任务。出台《加强河湖水域岸线空间管控的指导意见》，指导监督流域管理机构、地方水行政主管部门加强河湖水域岸线空间管控。确定 171 条跨省河湖和 415 条省内河湖共 957 个断面的生态流量目标，将生态流量目标纳入水资源统一调度，实时预警和动态监控。

同时，优化营商环境，实施"证照分离"，缩短招投标时间约 1 个月，水利"放管服"改革不断深化；修订发布《水利标准化工作管理办法》，完善标准规范制定发布机制；印发《水利部重大科技项目管理办法》，激发科技创新内生动力；出台《关于推进水利工程标准化管理的指导意见》，以及农田水利设施管护、大中型灌区、农村供水、调水管理等标准化管理文件，水利工程运行管理持续加强；研究修订《水利工程质量管理规定》，质量监督工作进一步规范；按期完成垂管单位纪检监察体制改革试点专题研究。

下一步，水利重点领域改革工作将继续坚持问题导向、坚持系统观念、坚持科学方法，围绕新阶段水利高质量发展体制机制短板和弱项，深入推进水资源节约集约利用、复苏河湖生态环境、推进"两手发力"、水利体制机制法治建设、水利工程建设和运行管理等重点领域改革，巩固深化改革成果，增强改革的系统性、整体性、协同性，不断提升水利治理能力和水平，推动新阶段水利高质量发展。

童学卫　张　栋　韩沂桦　王天然　执笔

张世伟　审核

专栏二十五

七大流域管理机构"三定"规定改革
顺利完成

水利部人事司

一、工作背景

2019年8月,《中国共产党机构编制工作条例》印发实施,明确要求中央一级副部级以上各类机构的"三定"规定由中央机构编制委员会审定。据此,水利部长江水利委员会(以下简称长江委)、水利部黄河水利委员会(以下简称黄委)的"三定"规定由中央机构编制委员会审定,其他5个流域管理机构的"三定"规定按照机构编制审批管理权限由水利部党组审定。2021年5月,中央机构编制委员会批准启动了长江委、黄委"三定"规定制定工作。

二、主要工作内容

水利部按照中央机构编制委员会办公室有关要求,认真研究起草了长江委、黄委"三定"规定草案稿和有关论证材料。在起草过程中,深入学习习近平总书记治水重要论述精神,坚持与水利部"三定"规定衔接,对流域管理机构有关职责进行全面梳理,始终突出强化流域治理管理主线,积极配合中央机构编制委员会办公室做好办内审核、征求意见等各环节工作,对内设机构设置等有关重点问题深入研究论证。2022年7月,中央机构编制委员会审核批准印发了长江委、黄委"三定"规定,这是历史上流域管理机构首次以中央机构编制委员会文件印发的"三定"规定,进一步强化了流域管理机构的职能定位。

之后,水利部随即组织水利部淮河水利委员会、水利部海河水利委员会、水利部珠江水利委员会、水利部松辽水利委员会、水利部太湖流域管理局开展了"三定"规定修订工作。水利部组织各单位以长江委、黄委"三定"规定为模板，充分体现不同流域治理管理特点，贯彻落实"四个统一"等有关要求，研究起草了"三定"规定初稿，并就有关重点问题协商达成一致。2022年10月，经水利部党组审核批准，完成了权限范围内的其他5个流域管理机构"三定"规定修订工作，进一步强化了河湖长制、蓄滞洪区建设管理等方面的职责，调整优化了内设机构。

在各流域管理机构"三定"规定印发后，按照有关规定，水利部及时组织指导各流域管理机构完成了"三定"规定的细化落实工作。

三、主要成效

七大流域管理机构"三定"规定及其具体方案已全部印发，流域统一规划、统一治理、统一调度、统一管理制度体系得到不断完善。新印发的"三定"规定保障了各流域管理机构职能配置完整、机构设置合理，提升了机构编制资源使用效益，为强化流域治理管理提供了有力的体制机制保障。

刘晋高　李贵岭　执笔

郭海华　王　健　审核

深入实施水利投融资改革

水利部规划计划司　水利部财务司

2022年，水利部系统建构两手发力"一二三四"工作框架体系，先后印发用足用好地方政府专项债券、推进政府和社会资本合作（PPP）模式发展、水利基础设施投资信托基金（REITs）试点指导文件，出台含金量高、操作性强的金融支持水利政策，23个省（自治区、直辖市）出台了投融资改革文件，破解水利融资领域不宽、市场主体参与不多的难题，激发水利部门改革主动性创造性，水利投融资改革实现重大突破。

一、建构"一二三四"工作框架体系

2022年6月，水利部召开推进"两手发力"助力水利高质量发展工作会议，提出建构"一二三四"工作框架体系，推进水利领域"两手发力"工作。"一二三四"工作框架体系，即锚定"一个目标"，加快构建现代化水利基础设施体系，推动新阶段水利高质量发展，全面提升国家水安全保障能力；坚持"两手发力"，坚持政府作用和市场机制两只手协同发力；推进"三管齐下"，重点通过积极运用金融信贷资金、推进水利基础设施政府和社会资本合作（PPP）模式发展、推进水利基础设施投资信托基金（REITs）试点工作，拓宽水利基础设施建设长期资金筹措渠道；深化"四项改革"，深化水价形成机制改革、用水权市场化交易制度改革、节水产业支持政策改革、水利工程管理体制改革。通过改革协同，充分激发市场主体活力。

二、扩大地方政府专项债券使用规模

水利部印发《关于进一步用好地方政府专项债券扩大水利有效投资的通知》，全力指导各地抢抓政策机遇，用足用好地方政府专项债券。开展专项调度，加强培训和动态跟踪，按照"资金跟着项目走"的要求，指导各地加快推进项目前期工作，抓实抓好项目审核入库、债券落实、建设进展、投资完成等工作。2022 年落实地方政府专项债券达 2036 亿元，较 2021 年增长 52.2%。

三、争取金融支持水利建设

水利部持续深化与中国人民银行、国家开发银行、中国农业发展银行、中国农业银行、中国工商银行等金融机构的沟通合作，联合出台一系列指导意见，进一步优化细化开发性、政策性、商业性金融支持水利差异化信贷政策，在贷款期限、贷款利率和资本金比例等方面给予水利项目更大优惠，加大金融支持水利建设力度。组织地方提出贷款需求项目，建立项目台账，分别与国家开发银行、中国农业发展银行等金融机构开展项目对接，落实项目融资需求。向中国人民银行推荐"白名单"重大水利项目 123 项、总投资 1.16 万亿元，近期贷款需求 2252 亿元。截至 2022 年年底，国家开发银行、中国农业发展银行、中国农业银行、中国工商银行、中国建设银行水利贷款余额 26684 亿元。

四、争取政策性开发性金融工具支持

水利部联合国家开发银行、中国农业发展银行印发通知，指导各地加强与发改部门、有关银行分行沟通协调，争取更多符合条件水利项目申报政策性开发性金融工具（基金）。参加推进有效投资重要项目协调机制工作专班，紧盯各地申报的基金水利备选项目，积极争取基金额度，推动解决项目承贷主体和用地、环评审批等问题，协调项目红黄绿灯及时转换。参加国务院工作组，赴湖南、江西、广东等地开展指导帮服，现场协调解决基金项目的资金投放、要素保障等问题，积极推动项目开工建设。2022 年共落实基金水利项目 287 项（总投资 7390 亿元）、投放基金 570 亿元。

五、推进水利基础设施 PPP 模式发展

水利部出台《关于推进水利基础设施政府和社会资本合作（PPP）模

式发展的指导意见》，积极引导各类社会资本参与水利建设运营，拓宽水利基础设施建设长期资金筹措渠道。召开推进水利基础设施 PPP 模式发展工作部署会、项目对接会、工作交流培训，开展政策解读，交流经验做法，推介重点水利项目，部署推进水利基础设施 PPP 模式发展重点工作。安徽省凤凰山水库、江西省梅江灌区等一批重大工程吸引社会资本投入，2022 年社会资本通过 PPP 模式投入水利项目 254 个，落实投资 544 亿元。

六、推进水利基础设施 REITs 试点

水利部出台《关于推进水利基础设施投资信托基金（REITs）试点工作的指导意见》，推动符合条件的水利基础设施项目通过 REITs 方式盘活存量资产，筹集资金用于在建和新建水利工程项目，建构水利基础设施存量资产和新增水利基础设施投资的良性循环机制。召开视频交流会议，对该文件政策内容进行宣贯，邀请中央财经大学、光大证券等单位专家在线交流；联合深圳证券交易所解读基础设施 REITs 相关政策、分析典型案例，结合水利特点，讲解 REITs 项目申报实际操作方法。目前，湖南省湘水发展、宁夏回族自治区银川市西线供水、浙江省汤浦水库等项目已将试点申报材料提交国家发展改革委。

七、推广基层改革经验做法

水利部调研总结地方水利投融资改革经验做法，对浙江、江西、湖南、四川、贵州、云南、宁夏、新疆等省（自治区）推进水利基础设施 PPP 模式、REITs 试点情况进行调研，总结提炼可复制、可推广的典型经验，指导推进 REITs 意向项目前期工作。组织开展用好地方政府专项债券、金融支持水利政策、推进水利 PPP 模式发展及 REITs 试点申报等专项培训，范围覆盖省、市、县三级水利部门及项目法人，累计培训 2.4 万人次。

下一步，水利部将深入贯彻党的二十大精神，持续推进"两手发力"，深化水利投融资改革。坚持多轮驱动，积极争取财政投入，充分发挥政府资金引导带动作用，在创新多元化投融资模式、更多运用市场手段和金融工具上取得新突破。扩大地方政府专项债券利用规模，抓好项目谋划、资

源统筹、申报入库、额度落实，增强项目偿债能力。更大力度利用中长期贷款和政策性开发性金融工具，用足用好贷款期限、贷款利率、资本金比例等方面金融支持水利优惠政策，提高项目融资能力。深入推进水利基础设施政府与社会资本合作（PPP）模式规范发展、阳光运行，建立合理回报机制，吸引更多社会资本参与水利工程建设运营。推动水利基础设施投资信托基金（REITs）试点项目实现突破。

童学卫　张　栋　韩沂桦　王天然　执笔

张世伟　审核

深入推进用水权改革
促进水资源优化配置和集约节约安全利用

水利部水资源管理司　水利部财务司

2022 年，水利部、国家发展改革委、财政部联合印发《关于推进用水权改革的指导意见》（以下简称《指导意见》），强调要切实强化水资源刚性约束，加快用水权初始分配，推进用水权市场化交易，加强用水权交易监管，用水权改革各项工作取得积极进展。

一、制度体系不断健全

水利部认真贯彻落实党中央、国务院关于水权水市场建设的决策部署，将用水权改革纳入新阶段水利高质量发展"建立健全节水制度政策"路径和"两手发力"四项改革强力推进。李国英部长在全国水利工作会议、新阶段水利高质量发展领导小组全体会议等重要会议上就建设全国统一的用水权交易市场、推动开展用水权交易等提出明确要求，主持审议出台《指导意见》等重要文件，对当前和今后一个时期的用水权改革工作做出安排部署，为深入推进用水权改革提供了重要遵循。各地结合实际，细化改革措施，加快建章立制，为用水权改革提供有力支撑。河北、黑龙江、湖北、重庆、陕西等省（直辖市）水利厅（局）等相关部门出台了推进用水权改革的政策文件，山西、内蒙古、山东、河南、青海、宁夏等省（自治区）相关部门制（修）订水权交易管理制度，江苏省水利厅印发水权交易可行性论证技术要求，福建、江西等省水利厅将用水权改革纳入水利改革发展"十四五"规划。

二、基础工作加快夯实

聚焦强化用水权改革的基础支撑，水利部加快推进初始水权分配、取用水计量监测工作。全国累计完成 77 条跨省江河流域水量分配方案批复，各省（自治区、直辖市）累计批复 351 条省内跨地市江河水量分配方案。29 个省（自治区、直辖市）完成地下水管控指标成果技术审查，其中 13 个省（自治区、直辖市）已批复实施。湖南省开展全省区域初始水权分配工作，研究提出各市（州）区域初始水权并在郴州市开展试点。河北省对省内河流进行了全口径梳理，分别确定跨市、跨县河流水量分配任务清单。加快推进取用水监测计量体系建设，5 万亩以上大型灌区渠首取水实现在线计量，大中型灌区骨干工程计量率达到 70% 以上，为明晰用水权、促进用水权市场化交易创造了有利条件。

三、市场化交易蓬勃发展

水利部紧紧围绕京津冀协同发展、长江经济带建设、黄河流域生态保护和高质量发展等国家战略，在重点流域、区域积极培育水市场，加快拓展交易范围，交易规模稳定增长，交易类型更加丰富。全国开展水权交易的省（自治区、直辖市）扩大到 20 个，其中 13 个省（自治区、直辖市）通过国家水权交易平台成交 3507 单、交易水量 2.5 亿 m³。黄河流域的内蒙古、山西、山东、河南、甘肃、宁夏等省（自治区）交易活跃。长江流域的江苏、浙江、安徽、江西、湖南、贵州、云南等省交易明显增多。淮河流域首单流域管理机构审批的取水权交易顺利完成。吉林、黑龙江、重庆、四川等省（直辖市）用水权交易实现零突破。部分地区因地制宜探索开展了再生水使用权有偿出让、山塘水库水权交易、淡化海水水源置换交易、用水权质押贷款等新型交易。多种形式的用水权市场化交易为水资源优化配置和节约集约利用提供了内生动力。

四、信息化水平明显提升

《指导意见》明确，要建立健全统一的全国水权交易系统，统一交易规则、技术标准、数据规范。水利部组织国家水权交易平台加快建设全国水权交易系统和水权交易 APP，研究拟定用水权交易管理规则、技术导则和数据规则，在四川、安徽、江苏、内蒙古等省（自治区）开展系统试用，实现多类型水权交易全流程在线完成和智慧化合规判断，为规范水权交易提供了有力支撑。

五、交易监管全面加强

水利部加强对用水权改革的跟踪指导，将用水权改革纳入水资源管理考核，强化水资源用途管制，指导流域管理机构按照管理权限加强对各类用水权交易实施情况的动态监管。部分地区将用水权改革纳入本地区、本部门重点改革统筹推进，例如，江苏省人民政府将水权改革纳入年度重点工作、最严格水资源管理制度考核；甘肃省人民政府将推动水权交易列为重点工作任务；湖南省提高取用水全过程信息化监管能力，强化水权交易计量监控基础；贵州省将重点用水户列入国家水资源监控名录，对交易双方用水量进行动态监管。此外，部分地区通过专项检查、交易评估等形式推进水权交易监管工作常态化，例如，内蒙古自治区开展盟市间水权转让二期试点实施效果跟踪评估，江西省将水权改革工作纳入市县综合考核水利指标。通过严格监管，有力促进了用水权交易规范、有序、安全、高效开展。

下一步，水利部将深入贯彻落实习近平总书记治水重要论述精神，全面贯彻《指导意见》，坚持以水而定、量水而行，加快用水权初始分配，推进用水权市场化交易，加强用水权交易监管，加快建立归属清晰、权责明确、流转顺畅、监管有效的用水权制度体系，加快建设全国统一的用水权交易市场，提升水资源优化配置和集约节约安全利用水平。一是加快用水权初始分配，力争年内基本完成全国跨省重要江河流域水量分配，完成地下水取水总量、水位控制指标确定工作，明确区域地下水用水权利边界，制订可用水量确定技术大纲，启动可用水量确定工作。二是推进用水权市场化交易。鼓励引导地方规范开展区域水权、取水权、灌溉用水户水权等多种形式的用水权交易，协同推进全国水权交易系统的统一部署、分级应用，指导国家水权交易平台做好跨水资源　级区、跨省区的区域水权交易，流域管理机构审批的取水权交易，以及水资源超载地区的用水权交易。三是加强用水权改革跟踪指导。将用水权改革纳入最严格水资源管理制度考核，全面强化用水权交易监管，为用水权改革扎实有序推进提供保障。

马　超　王　华　王海洋　师志刚　高　磊　执笔

杨得瑞　郭孟卓　郑红星　姜　楠　审核

宁夏回族自治区中卫市：
工业用水确权改革奏响"三部曲"

自用水权改革启动以来，宁夏回族自治区中卫市沙坡头区围绕"无偿配置用水权工业企业缴纳用水权有偿使用费"试点任务，大胆探索、先行先试，加大工业用水权确权力度，稳步推进工业企业缴纳用水权有偿使用费工作，截至2022年5月，已收取9批71家工业企业用水权有偿使用费1584.77万元，用水权改革迈出坚实步伐。

强化制度保障，按下收缴"启动键"。坚持市场化改革方向，组织召开专家、公共供水企业、工业企业座谈会，全面吸纳社会各界的意见建议，制定印发用水权改革及创新突破方案、水资源承载能力监测预警实施细则等配套文件10余个，建立了归属清晰、权责明确、监管有效的用水权制度体系。

精准核定水量，划好收缴"硬杠杠"。按照总量控制、计划管理的原则，通过调取水资源税、工业企业缴费名录形成初步工业用水企业名录。沙坡头区联合中卫市水务局等部门进行全面摸排、实地核查，建立无偿配置工业用水权企业台账131家，无证取用水企业台账52家，为工业用水确权收缴打下坚实基础；以沙坡头区"十四五"工业用水权控制指标为红线，以保障企业合理用水需求为出发点，邀请专业人员对用水权确权重点任务、实施步骤和用水合理性分析报告编写进行培训，累计核定工业企业95家水量3630.5 m^3，无偿收回富余工业用水权指标1316.32万 m^3；对9批83家工业企业出具合理性分析报告审查意见和缴纳有偿使用费通知书，收取有偿使用费71家1584.77万元，预计2022年收取工业用水有偿使用费超过3000万元。

落实管控举措，打好收缴"主动仗"。坚持"依法管理、灵活使用"原则，稳步推进用水权使用费收缴和管理工作。针对拒不缴纳、拖延缴纳或者拖欠用水权使用费的用水单位或个人，由沙坡头区水务部门联合公安、自然资源等相关部门组成联合执法组，对用水单位或个人取水设施进行强制关停，并依照相关法律法规处罚，确保用水权使用费收缴工作有序运行。

中卫市沙坡头区将把用水权有偿使用费全额纳入财政预算管理，实行收支两条线，落实专户存储、专项核算，收取费用全部用于完善水利基础设施、风险防控、农业节水改造等投入，推动各行业深挖节水潜力，提升水资源集约节约利用水平，持续推进用水权改革向纵深发展。

杨　成　执笔

席　晶　李攀　审核

七大流域省级河湖长联席会议机制
全面建立

水利部河湖管理司

按照全面推行河湖长制工作部际联席会议相关要求，长江、黄河、淮河、海河、珠江、松辽、太湖等七大流域全面建立省级河湖长联席会议机制，并于2022年分别召开第一次联席会议，强化上下游、左右岸、干支流管理责任，形成目标统一、任务协同、措施衔接、行动同步的流域河湖长制工作机制。

一、七大流域建立省级河湖长联席会议机制

一是明晰工作职责。深入贯彻党中央、国务院关于强化河湖长制决策部署以及相关法律法规政策规定；研究部署重大事项，协调解决重大问题，凝聚流域区域部门治水管水合力。建立完善上下游、左右岸、干支流、省际间联防联控联治机制，推动跨省河湖联防联控联治、联合执法监管和省际间生态保护补偿，推进流域系统治理、综合治理、协同治理，形成目标统一、任务协同、措施衔接、行动同步的河湖管理保护工作格局，打造造福人民的幸福河湖，助推流域高质量发展。

二是明确成员单位。各流域省级河湖长联席会议由流域内各省（自治区、直辖市）人民政府和流域管理机构组成。联席会议实行召集人轮值制度（见表1）。流域内各省级总河长轮流担任联席会议召集人，各流域管理机构主要负责同志担任副召集人；流域内各省级人民政府分管负责同志、流域管理机构分管负责同志为成员；各省级河长办负责同志、流域管理机构河湖长制工作领导小组办公室主要负责同志为联络员。七大流域省级河湖长联席会议均明确了会议召集人轮值顺序。联席会议办公室分别设在七大流域管理机构，承担联席会议日常工作，办公室主任由七大流域管理机

构分管负责同志兼任。

表 1　　　　　　　七大流域省级河湖长联席会议机制建立时间、
成员单位及召集人轮值顺序

流域	机制建立时间 （年-月-日）	成员单位	召集人轮值顺序
长江 流域	2021 - 12 - 13	青海、四川、西藏、云南、重庆、湖北、湖南、江西、安徽、江苏、上海、甘肃、陕西、河南、贵州等15省（自治区、直辖市）人民政府和水利部长江水利委员会	湖北省、上海市、江苏省、安徽省、江西省、湖南省、重庆市、云南省、西藏自治区、四川省、青海省、甘肃省、陕西省、河南省、贵州省
黄河 流域	2021 - 10 - 22	青海、四川、甘肃、宁夏、内蒙古、山西、陕西、河南、山东等9省（自治区）人民政府和水利部黄河水利委员会	青海省、四川省、甘肃省、宁夏回族自治区、内蒙古自治区、山西省、陕西省、河南省、山东省
淮河 流域	2022 - 03 - 03	河南、湖北、安徽、江苏、山东等5省人民政府和水利部淮河水利委员会	河南省、安徽省、江苏省、山东省
海河 流域	2022 - 03 - 03	北京、天津、河北、山西、河南、山东、内蒙古、辽宁等8省（自治区、直辖市）人民政府和水利部海河水利委员会	北京市、天津市、河北省、山西省、河南省、山东省、内蒙古自治区
珠江 流域	2022 - 03 - 03	云南、贵州、广西、广东、湖南、江西、福建等7省（自治区）人民政府和水利部珠江水利委员会	云南省、贵州省、广西壮族自治区、广东省
松辽 流域	2022 - 03 - 03	黑龙江、吉林、辽宁、内蒙古等4省（自治区）人民政府和水利部松辽水利委员会	黑龙江省、吉林省、辽宁省、内蒙古自治区
太湖 流域	2022 - 03 - 03	江苏、浙江、上海、福建、安徽等5省（直辖市）人民政府和水利部太湖流域管理局	江苏省、浙江省、上海市、福建省、安徽省

　　三是制定工作规则。长江流域、黄河流域省级河湖长联席会议实行全体会议和专题会议制度。其他五大流域省级河湖长联席会议实行全体会议、专题会议和办公室会议制度。长江流域与黄河流域省级河湖长联席会议全体会议原则上每1~2年召开一次，其他五大流域省级河湖长联席会议全体会议原则上每年召开一次。专题会议与办公室会议均不定期召开，专

题会议由联席会议成员单位或联席会议办公室提议，经召集人或副召集人同意后召开，办公室会议由联席会议办公室主任主持，联席会议联络员参加。

四是确定工作要求。深入研究流域河湖长制工作相关配套政策措施，认真落实联席会议议定事项，及时向联席会议办公室报送工作进展情况。加强沟通、密切配合、相互支持、形成合力，充分发挥联席会议的作用，营造良好的议事协作氛围，共同推进流域河湖长制工作。此外，联席会议办公室要及时向各成员单位通报有关情况，加强对会议议定事项的督促落实。

二、七大流域首次召开省级河湖长联席会议

2022年，七大流域均已召开省级河湖长联席会议第一次会议，总结流域河湖长制和河湖管理保护工作成效，部署2022年七大流域河湖管理保护重点工作，在强化流域联防共治、推进河湖"清四乱"等专项行动、提升河湖智慧监管能力、加快推进幸福河湖建设等方面提出了要求。分别审议通过流域省级河湖长联席会议工作规则、河湖长制重点工作、河湖管理工作要点等文件，进一步强化流域统筹与区域协同，强化责任落实与河湖监管，确保七大流域河湖治理保护工作实现新作为、展现新气象、取得新成效。

长江流域与黄河流域省级河湖长联席会议分别发布了"携手共建幸福长江"倡议书、"共同抓好大保护　协同推进大治理　联手建设幸福河"西宁宣言。倡议书围绕流域高质量发展、流域协同治理、强化河湖长制、建设美丽幸福长江等目标，对长江流域各省（自治区、直辖市）发出倡议，要坚持"共抓大保护、不搞大开发"的战略导向，完善以党政主要领导为主体的河湖长制责任体系，统筹推进长江上中下游、江河湖库、左右岸、干支流协同治理，推进健康、美丽、幸福河湖建设，营造全社会关爱河湖、珍惜河湖、保护河湖的良好氛围，携手打造幸福长江新样板。西宁宣言从持续强化河湖长制、强化流域系统治理、提升区域协作水平、复苏河湖生态环境、建设人民幸福河湖等5个方面，号召加快推动河湖长制从

"有名有责"到"有能有效",凝聚形成流域统筹、区域协同、部门联动的黄河管理保护新格局,推进跨省界河湖共建共治,积极推动实施新一轮黄河流域水生态、水环境综合治理,携手建设河畅、水清、岸绿、景美、人和的幸福河湖,为推进落实黄河流域生态保护和高质量发展、强化河湖长制的重大决策部署吹响号角。

戴江玉　执笔

李春明　审核

加快重点领域立法工作

水利部政策法规司

2022 年，水利立法工作以习近平法治思想和习近平总书记治水重要论述精神为指引，认真贯彻党中央、国务院有关决策部署，全面落实水利部党组推动新阶段水利高质量发展和全国水利工作会议的部署安排，取得了标志性成果。

一、全力推动《中华人民共和国黄河保护法》颁布施行

2022 年 10 月 30 日，十三届全国人大常委会第三十七次会议通过《中华人民共和国黄河保护法》（以下简称《黄河保护法》），自 2023 年 4 月 1 日起施行。《黄河保护法》的颁布施行是贯彻落实习近平总书记关于黄河流域生态保护和高质量发展重要讲话精神的重要举措，是新时代新征程依法推进黄河保护治理的重要保障，在新中国黄河治理史上具有重要里程碑意义。按照党中央、国务院决策部署，水利部会同有关方面，仅用 7 个多月就高质量完成了法律草案起草任务。2022 年，水利部积极配合国家立法机构开展《黄河保护法》审查审议，深入研究论证水沙调控、水资源刚性约束等重大立法制度，协助做好实地调研、修改完善等工作。《黄河保护法》颁布后，积极组织开展宣传贯彻工作，制定印发《黄河保护法宣传贯彻工作方案》和《水利部贯彻实施黄河保护法分工方案》，提出了 18 项宣传贯彻举措和 77 项具体措施，推动《黄河保护法》贯彻实施。

二、《中华人民共和国水法》《中华人民共和国防洪法》修订前期工作加快推进

水利部贯彻落实党中央、国务院对治水作出的一系列重大决策部署，聚焦我国治水面临的新形势新任务新要求，围绕水资源管理体制、规划制

度、水资源配置与调度、河湖管理与保护等重点内容开展专题研究，取得研究成果。全面评估《中华人民共和国水法》（以下简称《水法》）、《中华人民共和国防洪法》（以下简称《防洪法》）实施情况，向地方水行政主管部门和流域管理机构开展书面调研和实地调研，对两部法律实施取得的成效、存在的问题、修订意见建议等进行了总结评估，总体把握了现行《水法》《防洪法》实施情况和地方立法需求，形成了《水法》《防洪法》实施情况评估报告。研究提出了两部法律的修订思路、主要内容和拟设定的重点制度，提出了《水法》修订草案和防洪法修订草案框架，向全国人大常委会法制工作委员会提出了将《水法》《防洪法》两部法律的修订列入十四届全国人大常委会立法规划的立法建议，并报送立项报告。向中央依法治国办提出《水法》《防洪法》修订立项建议，推动将《水法》《防洪法》修订工作纳入有关立法规划、计划。

三、节约用水条例（草案）、《长江河道采砂管理条例》修正草案审查取得重要阶段性成果

水利部全力配合国家立法工作机构完成节约用水条例（草案）两轮征求意见，针对节水管理体制、节水规划、节水标准、用水定额、用水计量、水价等重要制度和重点问题深入研究，提出意见建议，配合做好立法协调和修改完善工作，实现年度工作目标。贯彻实施《中华人民共和国长江保护法》）（以下简称《长江保护法》）的有关规定，组织开展《长江河道采砂管理条例》修订，形成《长江河道采砂管理条例》（修正草案），强化采砂船舶管理，建立统一的长江采砂管理信息平台，大幅提高违法采砂法律责任。配合国家立法工作机构完成征求意见、立法协调和修改完善，纳入国务院修改部分行政法规一揽子方案，按程序报批。

四、部门规章制修订得到加强

为推进水利工程质量、生产建设项目水土保持和长江流域水工程联合调度等水利重点领域的法治化管理，经水利部部务会议审议，公布《水利工程质量管理规定》《生产建设项目水土保持方案管理办法》《长江流域控

制性水工程联合调度管理办法（试行）》三件部规章，自 2023 年 3 月 1 日起施行。一是《水利工程质量管理规定》，依据有关行政法规，结合水利工程质量管理实际，对 1997 年颁布的《水利工程质量管理规定》进行了全面修订，规定了项目法人、勘察、设计、施工、监理等参建单位以及检测、监测等其他单位在水利工程质量管理中依法应当承担的首要责任、主体责任及相应责任等，严格水行政主管部门的质量监管责任，构建了强化水利工程质量管理的制度体系。二是《生产建设项目水土保持方案管理办法》，依据《中华人民共和国水土保持法》等法律法规，针对水土保持方案编制、审批、实施、验收等各环节，构建了生产建设项目水土保持方案全链条、全流程的管理制度。三是《长江流域控制性水工程联合调度管理办法（试行）》，依据《水法》《防洪法》《长江保护法》等法律法规，系统总结十年来长江流域控制性水工程联合调度的实践经验，对控制性水工程防洪、水资源、生态等联合调度的管理体制、联合调度运用计划的编制审批、组织实施及监督检查等作出全面规定。

五、地方水利立法众彩纷呈

各地结合本地实际，推进工作力度，形成一批具有地方特色和示范意义的成果。山西、陕西 2 省分别出台《山西省汾河保护条例》《渭河保护条例》，内蒙古、上海、重庆等地制修订省级河湖保护管理条例，北京、山东等地制订省级节约用水条例，湖北、江西等地以地方党内法规或地方性法规形式落实河湖长制，江苏省出台省级洪泽湖保护条例，甘肃等地出台省级水利工程设施管理保护条例，水法规体系更加完善。

下一步，水利部将持续加快重点领域立法进度。一是推进《水法》《防洪法》等法律修订工作。按照全国人大常委会和国务院立法工作安排，报送立项报告，积极推动将《水法》《防洪法》修订列入第十四届全国人大常委会立法规划，同时深化重大问题研究，形成相关成果。二是推进节约用水条例、《长江河道采砂管理条例》审查工作。继续配合国家立法工作机构开展节约用水条例立法审查工作，推动尽快提请国务院常务会议审议；配合做好《长江河道采砂管理条例》修正相关工作，推动尽快颁布出台。三是抓紧完善《黄河保护法》配套制度。开展涉及黄河流域保护相关法规、规章、规范性文件的清理工作，加快配套制度建设。

李　达　王坤宇　执笔

李晓静　审核

全面提升水行政执法效能
用法治力量守护江河

水利部政策法规司

2022年，水行政执法制度体系建设逐步完善，常态化执法和专项执法有序推进，水行政执法效能全面提升。

一、2022年水行政执法工作进展

（一）水行政执法机制建设实现重大突破

2022年5月，水利部联合最高人民检察院制定印发《关于建立健全水行政执法与检察公益诉讼协作机制的意见》，加强水利领域检察公益诉讼工作，推动形成行政和检察保护合力，共同打击水事违法行为。6月，水利部制定印发《水行政执法效能提升行动方案（2022—2025年）》，明确压实水行政执法责任、完善水行政执法机制、规范水行政执法行为、强化水行政执法保障、加强水行政执法监督考核等五大重点任务，确保水事违法行为"及时发现、依法打击、精准防控"。9月，水利部联合公安部制定印发《关于加强河湖安全保护工作的意见》，针对妨碍河道行洪安全，非法侵占水域岸线，破坏水资源、水生态、水环境和水工程，非法采砂等涉及河湖安全的难点堵点，以及阻碍执法、暴力抗法等突出问题，进一步强化水利部门和公安机关的协作配合，健全水行政执法与刑事司法衔接工作机制，有效防范和依法打击涉水违法犯罪，构建河湖安全保护新模式。地方各级水利部门与公安机关联合出台协作文件213件，自上而下形成执法合力。

2022年，水行政执法跨区域联动、跨部门联合、与刑事司法衔接、与检察公益诉讼协作等机制逐步健全，水行政执法体系的"四梁八柱"基本形成。

（二）常态执法与专项执法一体推进取得实效

2022 年，水利部全面加强常态化执法，突出源头防控、动态治理。全国巡查河道 1425 万 km，查处水事违法案件 20649 件，以高压严管态势坚决维护水事秩序。围绕年度工作重点和突出问题，水利部多次组织开展专项执法行动。3—11 月组织开展了 2022 年防汛保安专项执法行动。全国共计出动执法车辆 13.3 万车次、执法船（艇）1.17 万航次、执法人员 80.1 万人次，巡查检查河道长度 439.7 万 km、水域面积 49.2 万 km²，现场制止违法行为 4806 起，摸排违法线索 5878 条，查处各类违法案件 1027 件，挂牌督办案件 147 件，罚款 1593 万元，有效打击了妨碍河道行洪和工程安全运行等违法行为，有力保障了防洪安全，为维护河湖管理秩序、持续改善河湖面貌提供了支撑。5—11 月组织开展了黄河、海河、松辽流域地下水超采治理专项执法行动，共收集问题线索 707 条，核查属实线索 608 条，立案查处各类地下水违法案件 364 件，共处罚款 932 万元。各流域管理机构和地方水行政主管部门通过摸排巡查、随机抽查、建立线索台账、挂牌督办、定期通报、强化监督等措施，对破坏地下水资源违法行为全面整治，形成有力震慑，有效维护地下水管理秩序。

（三）水行政执法与检察公益诉讼协作机制落地见效

2022 年 6 月，水利部与最高人民检察院联合召开新闻发布会，深入宣介水行政执法与检察公益诉讼协作机制，发布涉水领域检察公益诉讼十大典型案例。水利部实行双月工作调度，及时掌握流域和地方水利部门与检察机关协作工作进展。各级水利部门借助检察公益诉讼力量，解决了一批涉水突出问题。截至 2022 年年底，流域和地方各级水利部门与检察机关联合制定协作文件 326 件，开展专项行动 515 次，水利部门向检察机关移送问题线索 314 条，检察机关办理涉水行政公益诉讼案件 5941 件。水利部淮河水利委员会、水利部珠江水利委员会以及江苏、安徽等地积极运用协作机制，万峰湖生态环境受损、天岗湖光伏项目违建等一大批违法问题得到有效解决。

（四）水事纠纷排查化解稳步推进

2022年，水利部在全国范围组织开展水事纠纷集中排查和调处化解工作，确保重要流域、敏感区域边界水事秩序稳定。督促水利部长江水利委员会深入核查鄂渝边界千丈岩—老龙洞区域水事问题，加大调处力度，妥善处理河道生态流量和乡镇供水保障等问题，切实维护群众水事权益和社会秩序稳定。指导水利部长江水利委员会、水利部海河水利委员会完善省际水事纠纷应急处置预案等制度，进一步健全水事纠纷长效管控机制。

（五）执法能力建设全面加强

2022年，水利部组织修订了《水行政处罚实施办法》，制定水行政执法事项指导目录和全国水行政执法装备配置指导标准。举办水利系统水行政执法专题培训班，提高水行政执法人员依法履职的工作能力；依托水利教育培训网，搭建全国水行政执法业务培训平台，强化各流域管理机构近3000名执法人员业务知识和法律法规专业培训。加强信息化建设，搭建水行政执法监督管理平台，实现流域管理机构执法数据初步汇集，强化各类执法数据研判分析，推进水行政执法数据化、网络化、智能化。

（六）执法监督工作持续深化

2022年8月，水利部会同司法部联合开展了珠江流域水行政执法监督工作，重点监督检查珠江流域水法治建设决策部署贯彻落实情况、水行政执法制度机制建设及执行情况、水事违法行为立案查处情况、水利部有关执法重点任务落实情况、执法队伍建设和执法保障情况等。水利部珠江水利委员会开展涉河违法违规问题线索遥感排查，对各省（自治区）督促指导和抽查复核。本次执法监督检查中，广东、广西、福建、江西等9个省（自治区）自查发现问题117个。水利部针对本次执法监督工作深入总结，指导督促水利部珠江水利委员和流域各省（自治区）水行政主管部门整改到位，进一步理顺执法体制，强化执法保障，规范执法程序。

二、下一步工作部署

一是落实执法机制。建立信息报送机制，推进各地区各单位建好用好水行政执法跨区域联动、跨部门联合、与刑事司法衔接、与检察公益诉讼协作等4项机制。开展专题调研，总结推广典型经验，推动4项机制在全国落地见效。

二是加大执法力度。紧盯执法案件多发的重点地区和敏感水域，加强常态化执法，狠抓大案要案。会同公安部门，联合开展2023年河湖安全保护专项执法行动，加大对违法行为的打击力度，加强水行政执法与刑事司法衔接机制，强化法律威慑力。深化与检察公益诉讼协作，会同最高人民检察院办好首届黄河检察论坛，在黄河流域联合开展专项行动，协同办理典型案件，发布一批典型案例。

三是强化执法能力。开展基层水政执法队伍现状摸底调研。强化执法培训，着力加强综合执法人员水行政执法培训，提高执法人员业务能力。研究制定水行政执法标准文书。继续推进水行政执法综合管理平台建设，完善立案查处、挂牌督办等工作体系。

四是加强纠纷调处。坚持和发展新时代"枫桥经验"，研究修订省际水事纠纷预防和处理办法，完善水事纠纷隐患排查和调处化解长效机制。组织开展水事纠纷集中排查化解工作，压实流域和属地水利部门责任，有效预防和处置矛盾隐患，维护良好水事秩序，保障群众水事权益。

孙宇飞　唐忠辉　何至诚　彭聪聪　执笔

陈东明　夏海霞　审核

专栏二十六

《关于加强河湖安全保护工作的意见》印发

水利部政策法规司

2022 年 9 月 28 日，水利部与公安部联合印发《关于加强河湖安全保护工作的意见》（以下简称《意见》），旨在进一步强化水利部门和公安机关的协作配合，健全水行政执法与刑事司法衔接工作机制，提升河湖安全保护工作效能，有效防范和依法打击涉水违法犯罪，维护河湖管理秩序。该《意见》的出台对于推动水利法治建设、提升河湖安全保护水平、提高国家水安全保障能力具有重要意义。

《意见》明确河湖安全保护协作 5 项重点任务，包括加强防洪安全保障、水资源水生态水环境保护、河道采砂秩序维护、重点水利工程安全保卫、水行政执法安全保障等。水行政主管部门、流域管理机构要依法履行职责，严格执行涉水法律法规，加强河湖日常执法巡查，受理水事违法行为的举报、投诉，依法查处各类水事违法行为，配合和协助公安机关查处涉水治安和刑事案件。公安机关依法受理水行政主管部门、流域管理机构移送的涉嫌犯罪的水事案件，按照《中华人民共和国治安管理处罚法》《中华人民共和国刑法》等有关规定，依法严厉打击严肃查处暴力抗法和妨碍执法人员依法执行职务等行为。

《意见》明确要建立三项协作机制：一是建立健全联席会议机制，双方定期开展河湖安全保护会商，研究解决重点难点问题；二是建立健全水行政执法与刑事司法衔接机制，坚决禁止有案不移、以罚代刑，对案情疑难复杂、社会影响大的案件实施联合挂牌督办；三是建立健全流域安全保护协同机制，以流域为单元，强化上下游、左右岸、干支流、行政区域间水利部门与公安机关的执法协作，形成河湖安全保护的执法合力。

《意见》明确要建立五项保障措施：一是强化组织领导，建立协作长效机制，将相关工作情况纳入水利和公安系统目标责任考核；二是强化培训交流，加强执法队伍实践锻炼和专业化建设；三是强化要素保障，加强河湖安全保护的资金保障、执法力量保障和基础设施保障等；四是强化基地建设，推动在大中型水利工程、涉水违法犯罪高发频发地区建设专门执法基地；五是强化宣传引导，营造全社会共同保护河湖安全的良好氛围。

《意见》出台后，通过强化两部协作，将有利于及时发现和制止违法行为人的涉水违法行为，特别是在重点河段、敏感水域，针对水行政执法难度大的违法案件，通过强化与公安机关的联合执法，加强水行政执法与刑事司法有效衔接，杜绝以罚代刑，依法追究违法行为人的刑事责任，加大违法成本和惩戒力度，不仅可以依法有效惩治违法行为人，维护水行政执法权威，还可以起到教育、震慑作用，警示其他人员遵纪守法，维护良好河湖水事秩序，保障河道行洪畅通，保障河湖水生态空间完整，维护河湖健康生命，建设美丽河湖、幸福河湖，不断增强人民群众的获得感、幸福感、安全感。

孙宇飞　徐　航　执笔

夏海霞　审核

专栏二十七

水行政执法与检察公益诉讼协作机制建立

水利部政策法规司

2022年5月，水利部与最高人民检察院联合印发《关于建立健全水行政执法与检察公益诉讼协作机制的意见》（以下简称《意见》），标志着水行政执法与检察公益诉讼协作机制正式建立。《意见》深入贯彻落实习近平生态文明思想、习近平法治思想、习近平总书记治水重要论述精神和党中央、国务院决策部署，对于强化水利法治管理，在法治轨道上推动水利高质量发展具有重要意义。

协作领域方面，《意见》以《中华人民共和国水法》《中华人民共和国防洪法》《中华人民共和国水土保持法》《中华人民共和国长江保护法》等有关法律法规为依据，坚持问题导向、依法治理、协同治理，总结水行政执法和检察公益诉讼协作实践，重点围绕水旱灾害防御（妨碍行洪、侵占库容等问题）、水资源管理（非法取水、地下水超采等问题）、河湖管理（侵占河湖水域及其岸线、非法采砂等问题）、水利工程管理（危害工程安全、破坏水利设施等问题）、水土保持（人为造成水土流失等问题）等5个领域侵害国家利益或者社会公共利益，特别是情节严重、影响恶劣、拒不整改的水事违法行为，加大协作力度，提升河湖保护治理水平。

协作机制方面，《意见》建立了5项具体机制。一是会商研判，共同分析本流域本区域水事违法案件特点，研究协作任务和重点事项，协商解决重大问题。二是专项行动，在违法行为多发领域、重点流域和敏感区域联合开展专项行动，对重大复杂问题联合挂牌督办。三是线索移送，明确线索移送标准，对行政机关处理难度大等线索进行移送。四是调查取证，双方在调查取证中加强协调和配合，水利部门提供技术支持或者出具专业意见。五是案情通报，双方相互通报办案中的重大情况，检察机关向水利部门通报违法风险隐患及案件办理情况。

保障措施方面，《意见》提出，各级检察机关、水行政主管部门和流域管理机构要加强工作统筹，明确责任分工，强化要素保障，抓好督促落实，推动构建上下协同、横向协作、完整配套的工作体系，提升水行政执法与检察公益诉讼协作水平。要推进信息共享和技术协作，深化业务交流，广泛宣传水行政执法与检察公益诉讼协作情况和案件办理成效，不断巩固协作成果，扩大协作影响。

2022 年，水利部全力抓好协作机制建立运行，推动水利系统善用、会用、用好此机制。各级水利部门和流域管理机构联合检察机关出台协作文件 326 件，开展专项行动 515 次，向检察机关移送问题线索 314 条；检察机关办理涉水行政公益诉讼案件 5941 件，推动一大批水事违法问题有效解决，检察公益诉讼协作机制开局见效。

彭聪聪　唐忠辉　执笔

陈东明　审核

实施全国河道非法采砂专项整治行动

水利部河湖管理司

为深入贯彻习近平总书记关于打击"砂霸"及其背后"保护伞"重要指示批示精神,按照中央扫黑除恶常态化暨加快推进重点行业领域整治的决策部署,2021 年 9 月,水利部部署开展为期一年的全国河道非法采砂专项整治行动。

各地根据水利部部署要求,有力有序推进专项整治行动。一是落实管理责任。发挥河湖长制作用,以县为主体,逐一明确采砂管理重点河段敏感水域河长、主管部门、现场监管、行政执法"四个责任人"。二是加强协调联动。以河湖长制为抓手,进一步完善"河长+"机制,强化部门协同、区域联动,深化水行政执法与刑事司法衔接。三是强化规划约束。组织编制河道采砂管理规划,规范采砂许可管理,强化事中事后监管,积极推行集约化、规范化统一开采模式。四是加强巡查监管。积极推进智慧监管,运用"人防+技防"手段,组织开展暗访巡查常态化。五是强化执法打击。各地水利、公安等部门各司其职、协同配合,深挖涉黑涉恶线索,严厉打击非法采砂行为。

经过一年的集中整治,规模性非法采砂行为得到有效遏制,河道采砂管理秩序总体平稳向好,整治工作取得显著成效。一是采砂管理责任全面落实。2753 个采砂管理重点河段、敏感水域全部落实"四个责任人",其中长江干流沿线 9 省(直辖市)明确了省、市、县三级采砂管理责任人。二是采砂监管合力初步形成。"河长+警长"机制、"河长+检察长"机制、水利牵头的部门协同机制、流域管理机构与省级协作机制、交界水域联防联控机制相继建立完善,初步形成共治共管格局。三是采砂许可管理不断规范。全国 2600 多个有砂石利用需求的重点河段采砂管理规划编制完成;

10 多个省份推行集约化、规范化统一开采模式，采砂现场监管进一步规范。四是执法打击成果显著。累计查处非法采砂行为 5839 起，查扣非法采砂船舶 488 艘、挖掘机具 1334 台，拆解"三无""隐形"采砂船 693 艘，移交公安机关案件 179 件，其中涉黑涉恶线索 26 条；追责问责相关责任人 145 人，其中河长 64 人。

鲍　军　执笔

刘六宴　审核

安徽省长丰县：

护好"盆"中的水 管好盛"水"的盆

水行政执法是保护水环境、优化水生态、治理水污染的重要抓手。2022年以来，安徽省长丰县聚焦护好"盆"中的水、管好盛"水"的盆，主动强执法、强监管、强震慑，按照新修订的《中华人民共和国行政处罚法》，不断抓好执法规范、完善执法程序、强化文明执法，推动水政监察工作再上新台阶。

注重抓好执法规范。遵循"科学立法、严格执法、公正司法、全民守法"要求，将规范执法放在重要位置。在执法过程中，注重严格按照《中华人民共和国水法》《中华人民共和国水污染防治法》等法律法规，依法依规履行案情调查、行政处罚等职责，以事实为依据、以法律为准绳，严厉打击非法取水、侵占岸线等涉河涉湖违法违规行为，做到了依法治水、依法管水、依法兴水。

注重完善执法程序。坚持严格落实执法程序严谨准确的要求，日常工作中，注重引导水行政执法队伍学习有关法律规定，规范水行政执法程序，依法开展事实排查、立案审查、案件调查、行政处罚等工作，收集完善卷宗资料，固定违法证据，明确法律适用，准确裁量处罚，做到了水政执法工作有法律依据、程序环环相扣、处罚合法适当。

注重强化文明执法。在开展水行政执法工作时，注重坚持文明执法、人性执法、规范执法，坚持依法惩戒与教育引导相结合。执法中，严格依照监管职责、调查程序推进水政执法，运用文明用语开展问询调查，听取当事人陈述申辩、反映困难等情况，告知选择复议、诉讼的相关权利。结案后，定期跟踪回访，宣传有关法律法规，教育引导当事人自觉遵法、守法、用法。

截至 2022 年 9 月，长丰县已立案查处水事违法案件 6 件、罚款 4 万元。当事人申请行政复议、行政诉讼"零发生"，水政执法案件执行率、群众满意率均达到 100%。

葛子辉　陶　胜　执笔

席　晶　李　攀　审核

专栏二十九

水利法治宣传教育成效显著

水利部政策法规司

2022 年，水利法治宣传教育以学习宣传贯彻习近平法治思想为主线，以《中华人民共和国宪法》（以下简称《宪法》）、《中华人民共和国黄河保护法》（以下简称《黄河保护法》）等法律法规为重点，以报刊、网络、微信公众号等为载体，面向水利系统和社会公众，拓展教育培训，加强以案普法，深入落实水利"八五"普法规划，努力营造良好法治氛围。

一是深入学习宣传贯彻习近平法治思想。把习近平法治思想作为重点学习内容，列入水利部党组理论学习中心组 2022 年理论学习计划，纳入水利部党校及相关干部职工教育培训重点课程，带动水利系统各级党组织认真学习贯彻落实。举办《习近平法治思想学习纲要》网络答题，全国共有 3.2 万余家单位、近 22 万人参与。全年通过报刊、网站和微信公众号发布习近平总书记相关法治文章及法治类消息 300 余条，推动学习宣传走深走实。

二是抓好《宪法》《黄河保护法》等法律法规宣传。以现行《宪法》颁布施行四十周年为契机，认真组织第九个国家宪法日、第五个"宪法宣传周"主题宣传活动，举行水利部机关新任职公务员宪法宣誓仪式。突出抓好《中华人民共和国长江保护法》《地下水管理条例》等宣传贯彻，在"学习强国"平台推出专项答题，举办知识大赛、网络答题等活动。《黄河保护法》出台后，第一时间发布法律全文、法律草案起草说明、评论文章、专家解读等。印发宣贯方案和实施分工方案，在部网站首页开辟宣贯专栏，举办主题展览。

三是高质量完成"世界水日""中国水周"主题宣传。2022 年 3 月 22 日是第三十届"世界水日"，3 月 22—28 日是第三十五届"中国水周"。

全国水利系统集中开展了以"推动地下水超采治理 复苏河湖生态环境"为主题的"世界水日""中国水周"宣传活动。水利部印发活动通知,发布宣传口号和主题宣传画。"世界水日"当天,李国英部长在《人民日报》发表署名文章《强化依法治水 携手共护母亲河》。在"学习强国"平台推出专项答题活动,在部网站开辟宣贯专栏。在丹江口举办"守护一库碧水 永续北送"主题活动。开展"南水北调受水区地下水压采""公民节约用水行为规范"等主题宣传。各级水利部门结合实际、突出重点,开展了丰富多彩的宣传活动。

四是持续加强干部职工法治教育培训。水利部连续 6 年举办水利系统司局级领导干部法治教育培训,每期 50 人,集中培训 3 天。2022 年举办 2 期司局级和 2 期处级法治专题培训班,重点围绕习近平法治思想、行政处罚法、检察公益诉讼、领导干部法治思维等进行培训,累计参训 200 余人。

五是创新普法方式载体。联合最高人民检察院发布涉水检察公益诉讼十大典型案例,研究筛选水利依法行政案例,建立案例库,强化以案普法。举办首届"人·水·法"水利法治短视频征集活动,征集视频作品 154 件。组建由 26 名专家组成的部"八五"普法讲师团,积极参与普法宣传、案例点评和培训等活动。

通过法治宣传教育,进一步提升了水利干部职工法治意识和法治素养,提升了社会公众对水法律法规的知晓度,为推动新阶段水利高质量发展营造了良好的法治氛围。

彭聪聪　唐忠辉　执笔

陈东明　审核

深化水利"放管服"改革

水利部政策法规司

2022年，水利部深入贯彻落实第十次全国深化"放管服"改革电视电话会议精神和国务院稳经济一揽子政策部署，紧紧围绕推动新阶段水利高质量发展，细化实化水利"放管服"改革工作举措，持续提升水利政务服务效能。

一、超常规推进各项政策措施落地，全面加快水利基础设施建设

一是强化项目调度督促机制，推动项目落地开工。成立全面加强水利基础设施建设领导小组，制定19项工作举措，精准落实责任。建立周会商、月调度机制，定期通报各省任务完成进展情况，形成上下联动、分工明晰、推进有力的工作格局。加强与自然资源、生态环境、林草等部门的沟通协调，推进项目前期工作，以超常规措施、超常规力度，全力加快水利基础设施建设。2022年全年，全国完成水利建设投资10893亿元，较2021年全年增长43.8%，直接吸纳就业251万人，新开工工程数量、在建工程投资规模与完成投资额均创历史新高，助力稳住经济大盘。

二是强化资金筹措机制，满足水利基础设施建设资金需求。实施"融项通"改革，与中国人民银行建立精准对接机制。分别与国家开发银行、中国农业发展银行、中国农业银行、中国工商银行签订合作协议，联合制定指导意见，形成水利重点领域和重大项目融资台账，双向共享项目、融资需求、信贷政策等信息，推动政策性、开发性、商业性金融机构切实加大支持水利力度。2022年全年，国家开发银行、中国农业发展银行等5家银行水利贷款余额26684亿元，为全面加强基础设施建设提供了有力的信贷支持保障。

三是持续简化水利项目招标投标流程，不断强化施工保障措施。暂时调整实施《水利工程建设项目招标投标管理规定》有关条款，在全国范围内取消水利工程施工招标条件中"监理单位已确定"前置条件，推行在发布水利工程招标信息时同步发售资格预审文件（或招标文件），改革后水利工程招标投标时间缩短约1个月。

二、实行行政许可事项清单管理和营商环境创新试点，进一步深化水利行政审批制度改革

一是全面实行行政许可事项清单管理。编制《法律、行政法规、国务院决定设定的水利行政许可事项清单（2022年版）》，包括水利许可事项25项，子项108项，逐项制定实施规范，明确事项名称、中央主管部门、实施机关、设定和实施依据、子项等要素。指导各省级水行政主管部门完成水利行政许可事项的认领工作。

二是大力推进营商环境创新试点。在北京、上海等6个城市，全面推进首批营商环境创新试点水利5项改革措施，打通水利部防汛抗旱指挥系统专网、授权共享取水许可证电子证照等多项任务已初步完成。开展全国水资源论证区域评估政策实施情况跟踪评估，研究提出优化的政策措施，成熟可行的改革措施在全国应推尽推。

三是全面实施"证照分离"改革。水利领域"证照分离"改革措施共8项，按照直接取消、告知承诺、优化服务3种方式抓好改革实施，确保落地见效。2022年全年，共制定4项水利涉企许可事项电子证照标准，水利证照全部实现电子化。

三、强化事中事后监管全覆盖，着力提升监管效能

一是推进监管标准化规范化。指导水利系统深入推进行政审批制度改革，细化事中事后监管要求。印发《水利部本级和流域管理机构事中事后监管事项管理工作方案》，加强30项监管事项管理，组织修订完善监管事项目录清单和监管事项检查实施清单，编制完成115项监管实施方案，明确了监管责任，完善监管制度标准，确保同一监管事项的监管规则和标准

规范统一。

二是健全完善监管机制。在水利建设市场、水资源、水文等领域推进"双随机、一公开"监管，对水利工程建设、安全生产、人为水土流失防治等直接涉及公共安全的重点领域实施重点监管。大力推进信用监管，建立全国统一的水利建设市场信用评价体系，依据市场主体信用实施差异化监管。建立"收集—发布—督办—问效"事中事后监管工作机制，实行年度计划管理，开展常态化监管。2022年全年，已完成219批次监管任务，出动人员2457人次，实施监管对象946个，发现问题361个，并督促整改落实。

三是运用大数据提高监管水平。建成水利部"互联网+监管"系统，实现监管工作信息化办理，依托水利部政务服务平台，汇聚水利部12314监督举报服务平台及各业务领域监管数据分析提炼问题线索，实现大数据监管。利用国家水资源信息管理系统筛查取水单位超许可审批水量违法取水线索1476条，及时组织依法查处整改，提高了监管效率。

四、推进政务服务标准化规范化便利化，不断改进优化水利政务服务

一是通过区域评估、告知承诺、不见面审批等方式，不断优化审批服务。优先在自由贸易试验区、各类开发区、工业园区、新区和其他有条件的区域，探索推行水资源论证区域评估，对已经实施水资源论证区域评估范围内的建设项目，推行告知承诺制，减少建设单位时间和成本。进一步优化开发区内生产建设项目水土保持管理工作，对开发区内依法应当编制水土保持方案的项目全面实行承诺制，即来即办。推行函审、视频会议等水土保持方案技术评审方式，2022年除涉密和存在水土流失重大影响的项目外，全部实行"不见面"审批。

二是在不降低审查标准的前提下，持续减环节、减时限、减材料，不断提升审批效率。在洪水影响评价类和取水许可等审批中推行一次申报、一本报告、一次审查、一件批文的"四个一"改革，实现一个单位"一事全办"。将实地核查环节纳入技术审查内容，变串联为并联，优化审批环

节。对疏浚河道、航道等公益性项目涉及采砂且符合相关程序的，不再要求办理河道采砂许可。在水利、铁路、能源等重大项目水土保持方案审批中开辟绿色通道，2022 年全年，已完成 71 个重大项目水土保持方案审批，同比增加 9.86%，技术审查时间压减 25%，审批时限压减 30%。

三是推进许可事项"应上尽上""掌上办"以及证照电子化。完善水利部政务服务平台，建成水利部政务服务平台移动端，97% 业务量实现"掌上办"。一级造价工程师（水利工程）注册、监理工程师（水利工程）注册事项实现上线运行和全流程网上办理。依托水利部政务服务平台建立电子证照系统，已上线的 7 个证照实现全国"一网通办""跨省通办"。实施电子证照数据治理，全面完成纸质取水许可证电子化转换，持续扩大电子证照应用场景。截至 2022 年年底，水利部办结政务服务事项 77563 件，用户好评度 99.9%。

四是全面落实惠民利企政策。实施减免和缓征水资源费、水土保持补偿费等政策措施，积极为市场主体纾困。加强收费管理，部分社团主动减免 2022 年会费 348.2 万元。在部直属单位政府采购活动中，接受中小企业以保函等方式代替现金缴纳保证金。

下一步，水利部将深入学习贯彻党的二十大精神，认真落实党中央、国务院关于深化"放管服"改革有关部署，围绕新阶段水利高质量发展，以全链条优化审批、全过程公正监管、全周期提升服务为目标，着力做好以下工作：一是以全面落实行政许可事项清单管理为重点，进一步深化行政审批制度改革；二是以提升水利监管效能为重点，进一步完善标准化精准化监管制度，推动事中事后监管常态化；三是以打造水利政务服务品牌为重点，加快推进政务服务标准化、规范化、便利化，持续提升水利政务服务水平和质量。

赵 鹏 丁振宇 执笔
夏海霞 审核

专栏三十

2022 年水利法规制度出台情况

水利部政策法规司

序号	制度名称	发文号
一	**法律法规规章（6 项）**	
1	中华人民共和国黄河保护法	中华人民共和国主席令第一二三号
2	水利工程质量管理规定（修订）	水利部令第 52 号
3	生产建设项目水土保持方案管理办法（修订）	水利部令第 53 号
4	长江流域控制性水工程联合调度管理办法	水利部令第 54 号
5	水利工程供水价格管理办法（修订）	国家发展改革委令第 54 号
6	水利工程供水定价成本监审办法（修订）	国家发展改革委令第 55 号
二	**指导性意见（34 项）**	
1	水利部关于进一步用好地方政府专项债券扩大水利有效投资的通知	水规计〔2022〕128 号
2	水利部办公厅关于进一步做好流域管理机构规划计划管理工作的通知	水规计〔2022〕137 号
3	水利部关于推进水利基础设施投资信托基金（REITs）试点工作的指导意见	水规计〔2022〕230 号
4	水利部关于推进水利基础设施政府和社会资本合作（PPP）模式发展的指导意见	水规计〔2022〕239 号
5	国家发展改革委 生态环境部 水利部关于推动建立太湖流域生态保护补偿机制的指导意见	发改振兴〔2022〕101 号
6	最高人民检察院 水利部关于印发《关于建立健全水行政执法与检察公益诉讼协作机制的意见》的通知	高检发办字〔2022〕69 号
7	水利部关于印发《水行政执法效能提升行动方案（2022—2025 年）》的通知	水政法〔2022〕256 号
8	水利部 公安部印发《关于加强河湖安全保护工作的意见》的通知	水政法〔2022〕362 号

续表

序号	制 度 名 称	发 文 号
9	水利部 国家开发银行关于加大开发性金融支持力度提升水安全保障能力的指导意见	水财务〔2022〕228号
10	水利部 中国农业发展银行关于政策性金融支持水利基础设施建设的指导意见	水财务〔2022〕248号
11	水利部 中国农业银行关于金融支持水利基础设施建设的指导意见	水财务〔2022〕313号
12	水利部 中国人民银行关于加强水利基础设施建设投融资服务工作的意见	水财务〔2022〕452号
13	水利部 中国工商银行关于金融支持水利基础设施建设推动水利高质量发展的指导意见	水财务〔2022〕455号
14	中央编委关于印发《水利部长江水利委员会职能配置、内设机构和人员编制规定》、《水利部黄河水利委员会职能配置、内设机构和人员编制规定》的通知	中编委发〔2022〕5号
15	水利部办公厅关于强化流域水资源统一管理工作的意见	办资管〔2022〕251号
16	水利部 国家发展改革委 财政部关于推进用水权改革的指导意见	水资管〔2022〕333号
17	水利部办公厅关于印发水利工程建设工作领域向流域管理机构"授权赋能"工作事项清单的通知	办建设〔2022〕93号
18	水利部关于进一步做好在建水利工程安全度汛工作的通知	水建设〔2022〕99号
19	水利部办公厅关于印发水利工程建设质量提升三年行动（2022—2025年）实施方案的通知	办建设〔2022〕280号
20	水利部办公厅关于强化流域管理机构水利工程运行管理工作的通知	办运管〔2022〕113号
21	关于推进水利工程标准化管理的指导意见	水运管〔2022〕130号
22	在南水北调工程全面推行河湖长制的方案	水河湖函〔2022〕3号
23	水利部关于加强河湖水域岸线空间管控的指导意见	水河湖〔2022〕216号
24	水利部办公厅关于强化流域管理机构河湖管理工作的通知	办河湖〔2022〕154号

序号	制 度 名 称	发 文 号
25	水利部办公厅关于强化流域管理机构水土保持管理工作的通知	办水保〔2022〕91号
26	水利部办公厅关于进一步加强黄土高原地区淤地坝工程建设工作的通知	办水保〔2022〕329号
27	国家发展改革委等部门关于稳步推进农业水价综合改革的通知	发改价格〔2022〕934号
28	水利部办公厅关于强化流域管理机构农村水利水电管理工作的通知	办农水〔2022〕172号
29	水利部办公厅 农业农村部办公厅关于加强农田水利设施管护工作的通知	办农水〔2022〕83号
30	水利部关于推进农村供水工程标准化管理的通知	办农水〔2022〕307号
31	水利部关于印发构建水利安全生产风险管控"六项机制"的实施意见的通知	水监督〔2022〕309号
32	水利部办公厅关于印发水利监督向流域管理机构授权赋能工作事项清单的通知	办监督〔2022〕94号
33	水利部关于印发《关于加强山洪灾害防御工作的指导意见》的通知	水防〔2022〕97号
34	水利部办公厅关于进一步加强流域水资源统一调度管理工作的通知	办调管〔2022〕193号
三	**具体管理办法（18项）**	
1	水利发展资金管理办法	财农〔2022〕81号
2	全国用水统计调查基本单位名录库管理办法（试行）	办资管〔2022〕208号
3	水利建设质量工作考核办法（修订）	水建设〔2022〕382号
4	注册监理工程师（水利工程）管理办法	水建设〔2022〕214号
5	水利工程标准化管理评价办法	水运管〔2022〕130号
6	对河长制湖长制工作真抓实干成效明显地方进一步加大激励支持力度的实施办法	水河湖〔2022〕48号
7	水利部 国家发展改革委《黄土高原地区淤地坝工程建设管理办法》	水保〔2022〕162号
8	水利部 国家发展改革委《大型灌区续建配套和现代化改造项目建设管理办法》	办农水〔2022〕275号

续表

序号	制 度 名 称	发 文 号
9	大中型水利水电工程移民安置验收管理办法	水移民〔2022〕414 号
10	新增大中型水库农村移民后期扶持人口核定登记办法	水移民〔2022〕14 号
11	水库除险加固工作责任追究办法	水监督〔2022〕82 号
12	小型水库安全运行监督检查办法	水监督〔2022〕82 号
13	水利监督规定	水监督〔2022〕418 号
14	水利水电工程施工企业主要负责人、项目负责人和专职安全生产管理人员安全生产考核管理办法	水监督〔2022〕326 号
15	水利安全生产信息报告和处置规则	水监督〔2022〕156 号
16	水文设施工程验收管理办法	水文〔2022〕135 号
17	水质监测质量和安全管理办法	水文〔2022〕136 号
18	水利标准化工作管理办法	水国科〔2022〕297 号

唐忠辉　王坤宇　李　达　彭聪聪　执笔

陈东明　审核

专栏三十一

全 国 水 权 交 易 情 况

水利部水资源管理司 水利部财务司 中国水权交易所

一、全国水权交易总体情况

2022 年，各地深入贯彻落实习近平总书记治水重要论述精神，按照《水利部 国家发展改革委 财政部关于推进用水权改革的指导意见》安排部署，推进用水权市场化交易。水权交易范围稳步拓展，天津、河北、山西、内蒙古、吉林、黑龙江、江苏、浙江、安徽、江西、山东、河南、湖南、重庆、四川、贵州、云南、甘肃、宁夏、新疆 20 个省（自治区、直辖市）开展了水权交易。水权交易规模稳定增长，山东、甘肃 2 省交易单数均超过 1000 单，山东、河南、内蒙古 3 省（自治区）交易水量均超过 1 亿 m^3，吉林、黑龙江、四川、重庆 4 省（直辖市）实现水权交易零突破。水权交易类型更加丰富，江苏省宿迁市、山东省东营市、河南省新密市与平顶山市等通过区域水权交易优化水资源配置。内蒙古自治区阿拉善盟、安徽省亳州市、山西省晋城市、山东省临沂市等通过取水权交易破解水资源瓶颈制约。河北省元氏县、山东省宁津县、山西省清徐县、湖南省桐仁桥村、甘肃省武威市灌溉用水户水权交易持续开展。部分地方因地制宜探索新型交易，内蒙古自治区鄂尔多斯市开展了再生水使用权有偿出让，浙江省舟山市开展了村集体经济组织山塘水库水权交易。

二、中国水权交易所交易情况

2016 年开业运营以来，国家水权交易平台累计成交 5620 单、交易水量达到 37.47 亿 m^3。其中区域水权交易 19 单、交易水量 8.86 亿 m^3；取水权交易 380 单、交易水量 28.17 亿 m³；灌溉用水户水权交易 5221 单、交易水量 0.44 亿 m³。2016—2022 年国家水权交易平台交易单数、交易水量变化如图 1、图 2 所示。

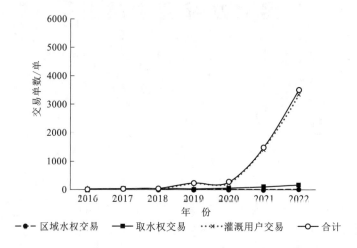

图 1　2016—2022 年国家水权交易平台交易单数

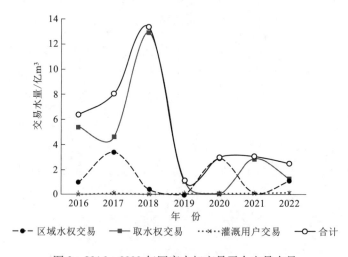

图 2　2016—2022 年国家水权交易平台交易水量

其中，2022 年国家水权交易平台年度成交 3507 单，同比翻一番。水权交易覆盖河北、山西、内蒙古、吉林、黑龙江、江苏、安徽、山东、河南、湖南、重庆、四川、甘肃等 13 个省（自治区、直辖市），其中山东、甘肃 2 省成交单数占总交易单数的 78%，江苏、山东、内蒙古、河南等 4 省（自治区）成交水量占总交易水量的 88%。

马　超　王　华　王海洋　师志刚　李　楠　执笔
杨得瑞　郭孟卓　郑红星　姜　楠　审核

农村水利水电篇

扎实推进农村供水工程建设和改造

水利部农村水利水电司

2022 年，水利部把农村供水保障工作作为一项重大政治任务，会同有关部门加快推进农村供水工程建设改造。经过与地方共同努力，农村供水保障工作取得了显著成效。

一、主要工作举措

水利部坚持抓早抓细抓实，按照项目清单化、清单责任化、责任具体化的管理模式，统筹推进各项工作顺利开展。

一是明确目标任务，实施清单管理。按照"十四五"农村供水保障规划，水利部将 2022 年度农村自来水普及率和规模化供水工程覆盖农村人口的比例等指标任务分解到省份，要求省级水行政主管部门层层分解到市到县。召开 4 次全国性会议和技术培训班，加强政策解读，推动地方坚持问题导向、目标导向和需求牵引，统筹谋划农村供水工程建设和改造，明确年度工程建设和维修养护任务，建立项目清单台账，明确责任人、时间表和路线图。水利部安排专人紧盯任务落实，实施按周调度，紧盯进度慢的省份，确保项目顺利推进。云南省组织实施城乡供水一体化三年行动，2022 年，完成投资 112 亿元，建设规模化供水工程 174 件，提升了 521 万城乡人口供水保障水平。湖北省实施农村供水工程提标升级行动，采取超常规措施推动 79 个规模化补短板项目加速实施；2022 年，已开工项目 78 个，完工项目 27 个，落实资金 69 亿元，完成投资 53 亿元，改善农村 621 万人供水条件。

二是坚持"两手发力"，提供政策支撑。水利部联合财政部、国家乡村振兴局印发《关于支持巩固拓展农村供水脱贫攻坚成果的通知》，鼓励地方充分利用中央财政衔接推进乡村振兴补助资金，补齐供水设施短板。

联合国家开发银行、中国农业发展银行、中国农业银行等金融机构出台一系列投融资政策，在项目贷款期限、贷款利率、还款宽限期等方面予以倾斜，支持农村供水工程建设。深入贯彻中央财经委员会第十一次会议提出"实施规模化供水工程建设"的明确要求，会同国家发展改革委、财政部、国家乡村振兴局印发《关于加快推进农村规模化供水工程建设的通知》，推进规模化供水发展，有条件的地区推进城乡供水一体化。2022年，各地"两手发力"筹集工程建设资金1007亿元，其中地方专项债和各级财政资金占63%、银行贷款和社会资本占37%，投资结构更加优化合理。2022年，国家开发银行累计承诺农村供水项目贷款203亿元，已发放贷款192亿元，重点支持了云南省、河北省等地农村供水工程项目建设。

三是加强建设调度，纳入考核范畴。李国英部长每半月召开一次调度会，全面分析研判形势，及时疏通难点堵点，推动农村供水工程等水利工程建设项目顺利实施。以周压旬、以旬压月、以月压季，加密调度，压茬推进，建立实时台账，动态跟踪。采取"四不两直"方式抽查了150个县1303个行政村，检查684处工程，暗访4951个用水户，对发现的问题印发"一省一单"，压紧压实地方主体责任，推进工作进展。发挥考核的指挥棒作用，将农村供水保障纳入最严格水资源管理考核和水利工程建设激励范围，将各地工作推进情况和成效与农村供水工程维修养护中央补助资金安排直接挂钩。黑龙江省将农村供水工程列入全省水利"百大项目"，成立工作推进专班，建立水利厅领导包保制，实行清单化管理、项目化落实、工程化推进。

四是加强宣传力度，营造良好氛围。召开3次新闻发布会，在《人民日报》、新华社、中央电视台等主流媒体10余次报道农村供水工作成效。举办全国农村供水管水员技术培训班，交流地方典型经验做法。指导编写的《农村供水管水员知识问答》获2022年全国优秀科普作品奖。出版《水润农家·"讲好农村供水故事"征文活动优秀作品集》《中国水利·农村供水保障专辑》。在《乡村振兴简报》《水利简报》《农村饮水安全工作简报》《中国水利报》等媒介推动刊登农村供水信息数十篇，印发农村规模化供水工程典型案例20例、水利部农村饮水安全红榜信息18篇，在

"中国水利""农村饮水安全"微信公众号等推送文章近200篇。组织开展"水润农家·讲好农村供水故事"摄影和小视频比赛,收到摄影照片2000余张(组)、小视频近百部,其在相关平台播放点击量达300余万次,受到广泛好评。宁夏回族自治区总结彭阳县农村供水工程建管模式,以"互联网+城乡供水"示范省(自治区)建设为契机,在全自治区宣传推广,凝练出"教科书"式的经验成果。

二、主要工作成效

2022年,各地全年共落实农村供水工程建设投资1007亿元,投资首次突破1000亿元,创历史新高。全国农村自来水普及率达到87%,规模化供水工程覆盖农村人口比例达到56%,8791万农村人口供水水平得到提升。农村自来水普及率、规模化供水工程覆盖农村人口的比例等各项硬目标任务均超额完成。

一是农村供水脱贫攻坚成果得到巩固拓展。各地排查监测因灾、因工程老化等因素出现的临时反复供水问题并进行了妥善解决,受影响人口393万人,比2021年度的1600多万人显著降低。2022年,水利部会同财政部下达农村供水工程维修养护中央补助资金30.69亿元,各地共完成44.80亿元,服务农村人口2.3亿人,已建农村供水工程成果得到进一步巩固拓展。各渠道反映的农村供水问题数量显著下降,2022年,水利部12314监督举报服务平台反映农村供水问题354件,较2021年减少了72.0%;暗访发现的农村供水县均问题数量较2021年降低了48.8%。通过实施12314农村供水问题"一对一"动态清零行动,所有问题都得到及时妥善解决。

二是农村供水规模化程度显著提升。2022年,农村规模化供水工程已完工2286处,建设改造村级以上管网13.3万km,受益农村人口8791万人。全国农村水窖水柜供水人口由260万人减少至160万人,规模化供水工程覆盖农村人口比例提升了4个百分点。江苏省、天津市已基本实现城乡供水统筹发展,浙江、安徽、山东、宁夏、新疆等省(自治区)规模化供水工程覆盖农村人口比例均超过了80%。河北省南水北调工程受水区

2872 万农村居民实现了江水置换，全省 80 个县（市、区）实现了城乡供水一体化。

三是农村供水管理能力迈上新台阶。推动农村供水管理地方人民政府主体责任、水行政主管部门行业监管责任、供水管理单位运行管理责任等"三个责任"和县级农村供水工程运行管理机构、办法、经费等"三项制度"，更加有名有实有效。加快农村供水工程标准化管理，健全完善管水员队伍，配备村级管水员 59.5 万人，占比 96% 以上。会同生态环境部、国家疾病预防控制局、国家乡村振兴局启动农村供水水质提升专项行动。完善农村供水管理一张图，绘制干旱和暴雨影响下的农村供水风险图。浙江省 9891 座水厂、9733 处水源全部上图联网。重庆市紧扣"源净、厂净、池净、管净、缸净、水净"目标，水质达标率每年提升 4 个百分点。

四是长江流域抗旱保饮水攻坚战获得全胜。部署地方两次实施"长江流域水库群抗旱保供水联合调度"专项行动，多引多提多蓄，累计改善了 435 处农村供水工程、1385 万人的取水供水条件。指导督促各地通过新开辟水源、应急调水、延伸管网、拉水送水等方式做好长江中下游流域特大干旱保饮水工作，较好地解决了旱情高峰期 81 万人、92 万头大牲畜的临时饮水困难问题，坚决守住了因旱供水安全底线。湖南省建立了 7 天滚动预测、5 天研判预警、3 天调度交办、1 天督促的"7531"精准防旱抗旱保供水工作机制。通过调水补水、新打 9000 口井、人工降水、应急送水等方式保障了 170 万人饮用水需求。

下一步，水利部将深入贯彻习近平新时代中国特色社会主义思想，全面落实党的二十大精神，按照中国式现代化要求，持续提升农村供水保障水平，推动农村供水高质量发展。一是持续巩固拓展农村供水成果。指导地方加强对脱贫人口饮水状况的全面排查和动态监测，畅通农村供水服务电话和监督举报电话，及时发现和解决问题，坚决守住供水安全底线。二是加快推进农村供水工程建设。指导地方坚持"两手发力"，优先利用水库、引调水等骨干水源作为农村供水水源，提升水源保证率。按照"建大、并中、减小"的原则，扎实推进农村供水工程规模化建设和小型工程规范化改造，有条件的地区实行城乡一体化。到 2023 年年底，全国农村自来水普及率达到 88%、规模化供水工程覆盖农村供水人口的比例达到 57%。三是实施水质提升专项行动。会同有关部门扎实推进农村饮用水水源保护区或保护范围划定，配套完善农村供水工程净化消毒设施设备，强化水质检测监测，扩大水质检测覆盖面。到 2023 年年底，农村集中供水工程净化消毒设施设备配置率达到 75%。四是强化工程管理管护能力。以"设施良好、管理规范、供水达标、水价合理、运行可靠"为着力点，加快推进农村集中供水工程标准化管理，到 2023 年年底，1/3 以上的千吨万人供水工程全面实现标准化管理。五是推进数字孪生农村供水工程建设。完善全国农村集中供水工程管理一张图，健全农村供水风险管理图。加快推进数字孪生供水工程建设，加强全面感知、实时传输、数据分析和智慧应用系统建设，打造智慧供水样板，提升"四预"能力。

胡　孟　张贤瑜　何慧凝　苏　扬　执笔

陈明忠　许德志　审核

实施农村供水水质提升专项行动

水利部农村水利水电司

2022 年 10 月 21 日，水利部联合生态环境部、国家疾病预防控制局、国家乡村振兴局印发《关于开展农村供水水质提升专项行动的指导意见》，围绕全面摸排问题、合理制定方案、改善水源水质、强化水源保护、注重净化消毒、加强检测监测、建立风险防控机制等 7 个方面任务，以合格水源置换和规模化供水工程管网延伸覆盖为基础，通过综合采取加强农村饮用水水源地保护，配套完善净化消毒设施设备，强化水质检测监测和卫生监督，加快建立健全从源头到龙头的水质保障体系等措施，提升农村供水水质保障水平。目标是到 2025 年年底农村供水水质总体水平基本达到当地县城供水水质水平。

2022 年 12 月 7 日，水利部召开全国农村供水规范化管理视频会议，对水质提升专项行动方案进行了专门部署，通报了相关工作进展情况，对《关于开展农村供水水质提升专项行动的指导意见》进行了解读，要求地方依据即将实施的《生活饮用水卫生标准》（GB 5749—2022），按照已经明确的时间节点，尽快部署开展工作，按时按质按量提交阶段性成果。

经过大力推进，截至 2022 年年底，有关省（自治区、直辖市）已按要求编制完成了省级农村供水水质提升专项行动方案，并经过省级人民政府办公厅或相关部门批复审定。水利部以各地填报的全国农村供水管理信息系统数据为基础，根据国家疾病预防控制局提供的饮用水水质监测数据和生态环境部提供的农村饮用水水源保护情况数据，结合拟定的目标任务，将各省（自治区、直辖市）报送的完成投资、水源保护区或范围划定比例、农村集中供水工程净化消毒设施设备应配尽配率、县级水质检测中心配置并规范运行比例、千吨万人水厂化验室配置并规范运行比例、水质达标率提升的百分点数等目标任务合理分解到年度，并要求省级水行政主管部门层层分解至市县、落实到年度。

下一步，水利部将继续会同有关部门指导督促地方按照分解的年度目标任务，结合"十四五"农村供水保障规划，加快实施水质提升专项行动。鼓励地方充分利用中央财政衔接推进乡村振兴衔接资金和中央水利发展资金，并将工作开展情况和成效纳入相关考核激励范围，推进地方落实资金和主体责任，推进水质提升专项行动顺利实施。

胡　孟　白　杨　何慧凝　栾　晓　执笔

陈明忠　许德志　审核

贵州省黔东南州：

从"源头"到"龙头"探索供水管水新路径

近年来，贵州省黔东南州着力提升供水工程运行管理水平、探索供水改革新路径，让黔东南州的群众如今能够畅饮好水。

农村供水工程项目三分靠建、七分靠管，要实现农村供水工程价值最大化，离不开管理措施的顶层设计。黔东南州从建立完善制度建设入手，狠抓农村饮水安全工程建后管护工作。建立健全管护制度，压实管护责任；组织风险隐患排查；开展管水员培训；加强农村饮水安全工程维修养护；进行农村饮用水卫生监测；开展农村饮用水健康卫生宣传教育……当"节水、惜水、爱水"成为了共识，供水管水改革就更加切实有力。

黔东南州共有农村饮水安全工程1.1万余处，集中式供水工程约76%，其余为分散式供水，农村供水点多面广，日常管护难度大。在推进农村饮水安全工作中，建立了工程运行管护"三个责任""三项制度"。

黔东南州积极推进农村供水工程规模化、标准化建设，多方筹集资金推进雷山、丹寨、天柱、三穗等县乡村供水工程规模化标准化建设，将有集镇供水管网向周边村寨延伸，城乡供水一体化迈上了新台阶。

不管是农户家中还是田间地头，水管上的智能水表清晰可见，这不仅是规范化供水的一项举措，更是强化水价改革的关键一环，如今水费"谁受益、谁承担"的机制已成为苗乡侗寨群众的共识。

台江县小岩寨位于海拔840m的山腰间，受地理条件约束，小岩寨的饮水工程是靠电力提泵提到 170 m 山顶上的高位水池后，再通过引水管输送至各家各户。为了实现规范化供水、大力推进水价改革，台江县将水表计量与平摊水泵电费相结合，当月电费总额除以当月用水总额，每户按用水量承担相应电费，从而实现了公平合理的均衡等价机制。

每到周末，一批管水员齐聚岑巩县城课堂，通过系统学习，县级水务单位给管水员颁发"贵州省农村饮水安全管水员上岗证书"，实现"责任到岗、技能到人"，进一步规范农村饮水安全管理工作。同时，县级水务单位做好技术指导，乡镇督促各村寨建立工程运行管护机制，落实管护责任，明确管护主体，结合供水实际采取"一事一议"、村规民约等方式制定水价、收取水费，确保全县工程建后有机制、有人管，管得住且运行稳定。

供水管水措施从顶层设计的高位推动到基层单位的有力落实，黔东南州内的县、村、寨都在结合实际情况探索有效可行的管水用水办法。目前，全州农村饮水安全集中式工程均已完成水价定价并配备管水员，现代化供水设施与消毒设施已基本配备，苗乡侗寨供水管水正在向着规范化大踏步前进。

陈思杰　雷博林　执笔

席　晶　李攀　审核

推进大中型灌区续建配套
与现代化改造

水利部农村水利水电司

水利部深入贯彻落实习近平总书记治水重要论述精神，按照党中央、国务院决策部署，推动开展灌区骨干灌排设施现代化改造，着力构建"设施完善、节水高效、管理科学、生态良好"的灌区工程建设和运行管护体系，不断提升灌区保障国家粮食安全水利支撑能力。

一、2022 年工作进展

一是做好顶层设计。会同国家发展改革委编制印发《"十四五"重大农业节水供水工程实施方案》，将 124 处大型灌区、30 处新建灌区纳入实施范围；以 2~3 年为周期，会同财政部滚动编制中型灌区现代化改造方案。在加快灌区工程设施改造，提升灌区供水保障和节水能力，新增恢复改善灌溉面积的同时，推进农业水价、灌区管理体制机制等全面系统改革，加快新技术、新材料、新工艺及物联网、大数据、云计算在灌区建设管理中的应用，促进灌区高质量发展。

二是加强灌区项目建设管理。制定印发大中型灌区现代化改造项目管理办法，规范项目建设管理。强化项目建设进度调度，建立项目进展台账。组织开展灌区现代化改造项目评估，强化项目全过程管理。督促指导落实地方建设资金，确保建设任务完成。2022 年，共安排中央资金 200 亿元，实施 529 处大中型灌区建设和现代化改造项目；超额完成年度计划，完成投资 379 亿元，累计新建改造渠（沟）道达 1 万多 km、渠系建筑物 3 万多处、量测水设施 1 万多处；新增改善灌溉面积 3000 多万亩；吸纳农民工就业 10.34 万人，支付农民工工资超过 15 亿元，在完善灌排工程体系的同时，发挥了拉动经济、促进就业、保障民生等带动辐射效益。

三是推进灌区内高标准农田建设，提升灌区整体效益。会同农业农村部印发加强大中型灌区改造与高标准农田建设协同推进的通知，组织开展大中型灌区与高标准农田套图工作，将灌区推进高标准农田建设作为大中型灌区支持的前置条件。

四是全面推进大中型灌区标准化管理。制定出台大中型灌区标准化规范化管理指导意见，指导河北省等26个省份出台了省级实施细则。制定了《大中型灌区标准化管理评价标准》《大中型灌排泵站标准化管理评价标准》，在开展灌区建设和改造的同时，同步推动大中型灌区、灌排泵站标准化建设管理。全国已有800多处大中型灌区和500多处大中型泵站开展了标准化建设，在管理上不断提档升级。

五是大力推进灌区信息化工作。完成全国灌区管理信息系统开发和初步应用。全面推进淠史杭、河套、位山等大型灌区信息化建设。遴选确定48处大中型灌区（大型23处、中型25处）开展数字孪生灌区先行先试建设。对新建和改造大中型灌区同步开展信息化建设。

六是提升行业管理能力和服务水平。启动全国农田灌溉发展规划编制。会同农业农村部印发《关于加强农田水利设施管护工作的通知》，指导督促各地强化农田水利工程管护。推进将灌排设施管护、灌区"两费"落实率纳入粮食安全党政责任制考核。

二、下一步工作部署

深入贯彻落实党的二十大精神和中央经济工作会议、中央农村工作会议精神，锚定建设农业强国目标，紧紧围绕保障粮食和重要农产品稳定安全供给，聚焦实施新一轮千亿斤粮食产能提升行动，加快建设现代化灌区，为保障国家粮食安全、促进农业节水奠定坚实基础。

一是深化农业水价综合改革推进现代化灌区建设试点。以农业水价综合改革为"牛鼻子"，锚定现代化灌区建设目标，创新体制机制，探索"两手发力"建设现代化灌区的新模式。遴选一批灌区、县，启动深化农业水价综合改革推进现代化灌区建设试点。按照建设时间、取水方式、农作物种类等，对灌区科学分类。对不同类型灌区研究不同的现代化灌区建设标准、投融资模式、运行管护机制等，建立分类精准的政策供给体系。落实《水利工程供水价格管理办法》《水利工程供水定价成本监审办法》，建立"准许成本+合理收益"的水价机制。水利部将通过中央财政水利发展资金、考核激励等对试点地区进行支持，成熟一处推广一处，发挥示范带动作用。

二是进一步完善灌排体系。加大力度推动"十四五"时期大中型灌区现代化建设，常态化推进项目调度，建立台账、节点控制。组织大型灌区改造项目评估，评估结果作为项目资金分配的重要依据，并适时对"十四五"实施方案进行优化调整。编制好中型灌区现代化改造方案，优先将"两手发力"实施灌区改造的项目纳入方案。统筹推进灌区骨干工程建设与高标准农田灌排体系建设，选取6处灌区开展整区域推进高标准农田建设试点，打通农田灌排工程"最后一公里"。

三是全面开展灌区标准化管理。指导各地按照大中型灌区、灌排泵站标准化管理评价标准深入推进标准化管理工作。督促省、市级水利部门指导灌区深化管理体制改革，足额落实"两费"，合理配备人员，推行"订单式"人才培养，优化人员结构，提高人员素质。

四是加快推进数字孪生灌区建设。指导督促纳入"十四五"时期实施范围的灌区项目结合灌排工程设施改造开展信息化建设。组织48处数字孪生灌区先行先试，加强顶层设计，编制数字孪生灌区先行先试建设实施方案，落实建设资金，抓紧组织实施，在促进业务协同、创新工作模式、提升服务效能方面不断取得突破，形成一批可推广、可复制的应用成果，引领示范，推动灌区高质量发展。

张　翔　吴　迪　执笔

陈明忠　张敦强　审核

农业水价综合改革实施面积突破7亿亩

水利部农村水利水电司

水利部认真贯彻党中央、国务院关于推进农业水价综合改革的决策部署，积极主动作为，配合国家发展改革委等部门推进改革不断深化。截至2022年年底，全国累计实施农业水价综合改革面积7.7亿亩，达到改革总任务面积的79.4%。北京、天津、上海、江苏、浙江、江西、山东、陕西、青海、宁夏等10个省（自治区、直辖市）全面完成改革任务面积，2575个涉农县中有1028个基本完成改革任务面积。

一是统筹部署年度改革任务。2022年4月，水利部召开水利部农业水价综合改革领导小组会议，专题研究持续深化改革相关工作。6月，水利部配合国家发展改革委印发《国家发展改革委等部门关于稳步推进农业水价综合改革的通知》，部署年度重点工作，将改革纳入最严格水资源管理和粮食安全党政责任制考核。

二是加快健全完善农业水价形成机制和监审工作。积极推进大中型灌区供水成本核算，大型灌区和重点中型灌区已全部完成核算，4000多处大中型灌区完成骨干工程成本监审。持续推进水价调整，已实施改革的大型灌区骨干工程平均执行水价从改革前的0.09元/m³提高到0.13元/m³，与运行维护成本的差距进一步缩小，部分改革区域水费加精准补贴后基本达到运行维护成本。

三是以项目建设为抓手推进改革。坚持"先建机制、后建工程"，推动开展改造灌区同步实施改革。2022年，安排中央财政资金140亿元，支持505处大中型灌区开展现代化改造，同步推进改革。会同农业农村部推进灌区改造与高标准农田同步建设和水价改革，新增改革面积5000多万亩。截至2022年年底，4000多处大中型灌区已实施改革，改革面积超过

3 亿亩。

四是强化用水总量控制。核查登记农业灌溉取水口 500 多万处，7000 多处大中型灌区已申领取水许可证。2022 年，各地新建改建供水计量设施约 4 万处。大型和重点中型灌区渠首基本实现计量。

五是督促地方多渠道落实奖补资金。结合中型灌区检查评估工作，对农业水价综合改革实施情况，特别是奖补资金落实情况开展现场评估，向相关省（自治区、直辖市）反馈监督检查评估结果，督促地方落实奖补资金。2022 年，全国省级及以下财政共安排农业水价综合改革专项资金 20.3 亿元。

六是调研总结地方典型做法和经验。赴多地现场调研农业水价综合改革情况，总结经验，形成专题调研报告。组织召开农业水价综合改革技术交流研讨会。汇编形成 100 多个典型案例，印发各地学习借鉴。

通过实施农业水价综合改革，促进了改革区域的农业节水和工程良性运行，逐步实现了预期目标。农业灌溉水量进一步降低，全国农田灌溉水有效利用系数从 2015 年的 0.536 提高到 2022 年的 0.572，提高 6.7%。其中，大型、中型灌区农田灌溉水有效利用系数分别从 2015 年的 0.486、0.502 提高到 2022 年的 0.536、0.552。改革地区建立了多种农田水利工程运行管护机制，不断改善骨干工程、田间工程管护缺位状况，基本实现了"平常有人管、损坏有人修"。湖南、山东、江西等省通过政府购买服务等方式建立工程管护新机制，取得良好成效。

任　亮　执笔
陈明忠　刘云波　审核

推动小水电绿色转型发展

水利部农村水利水电司

2022年，水利部深入贯彻落实习近平生态文明思想，聚焦复苏河湖生态环境，推进小水电分类整改，推动全面落实生态流量，强化安全监管，实施小水电绿色改造和示范创建，维护河湖健康生命。

一、完成小水电安全隐患排查整治

水利部联合国家能源局对小水电站风险隐患开展全覆盖、全链条排查整治，对每座电站的20多个重大危险源详查到位。全面建立小水电安全生产责任制，落实并向社会公示电站安全生产主体、监管、行政"三个责任人"。四川省和云南省解决了多年来小水电站安全监管责任不清问题。突出安全监管重点和差异化监管措施，将全国1.4万座坝高超过30 m、设计水头超过100 m、"头顶一盆水"等溃坝可能造成人员伤亡和重大财产损失的小水电站，纳入省、市、县重点监管名录，实现动态监管。印发《库容10万 m³ 以下小水电站大坝安全评估技术指南（试行）》，填补了规模以下小水电站大坝安全评估技术标准的空白，与小型水库大坝安全鉴定办法进行了较好的衔接，为加强小水电站大坝安全管理提供了技术依据。建立了安全风险隐患整治信息系统和水电一张图，全年创建安全标准化电站737座（累计创建4700座）。山西、吉林、浙江、江西、湖南、广东、海南等省还出台了安全生产标准化奖励政策。

二、推进小水电分类整改取得重要成果

完成长江经济带小水电清理整改任务，使限期退出类电站完成退出，2.1万座整改和保留类电站全部落实生态流量并接入当地监管平台，9万多km河段连通性得到恢复，生态保护长效机制全面建立。扎

实推进黄河流域小水电清理整改，完成沿黄河各省（自治区）2700多座电站问题核查与综合评估，逐站明确"退出、整改、保留"分类意见，为开展问题整改奠定了坚实基础。基本完成秦岭、张家界、赤水河小水电整改"回头看"，生态保护和修复成果得到巩固，电站大坝安全得到保障，矛盾纠纷得到妥善处理，积累了国家重要生态功能区复苏河湖生态的宝贵经验。有序推进其他地区小水电分类整改，广东省出台了整改奖补政策，福建省将整改情况列入了地方党政生态目标和河长制办公室考核指标。

三、推动小水电站生态流量监管规范化常态化

印发进一步加强小水电生态流量监督检查和做好泄放评估工作的系列文件，指导各地以河流或县级区域为单元，开展小水电站生态流量泄放评估和监督检查。强化小水电生态流量监管考核，将其纳入2022年度实行最严格水资源管理制度考核重要内容。26个有生态流量泄放要求的省（自治区、直辖市）全部建立生态流量重点监管名录，纳入省级监管名录电站达5700多座；25个省（自治区、直辖市）出台省级生态流量监管文件，细化监管内容，明确生态调度运行、问题处置、考核评价等监管举措；16个省（自治区、直辖市）建成投运省级监管平台，省级监管力度不断加强。全国3.46万座小水电站按要求泄放生态流量，在恢复河流连通性、改善水资源条件、复苏河湖生态环境等方面发挥了重要作用。

四、严格绿色小水电示范电站创建

对照绿色发展要求，进一步严格申报条件，做好新增示范电站的创建组织。严把审核关口，省级初验做到现场检查全覆盖，进一步加大部级审核和现场抽查力度。完善"有进有出"动态管理机制，组织开展期满延续及"回头看"核查。2022年，40座示范电站因限期整改不到位退出名录，新创建134座绿色小水电示范电站（累计创建964座）。加强典型宣传，总结推广各地示范创建经验做法和典型案例成效，新开通"绿色小水电建设"微信公众号，通过多种渠道加大绿色典型宣传。

五、推动绿色改造与现代化提升先行先试取得积极成果

浙江、安徽、福建、江西、湖北、湖南、广东、广西、重庆、四川等省（自治区、直辖市）采取政府和市场"两手发力"的办法，探索出了政府收购资产整合、行业协会搭建平台、第三方机构托管、政府统一规划、企业分散实施、水电集团公司按流域整体推进等小水电绿色改造新模式。30 多处小水电集中控制中心投运，3000 多座电站实现了智能化改造、集约化运营、物业化托管，大幅度降低了运行成本，消除了安全隐患，增加了清洁电能，很多电站利用发电收入反哺河流生态保护和修复，取得了经济、社会、生态多重效益。

六、下一步工作部署

一是开展大坝安全提升专项行动。推动达到小型水库规模以上的小水电站年内完成大坝安全注册和安全鉴定；启动规模以下的小水电站大坝安全评估，将列入重点监管名录的库容 1 万 ~ 10 万 m^3 的电站全部纳入评估范围，原则上年内完成对其中坝高 15 m 以上的小水电站的评估。组织开展汛前安全检查，推进安全风险隐患治理。全年再创建 500 座安全生产标准化电站。

二是积极稳妥推进小水电分类整改。指导沿黄河各省（自治区）强化考核评价，严格验收销号要求，全年完成 300 座以上电站整改。对长江经济带省（直辖市）开展监督检查，持续巩固清理整改成果；指导其他正在开展整改的地区，逐站核查问题，科学评估分类，以恢复河流连通性和妥善处置为目标，确保电站有序退出，以保障生态流量和工程安全为重点，确保问题整改到位。推动尚未整改的地区，科学制定实施方案，尽快启动整改。

三是推动小水电逐站落实生态流量。推动各地持续将小水电生态流量监管纳入地方河湖长制工作内容和有关考核，优化调整重点监管名录，实化细化监督检查事项清单。年底前完成省级小水电生态流量监管平台建设。开展小水电生态流量泄放在线抽查，推动逐站落实生态流量，全年力

争 90% 以上小水电站落实生态流量。

四是规范绿色小水电示范电站创建。加强示范创建工作培训指导，严格审核把关，加大部级抽查力度。强化"有进有出"动态管理机制，严格期满延续复核。积极协调出台激励政策，加大绿色典型宣传力度。全年力争新增 100 座绿色小水电示范电站。

五是推进建设智能集约的现代化小水电。部署地方编制小水电绿色改造和现代化提升工程规划，明确目标任务和措施。鼓励有条件的地区对完成清理整改的电站进行数字孪生改造，建立小水电站群集控中心，实现远程监控、实时调度和集约化管理。

侯开云　王　帅　执笔

陈明忠　邢援越　审核

专栏三十四

我国 4 处灌溉工程入选第九批世界
灌溉工程遗产名录

水利部农村水利水电司

2022 年 10 月 6 日，在澳大利亚阿德莱德召开的国际灌溉排水委员会第 73 届国际执行理事会上，我国四川省通济堰、江苏省兴化垛田、浙江省松阳松古灌区、江西省崇义上堡梯田成功入选世界灌溉工程遗产名录。至此，我国共有 30 处灌溉工程入选名录，是类型最多、规模最大、效益发挥最好的古灌溉工程遗产国家。

一、通济堰

通济堰始建于公元前 141 年，距今已有 2163 年的历史。渠首位于四川省成都市新津县南河、西河、金马河交汇处，引水方向与河流方向呈自然黄金角（137.5°），是我国历史上规模最大、运用时间最长的活动坝，是水利工程技术进步的典范。在长期的治水实践中，通济堰自成一体运行，总结出了"冬闭春开，平梁分水"的治水原则，创造了"以篓易石""砌石硬堰""铁壁筒"等工程技术，形成了"堰工局""堰长制"等独具特色的水利管理体制，体现了"道法自然、天人合一"的治水智慧，是人水和谐的典范工程。通济堰灌区现作为都江堰灌区的重要组成部分，承担着向成都、眉山 2 市 4 县（区）提供生活、生产、生态用水的任务，灌溉面积 52 万亩，仍在高效发挥作用。

二、兴化垛田

兴化垛田灌排工程灌溉总面积 7.93 万亩，是国内外唯一、里下河腹地独有、分布在兴化湖荡区的高地旱田灌排工程体系。唐代以来，兴化先民为了应对水旱灾害，筑捍海堤，筑圩堤，兴建排灌设施，架木浮田、垒土成垛，形成高出水面1m以上的田块，即明代中后期创建与初步发展的垛田。至清代，灌排工程趋于成熟，兴化垛田渐成规模。垛田种植模式沿用至今，发展成拥有配套的圩堤、灌排渠道、水闸等复合灌排工程体系和独特灌溉方式的灌溉工程系统，这是我国湖荡沼泽带独有的土地利用方式，是历代低洼地治水智慧的结晶。垛田工程体系是里下河地区适应自然、改造自然的独特创造，构成了区域农业灌溉和水运发展的基础，并在悠久的历史发展过程中衍生出丰富的文化内涵，至今仍为当地社会经济发展、生态安全提供基础支撑。

三、松阳松古灌区

松阳松古灌区是特色鲜明的灌溉工程遗产"活态博物馆"，是中小流域古代灌溉工程典范。自汉代开始，先民因地治水，在松阴溪流域依势筑堰建渠，分片"开圳引水"，逐步建成以松阴溪主支流为水源，堰堤密布、圳渠交错的灌溉网络。灌区工程体系在明清时期臻于完善，至明末清初，境内有古堰120处，古塘、古井100余处，至今仍在滋润着松阴溪两岸16.6万亩良田。数百年来，灌区先民以榜文、碑刻、文选等形式，翔实地记录了"七三法"立项选址、"借地建圳"，采用"人"字形坝体结构等建设机制，以及"汴石分水""定期轮灌""圳田制""堰董制、圳董制""水权管理"等创造性的灌区管理机制，真实反映了当地人民的治水精神和治水智慧。

四、崇义上堡梯田

上堡梯田位于江西省赣州市崇义县西北部山区，面积约5.1万亩，最高海拔1260m，最低海拔280m，垂直落差近1000m，最高达62梯层，被称为"世界最大客家梯田"。据《山海经》等记载，上堡梯田开发历史最早可追溯至先秦时期，兴起于秦汉时期，成熟于宋元时期，完善于明清时期，距今至少有2200年历史。上堡梯田，因山成形、因水而兴，属于陡坡梯田。它不仅包含了完善的农田水利灌溉工程系统——可持续利用的水源蓄水工程、科学的灌排系统工程、先进的节水工程、完备的储水工程、完整的田间配套工程，而且包含了良好的梯田生态保护系统——"森林—水系—梯田—村落"山林农业生态体系。它以最简易的工程设施、最少的维养管护、可持续的工程管理，实现了有效的自流灌溉，有力地推动了当地土地垦殖和农业生产。同时，积淀的厚重生态理念和建造管护经验为现代坡耕地治理和水土保持工程提供了宝贵的借鉴。

党 平 执笔

陈明忠 刘云波 审核

乡村振兴水利工作扎实推进

水利部水库移民司

2022 年，水利部高度重视巩固拓展水利扶贫成果同乡村振兴水利保障有效衔接工作，深入学习贯彻习近平总书记关于"三农"工作的重要论述精神，全面贯彻落实党中央、国务院决策部署，按照"四个不摘"要求，持续巩固拓展水利扶贫成果，全力推进乡村振兴水利保障工作。

一、高位推动水利乡村振兴工作

一是全面部署年度任务。召开巩固拓展水利扶贫成果同乡村振兴水利保障有效衔接工作会议、水利部乡村振兴领导小组及其办公室主任会议、定点帮扶工作座谈会，研究部署巩固拓展水利扶贫成果和乡村振兴水利保障工作。印发《2022 年水利乡村振兴工作要点》，对年度工作进行安排。二是不断完善顶层设计。印发《水利部关于做好支持革命老区民族地区边境地区巩固拓展水利扶贫成果和推进乡村振兴水利保障工作的通知》《水利部关于支持江西革命老区水利高质量发展的意见》，明确有关重点区域工作目标和举措要求。联合国家乡村振兴局等有关部门出台《强化防汛抗旱和供水保障专项推进方案》《关于支持巩固拓展农村供水脱贫攻坚成果的通知》《关于建立健全防范因灾返贫长效机制的通知》《国家乡村振兴重点帮扶县巩固拓展脱贫攻坚成果同乡村振兴有效衔接实施方案》，部署巩固拓展水利扶贫成果、推进乡村振兴水利保障工作。三是持续加强督促指导。水利部领导深入湖北省、重庆市定点帮扶县（区）和江西省、西藏自治区等脱贫地区进行调研指导，帮助解决有关问题。组织开展 2022 年水利乡村振兴工作"一对一"监督检查，督促做好 2021 年发现问题整改工作，层层压实地方责任。畅通 12314 监督举报服务平台等监督渠道，及时发现并解决问题。

二、不断夯实乡村振兴水利基础

一是坚决守住农村饮水安全底线。组织开展农村饮水安全状况摸底排查和动态监测，实施农村供水水质提升专项行动，巩固维护好已建农村供水工程成果。加快推进农村供水工程建设，完善农村供水网络。脱贫县落实农村供水工程维修养护资金 18.3 亿元，完成维修工程处数 5.5 万处；实施农村供水工程项目 5808 处，覆盖人口 2119.9 万人。全国农村自来水普及率达到 87%，规模化供水工程覆盖人口比例达到 56%。二是强化农田灌排设施基础。支持脱贫地区实施 17 处大型灌区建设项目、22 处大型灌区续建配套与现代化改造项目和 89 处中型灌区续建配套与节水改造项目。脱贫县新增、恢复和改善灌溉面积 526.4 万亩。三是加强防洪抗旱薄弱环节建设。支持脱贫县 16 座大中型病险水库除险加固，实施包括脱贫地区在内的全国 3400 座小型水库除险加固。持续开展山洪灾害防治非工程措施建设及运行维护。支持浙江等 9 个省份开展山洪灾害防御能力提升建设，探索加快提升山洪灾害防御"四预"能力的路径措施。倾斜支持中西部等欠发达地区开展水文测站和水文监测中心等建设。脱贫地区完成主要支流治理长度 624.7km、中小河流治理长度 3772.4km，实施 183 条重点山洪沟防洪治理。四是推进水生态环境治理和保护。支持脱贫地区实施国家水土保持重点工程，完成水土流失治理面积 1.1 万 km²。深入开展河湖"清四乱"专项行动，维护河湖健康。加快推进华北地区地下水超采综合治理，2022 年累计补水约 70 亿 m³。推进水系连通及水美乡村试点县建设，接续实施三批 127 个试点县建设，截至 2022 年年底，基本完成 85 个试点县建设，受益村庄达 4778 个。五是提升乡村振兴供水保障能力。积极推进脱贫地区重大水利工程前期工作，加快云南省滇中引水工程等在建工程进度。支持脱贫地区 28 座中型水库和 93 座小型水库建设，完善抗旱水源工程体系。

三、持续提升水利支撑保障能力

一是强化水利人才技术帮扶。做好 2 名重庆市定点帮扶挂职人员的轮换工作和 2 名西部地区、革命老区帮扶干部挂职期满考核轮换工作，选派

2 名博士到甘肃省、宁夏回族自治区参加"博士服务团"挂职锻炼，进行技术帮扶。选派 4 个团组 35 名专业技术人才赴西藏自治区阿里、那曲、山南、日喀则地区开展"组团式"技术援助。指导各地推进实施人才"订单式"培养，助力培育本土人才。围绕新疆、重庆、江西等省（自治区、直辖市）水利帮扶重点领域举办 17 期帮扶专题培训班，来自脱贫县的参加上级水利干部培训的人员达 11301 人次。组织中国水利水电科学研究院等对四川省 9 个脱贫县开展科技帮扶。推进 4 项先进实用技术示范类项目，支持新疆、西藏、重庆等重点地区开展 5 项技术推介类项目。二是加强水利工程运行管理。深化农村水利工程管理制度改革，指导地方对分散管理小型水库推行区域集中管护、政府购买服务、"以大带小"等专业化管护模式。全国 4.8 万座分散管理小型水库全面推行专业化管护。三是做好水利劳务帮扶工作。制定印发《水利部在农村水利基础设施领域推广以工代赈方式 2022 年工作要点》，督促指导各地在农村水利基础设施领域推广以工代赈方式，引导脱贫人口和低收入人口参与建设、增加收入。脱贫县在水利工程建设与管护就业岗位中优先吸纳满足岗位技能要求的脱贫人口和低收入人口 17.88 万人。四是巩固水库移民脱贫攻坚成果。统筹推进 86.5 万脱贫水库移民巩固拓展脱贫攻坚成果工作。督促指导地方大力扶持库区和移民安置区产业发展，完善移民村基础设施建设，改善移民人居环境，推进移民村生产生活条件整体改善。

四、合力推进重点区域帮扶工作

一是深入开展 6 县（区）定点帮扶。继续落实定点帮扶各项工作机制，制定 2022 年度帮扶工作计划，坚持"组团式"帮扶模式，组织实施水利行业倾斜、技术帮扶、人才培训等"八大工程"，扎实推进"五大振兴"。新选派 4 名挂职干部和第一书记到定点帮扶县（区）进行帮扶。直接投入或引进无偿帮扶资金 1.37 亿元，支持产业发展、乡村建设。二是做好西藏自治区米林县定点帮扶工作。选派 4 名挂职干部到米林县进行帮扶，支持确定米林县为水美乡村建设试点县，协调落实帮扶资金 1.10 亿元，实施水利部"八大帮扶任务"。三是推进乡村振兴重点帮扶县工作。加大对

160个国家乡村振兴重点帮扶县巩固拓展水利扶贫成果同乡村振兴水利保障有效衔接支持力度，安排水利建设投资198.60亿元，实施农田灌排、防洪抗旱减灾和水生态保护修复等项目3607个，新增、恢复和改善灌溉面积33.4万亩，完成中小河流治理长度666.4km。抓好革命老区、民族地区、边境地区巩固拓展水利扶贫成果和推进乡村振兴水利保障工作，在水利资金项目和人才技术上给予倾斜支持。四是开展对口支援。支持江西革命老区水利高质量发展和赣州革命老区水利高质量发展示范区建设，着力推动江西省宁都县实现巩固拓展脱贫攻坚成果同乡村振兴有效衔接。一体化推进西藏自治区和新疆维吾尔自治区巩固拓展水利扶贫成果和乡村振兴水利保障工作。

五、下一步工作部署

一是巩固拓展水利扶贫成果。开展农村饮水安全状况常态化监测，防止发生规模性饮水安全问题。引导脱贫人口和农村低收入人口参与水利工程建设与管护就业增收，加强脱贫地区水利人才技术帮扶。加强水利工程运行管理和水资源管理，落实河湖长制。二是推进乡村建设行动水利任务。围绕粮食安全、产业兴旺、乡村防洪减灾、生态宜居、区域发展战略，加强农村供水、农田灌排、水旱灾害防御、水资源开发利用和水生态环境保护治理等乡村水利基础设施建设。三是做好重点区域水利帮扶。推进国家乡村振兴重点帮扶县以及革命老区、民族地区、边境地区水利基础设施建设，一体化推进西藏自治区、新疆维吾尔自治区巩固拓展水利扶贫成果和乡村振兴水利保障工作，做好对口支援江西省宁都县工作。

刘　斌　执笔

朱闽丰　审核

85 个水美乡村试点县基本完成建设任务

水利部规划计划司

2022 年，水利部深入贯彻习近平生态文明思想，认真落实乡村振兴战略要求，指导各地以农村地区中小河流和湖塘为重点，坚持系统治理、综合治理，以县域为单元、河流为脉络、村庄为节点，集中连片规划、水域岸线并治，统筹协调上下游、左右岸全流域联动，加快项目建设进度，着力解决农村水系存在的河塘淤塞萎缩、水域岸线被挤占、河湖水污染严重、防洪排涝标准低等问题，打造一批各具特色的县域综合治水示范样板，建设河畅、水清、岸绿、景美的水美乡村。

各地加强组织实施，因地制宜采取治理措施，全力加快项目建设。一是实施清淤疏浚、岸坡整治、堤防加固、水系连通等措施，恢复农村河湖生态、防洪排涝等基本功能。二是修复农村河道空间形态及其水域岸线，尽可能保持天然状态下的河流形态。三是通过水源涵养、水土流失治理、陆域控污，以及打通断头河、优化水系格局等措施，恢复河湖生态健康。四是创新管护机制，充分发挥农村基层组织、村民主体作用，保证建设成效持续性。

截至 2022 年年底，基本完成 85 个县建设，累计整治河道长度 5500 余 km、湖泊塘坝约 1400 个，防洪除涝受益面积 1400 万亩，新增或保护湿地面积近 850 km²、补充生态水量 8 亿多 m³，受益村庄 4700 余个、受益人口数超过 800 万人。通过治理，河湖基本功能得到恢复，区域防洪排涝能力有效提升，河湖水生态环境明显改善，同时带动区域产业发展和农民增收致富，取得了良好的防洪、生态、社会和经济效益，进一步增强了广大群众的获得感、幸福感、安全感。

在实施建设过程中，各地基于系统治理、源头治理、水岸同治、综合施策的创新治理模式，县级政府高位推动、多部门协同联动，高效解决了建设资金落实、征地拆迁等重大问题，部门协同系统治理理念得到了实践；结合地方实际，充分展现乡村河流多元之美，各地在治理理念、治理措施、建后管护等方面进行探索尝试，打造了一批各具特色的县域综合治水示范样板；在中央财政资金支持的基础上，各地创新投融资模式，整合省市县财政资金，积极引导银行、民间企业资本参与项目建设，统筹推进水利与非水利措施项目，充分发挥了中央资金的引导和撬动作用。

袁　浩　徐　吉　韩　松　执笔

李　明　审核

扎实开展定点帮扶和对口支援工作

水利部水库移民司

一、定点帮扶

2022 年，水利部深入贯彻落实中共中央办公厅、国务院办公厅印发的《关于坚持做好中央单位定点帮扶工作的意见》，坚持"四个不摘"要求，充分发挥水利行业优势，深化"组团帮扶"和"八大工程"，指导帮助湖北省十堰市郧阳区和重庆市万州区、武隆区、城口县、丰都县、巫溪县等 6 县（区）巩固拓展脱贫攻坚成果，全面推进乡村振兴。

一是全面落实《水利部定点帮扶工作方案（2021—2022 年）》，组织召开水利部定点帮扶工作座谈会部署年度工作，强调要坚决扛起定点帮扶政治责任，不折不扣落实各项帮扶措施。部领导深入 6 县（区）调研指导，组成 6 个定点帮扶工作组充分对接地方需求，制定实施年度帮扶计划，助力 6 县（区）乡村"五大振兴"。二是继续实施水利行业倾斜、技术帮扶、人才培养、技能培训、党建引领、消费帮扶、以工代赈、内引外联等"八大工程"，全年下达 6 县（区）水利投资 24.90 亿元（其中中央投资 15.77 亿元），直接投入和引进帮扶资金 1.37 亿元，培训基层干部、乡村振兴带头人、专业技术人才等共计 2454 人次，直接购买和帮助销售农产品 1515.74 万元。三是选派 13 名部属单位干部到定点帮扶县挂职锻炼或担任驻村第一书记，持续帮助 6 县（区）巩固提升"三保障"及饮水安全保障水平，支持定点帮扶县建设 12 个乡村振兴示范村。

二、对口支援

2022 年是全国对口支援三峡库区工作开展 30 周年，也是《全国对口支援三峡库区合作规划（2021—2025 年）》（以下简称《规划》）印发实施后的第一年。水利部组织协调各对口支援省（自治区、直辖市），不断提升对口支援合作水平，共同推动三峡库区高质量发展。全年为三峡库区引入无偿援助类资金 5.50 亿元，培训各类人才 9606 人次，解决就业 3901 人次。

一是印发《水利部办公厅关于 2022 年全国对口支援三峡库区工作安排的意见》，明确年度重点工作安排和责任单位，推动《规划》任务进一步细化分解和责任落实。二是与商务部、国务院国有资产监督管理委员会、中华全国归国华侨联合会、中国贸易促进委员会和重庆市人民政府共同主办第四届"西洽会"，筹办 2022 年全国对口支援三峡库区经贸洽谈会，为促进区域协调发展、开展多种形式的经贸合作提供平台支撑。三是组织开展全国对口支援三峡库区 30 周年系列宣传。在《中国水利》期刊推出全国对口支援三峡库区 30 周年特刊，组织援受双方拍摄专题片、微电影在央视频、学习强国、抖音等平台推送，宣传对口支援 30 年来取得的突出成就，对口支援的传播力和影响力持续增强。四是强化《规划》落实和项目实施督导。通过线上座谈、实地调研等方式，指导湖北省、重庆市不断加强对口支援工作资源的统筹协调，督促对口支援省（自治区、直辖市）深入库区了解工作进展，跟踪项目、资金使用情况，加大对各县（区）落实《规划》和年度指导意见情况的督导和检查力度。

姜远驰　执笔

朱闽丰　审核

江苏省连云港市：
水库移民后期扶持显成效

　　江苏省连云港市赣榆区位于苏鲁交界，是江苏省水库移民人数最多的县区。自全面实施大中型水库移民后期扶持政策以来，江苏省聚焦移民村发展的突出问题和薄弱环节，各级水行政主管部门按照"产业兴旺、生态宜居、乡风文明、治理有效、生活富裕"的要求，大力开展基础设施建设、产业帮扶、脱贫攻坚、生态治理等工作，集中资金成片整村改善移民村居住环境，全力建设美丽移民乡村，让移民脱贫致富，为乡村振兴赋能。

　　解决丘陵山区灌溉难题。位于赣榆区西北头丘陵地貌、水资源严重匮乏的黑林镇，如何把有限的荒地盘活，大力发展产业，实现水库移民致富，成为当地政府和水行政主管部门思考的大事。近年来，经多方调研和反复论证，黑林镇决定发展特色水果产业。赣榆区水利局迅即响应，江苏省水利厅积极发挥行业指导作用，按照"资源整合、政策叠加"原则，将水库移民后扶资金与农委、财政等项目资金相结合，向上争取并持续投入资金7500万元，大力实施高效节水灌溉和配套工程，解决丘陵山区灌溉难题。

　　荒坡里长出"花果山"。水问题的解决为黑林果业按下了腾飞启动键，加之生产条件的不断改善，黑林镇引来多家实力雄厚的公司先后落户。从星星点点到漫山遍野，通过生态农业建设，工厂化栽培、基地化种植、公司化运营模式逐渐铺开，果业面积达到3万多亩，黑林镇找到了一条产业富民的新路。目前集育苗、种植、冷藏、销售及深加工为一体的特色水果产业不断发展壮大，"多彩田园，果香黑林"的名头成功打响。智慧灌溉工程的建设让"多彩田园"实现精准喷灌滴灌。经过一系列改造，灌溉水利用系数提高到0.9，节水节肥30%，一年可节约人工灌溉成本上百万元，全部按绿色水果标准化栽培，产量提高近30%。2022年，黑林镇移民年收入比十年前翻了一番，荒山野地种出了"金山银山"，水库移民安置镇实现了乡村巨变。

水库移民文化辐射深远。针对移民村基础设施薄弱、生存环境差等突出问题，水利部门在改善村庄基础设施条件的基础上，以美丽移民乡村建设为抓手，综合规划、整村推进，打造高品质移民示范村。美丽移民村庄的建设启动后，水利部门对废弃的水利设施与场地进行梳理、改造，活化原有功能，注入公共服务和文化展示交流等新功能，打造服务村民的公共活动场所，留住乡愁记忆，重塑村民的精神家园。

程　瀛　陈　锐　杨　奕　招　锐　邹安琪　执笔

席　晶　李　攀　审核

流域治理管理篇

忠诚履行流域管理职责使命
奋力谱写新阶段长江水利高质量
发展新篇章

——2022 年长江流域治理管理进展与成效

水利部长江水利委员会

2022 年，水利部长江水利委员会（以下简称长江委）认真学习贯彻党的十九届历次全会和二十大精神，不折不扣贯彻落实习近平总书记治水重要论述精神，坚持系统观念，强化流域统一规划、统一治理、统一调度、统一管理，全力推动国家"江河战略"深入实施，全面推动新阶段长江水利高质量发展，为流域经济社会发展提供坚实的水安全保障。

一、强化统一规划，健全流域规划体系

着力完善水利规划体系。扎实开展长江流域防洪规划、南水北调中线工程规划修编，稳步推进汉江、嘉陵江等重要干支流综合规划审查审批，推进丹江口水库岸线保护和利用规划等编制工作，启动编制长江流域水土保持规划。《长江口综合整治规划（2021—2035 年）》通过审查。积极做好区域水利规划审查。编制关于加强区域水利规划审查工作实施细则，研究建立区域水利规划审查机制。完成湖北、江西等 11 个省份省级水网建设规划审核工作。持续推进规划实施。严格水工程建设规划同意书审批，规范和约束水工程建设项目责任主体的行为。推进规划水资源论证工作，指导四川省编制引大济岷工程规划水资源论证报告书。加快推进重大项目前期工作。引江补汉工程先期项目顺利开工，长江流域全覆盖水监控系统项目可行性研究待审批，陆水水库除险加固项目通过审批。加快推进三峡水运新通道等重大战略性工程前期工作，协调湖南、湖北 2 省加快推进洞庭

湖四口水系综合整治工程可行性研究。持续深化长江流域蓄滞洪区布局优化调整等重大问题研究，开展三峡工程杨家脑以下河段水文泥沙观测。

二、强化统一治理，提升流域监管效能

建立流域工程项目库。按照水灾害水资源水生态水环境统筹治理的要求，初步建立了长江流域（片）重大项目库。做好水利项目审查。研究建立流域重大水利项目合规性审查机制，编制关于重大水利项目合规性审查工作实施细则，完成了鄱阳湖水利枢纽等 10 项重大项目合规性审核工作。严格水行政许可审批监管。全面推进行政许可"四个一"，完善行政审批制度，动态更新行政许可服务指南和工作细则，持续优化行政许可服务，水行政许可服务满意度连续多年保持 100%。强化事中事后监管，印发《长江委事中事后监管计划实施方案》，对 3500 余项历年许可项目建设情况进行全覆盖监管复核。强化建设运行管理。推进水利部重大督查专项，建立长江委水利监督专家库，组织开展小型水库水闸和堤防工程险工险段安全运行等 12 项专项监督检查工作。按照"分区包干，确保落实"原则，长江委与流域责任片 7 省（直辖市）水利厅（局）建立了"1+7"水利工程运行管理工作协调机制，加强流域水利工程建设运行督导。配合做好中央预算内水利建设投资计划管理。及时研究反馈对年度中央预算内水利建设投资建议计划的意见，赴湖北省、四川省对水利建设投资计划执行情况进行指导督促。

三、强化统一调度，守牢长江安澜底线

充分发挥长江防汛抗旱总指挥部办公室平台作用。及时组织召开长江防汛抗旱总指挥部 2022 年指挥长视频会议，安排部署防汛抗旱工作。修订完善《长江流域水旱灾害防御应急预案》。强化防洪统一调度，编制 2022 年度水工程联合调度运用计划、丹江口水库优化调度方案并获水利部批复，2022 年度纳入联合调度的水工程数量增至 111 座。强化预报预警措施，密切监视雨情水情工情。开展科学精准调度和监管，汛前确保各控制性水库按时消落到位，对流域内 522 座具有防洪功能的大中型水库调度运

行开展在线监管和现场督查。强化水资源统一调度。2022 年长江流域发生了 1961 年有完整实测资料以来最严重长时间气象水文干旱，长江委提前研判旱情发展态势，超前部署抗旱保供，精准实施两轮"长江流域水库群抗旱保供水联合调度"专项行动，向长江中下游补水 61.6 亿 m³，保障灌溉用水和秋粮丰收；调度三峡水库及上中游水库群应急补水 41.5 亿 m³，有效应对长江口咸潮入侵。汛末统筹上游水库群蓄水 496.0 亿 m³，确保冬春季长江中下游供水安全。指导年度水量调度工作，陶岔渠首年度供水 92.1 亿 m³，相机为京津冀河湖实施生态补水 19.7 亿 m³。强化水生态统一调度，印发《长江委生态流量监督管理办法》，加强 131 个控制断面生态流量动态监管，建立水工程特殊情况下生态流量保障调度会商制度，强化生态流量保障评估和考核。联合农业农村部长江流域渔政监督管理办公室、三峡集团等部门和单位开展生态调度试验 10 次，鱼类产卵量再创新高。

四、强化统一管理，推动流域协同保护

推进依法治江，深入开展《中华人民共和国长江保护法》宣传贯彻工作，积极配合推进《中华人民共和国水法》《中华人民共和国防洪法》和《长江河道采砂管理条例》修订，长江流域控制性水工程联合调度管理办法通过水利部部务会审议。印发《长江委法治建设实施方案》，夯实依法治江基础。强化流域河湖长制统筹，建立长江流域省级河湖长联席会议机制，首次召开省级河湖长联席会议，编制印发《长江流域片跨省河湖联防联控指导意见》，推进跨界河湖联防联治。强化河湖管理，组织开展 1.3 万条（个）河湖划界成果整理复核及上图工作。建立丹江口水库及上游地区、唐白河流域跨省河湖联防联治工作机制，完成 86 个河湖岸线保护与利用规划成果复核，完成 35 条（个）河湖"一河一策"方案复核。推进河湖"清四乱"常态化规范化。开展妨碍行洪突出问题排查整治，排查 9 省（直辖市）137 个疑似问题。丹江口"守好一库碧水"专项整治行动中，完成 913 个问题整改，复绿库岸 82 万 km²。河道采砂许可 1522 万 t，综合利用疏浚砂 1616 万 t，暗访巡江 1.5 万 km。强化水资源管理，湘江、赣江

等11条跨省江河流域水量分配方案获批。持续推进县域节水型社会达标建设，指导四川等5省（直辖市）提前完成县域节水达标创建任务，实现对257家委管重点监控用水单位的实时监控。强化水土保持监管，开展流域国家级重点防治区水土流失动态监测，实现流域部批在建生产建设项目监督检查全覆盖。强化流域联合执法，强化水行政执法监督，联合多部门开展执法75次，立案查处非法取水和非法采砂案件10件。强化管理能力建设，智慧长江建设取得阶段性进展，开展数字孪生汉江、丹江口、澧水先行先试，建成数字孪生丹江口1.0。成立长江水文化中心和长江水文化建设联盟，编制长江水文化建设规划和文化塑委规划，创刊《水文化》杂志，讲好长江故事。

下一步，长江委将全面贯彻全国水利工作会议部署，落实推动新阶段水利高质量发展六条实施路径，按照流域治理管理"统一规划、统一治理、统一调度、统一管理"要求，扎实推动新阶段长江水利高质量发展。一是持续健全流域规划体系，完善流域综合规划体系和专业规划，建立健全流域规划实施机制，全面强化流域统一规划；二是全力聚焦工程全链条监管，建立完善流域工程项目库，有序推进项目实施，加强建设运行全过程管理，全面强化流域统一治理；三是不断深化多目标统筹协调，建立流域多目标统筹协调调度机制，强化流域防洪、水资源和生态统一调度；四是全面推进依法治江，充分发挥河湖长制作用，强化河湖管理和水资源统一管理，加强流域联合执法，着力提升综合管理效能，全面强化流域统一管理。

　　　　　　　　　　胡早萍　胡曦男　王　凡　执笔
　　　　　　　　　　　　　　吴道喜　审核

专栏三十七

着力强化水工程联合调度
合力抗御流域性极端干旱

水利部长江水利委员会

2022年，水利部长江水利委员会（以下简称长江委）强化流域统筹协作，突出抓好水工程科学调度，有效应对长江流域最罕见的极端高温、最持久的夏秋枯水、最严峻的蓄水压力及发生最早、持续最长的咸潮入侵，重点开展了以下工作。

一是对接多方用水需求，精准实施抗旱补水。按照水利部精准范围、精准对象、精准措施要求及部署，会同中下游沿江省份拉网式摸排沿江水厂、大型灌区及城市水源工程等取水、供水、用水需求及能力。为保农作物时令灌溉用水，于8月16日和9月12日两次启动长江流域水库群抗旱保供水联合调度专项行动，调度流域75座大中型水库精准满足水位、流量及时限要求进行联合补水，累计补水61.6亿 m^3。两次专项行动分别抬高长江中下游水位 0.4~0.1 m 和 1.0~0.3 m，有效改善了中下游干流和两湖地区人饮、灌溉取水条件，受益人口1385万人，保障了2856万亩水稻等秋粮作物灌溉用水需求。

二是瞄准时机加大供水，联合调度应对咸潮。为保障长江口地区供水安全，10月2—11日组织实施抗咸潮补水调度，调度三峡水库在上游水库群配合下逐步加大流量至12500 m^3/s 下泄，流域水库群共增加补水量41.53亿 m^3，调度使大通站流量自9000 m^3/s 左右涨至12000 m^3/s 以上并持续达9天，配合压减安徽省、江苏省大通站以下沿江引调水工程流量66%和26%等措施，上海市青草沙、陈行、东风西沙水库累计取原水约5010万 m^3，有效保障了党的二十大期间长江口地区供水安全；在水库群补水和11月中下游降雨共同作用下，长江口咸潮入侵得到有效缓解并于

12 月 12 日结束。

三是精细调度持续保供，抢抓机遇统筹蓄水。7 月，超前提醒中下游水库开展蓄水保水，同时调度上游控制性水库开展洪水资源化利用，共利用洪水资源近 50 亿 m³，有效保障了后期抗旱补水和电网迎峰度夏的水资源供应。8 月初，提前谋划上游控制性水库群蓄水工作，统筹中下游用水需要和长远蓄水供水需求，按照"过紧日子"的思路从严控制三峡水库下泄流量，科学安排上游干支流水库群有序蓄水。抓住 9 月底、10 月初的涨水过程，9—11 月上旬长江上游水库群共蓄水 342 亿 m³。11 月上旬，上游控制性水库群蓄水量约 496 亿 m³，与近 5 年（2017—2021 年）同期基本持平，在蓄水期来水偏枯 5 成多的情况下实现了预期蓄水目标。

长江委会同流域有关省（直辖市）水利部门，协调气象、交通、电力等部门和单位密切配合，形成了强大的工作合力，保障了流域供水安全、粮食丰收、蓄水达标，实现了"大旱之年无大灾"的胜利。

丁胜祥　王学敏　执笔

吴道喜　审核

坚持系统观念　强化"四个统一"
奋力推进新阶段黄河流域水利
高质量发展

——2022年黄河流域治理管理进展与成效

水利部黄河水利委员会

2022年，水利部黄河水利委员会（以下简称黄委）紧紧围绕推动新阶段水利高质量发展，强化流域统一规划、统一治理、统一调度、统一管理，着力提升流域治理管理能力和水平，推进新阶段黄河流域水利高质量发展取得新进展、新成效。

一、立足生态系统整体性和流域系统性，强化统一规划

持续完善流域规划体系，配合水利部、国家发展改革委完成《黄河流域生态保护和高质量发展水安全保障规划》，明确黄河水安全保障近远期目标及重点任务。以新一轮流域防洪规划修编为抓手，强化流域管理机构在流域防洪减灾统一规划中的牵总作用。黄河流域水土保持规划通过水利部水利水电规划设计总院（以下简称水规总院）审查，黄河河口综合治理规划上报水利部。推进流域中小河流治理方案编制，印发编制工作实施方案。配合水规总院完成山东、山西、宁夏等省（自治区）现代水网建设规划审查和新疆维吾尔自治区项目规划审核。强化水工程规划同意书许可审批管理，组织对四川、甘肃、宁夏、青海、陕西等省（自治区）涉及黄河、渭河、泾河的水工程建设规划同意书进行了审查并签署了黄河干流若尔盖段应急处置工程、韩城禹门口抽黄改造工程、平凉市泾河干流综合治理工程等水工程建设规划同意书行政许可，组织对陕西省延安市黄河引水工程、河南省西霞院输水及灌

区工程许可事项进行了事中事后监管，把水工程建设规划同意书许可事中事后监管落到实处。强化规划管控，严格落实《水利部关于加强河湖水域岸线空间管控的指导意见》，印发《直管河段河道管理范围内有关活动审批事中事后监管实施方案》，指导流域各省（自治区）开展河湖岸线保护与利用规划和采砂管理规划编制。严把河道管理范围内建设项目工程建设方案、建设项目水土保持方案、工程建设影响水文监测等许可审批，对不符合法律法规和流域规划要求的项目不予行政审批，规划的引领约束作用日益显现。

二、统筹上下游左右岸干支流，强化统一治理

坚持上下游统筹、左右岸协同、干支流联动，强化流域重要水利项目前期工作、建设过程、运行管理等全链条指导监督，着力抓好重大项目统筹和有序实施。建立重大工程项目库，开发黄河流域（片）重大水利工程项目库系统，把黄河流域"十四五"重大防洪工程、水资源配置工程、河湖生态修复与保护工程纳入项目库。超常规推进古贤水利枢纽工程可行性研究工作，全面启动黑山峡工程可行性研究工作。完成"二级悬河"和下游滩区综合提升治理方案编制。开工建设黄河下游"十四五"防洪工程、下游引黄涵闸改建工程。严格履行审查审批职责，组织开展青海省引黄济宁工程、黄河宁夏段河道治理工程、黄河四川段防洪治理工程等重大项目审查审核。组织对普化水库、瓦石峡水库、昆仑水库等中型水库进行技术审查。研究提出对陕西、甘肃、青海、宁夏、新疆5省（自治区）水美乡村试点县建设项目年度资金安排方案的意见。

三、谋求涉水效益最优，强化统一调度

强化防洪统一调度，充分发挥黄河防汛抗旱总指挥部办公室组织、指导、协调和监督作用，督促落实以行政首长负责制为核心的防汛抗旱责任制。汛期，及时启动应急响应并派出工作组、专家组，有力应对泾河高含沙洪水和黄河上中游部分地区较重旱情。健全完善流域水工程多目标统筹协调调度方案，完成黄河上游重要水库群联合防洪调度方案、中下游洪水调度方案、调水调沙预案等各类方案预案修订，将黄河拉西瓦水库、沁河

张峰水库等干支流重要水工程纳入防洪统一调度。紧紧抓住水沙关系调节"牛鼻子"，联合调度万家寨、三门峡、小浪底等水库，实施汛前和汛期调水调沙，三门峡水库排沙 1.085 亿 t，小浪底水库排沙 1.566 亿 t，水库减淤成效显著。实施海勃湾水利枢纽低水位排沙、万家寨和龙口水库联合排沙调度，为全河统一水沙调控积累了宝贵经验。强化水资源统一调度，2022 年黄河干流供水 214.0 亿 m³，精细精准调度小浪底水库，保障 2023 年开河期防凌安全和春灌用水，黄河干流实现连续 23 年不断流。强化生态统一调度，制定黄河流域重点河流生态流量保障实施方案，加强对黄河干流和渭河、洮河等 10 条重点河流生态流量监管，保障河道内生态用水，累计向黄河河道外生态补水 37.3 亿 m³，促进了乌梁素海、河口三角洲湿地等生态脆弱地区生态修复，支持了华北地区地下水超采综合治理，为京杭大运河全线贯通提供了助力。

四、完善体制机制法治，强化统一管理

强化河湖管理，率先建立流域省级河湖长联席会议机制。健全水行政执法与刑事司法衔接、水行政执法与检察公益诉讼协作机制，沿黄河已累计设立黄河环境资源巡回法庭、司法修复保护基地、检察工作室 100 余处，与检察机关联合开展专项行动 18 次。纵深推进河湖"清四乱"常态化规范化，指导流域范围内各省（自治区）清理整治妨碍河道行洪突出问题，挂牌督办陕西省韩城市龙门段侵占河道问题完成整改，统筹推进生态环境突出问题水利整改。强化河湖岸线空间管控，指导督促地方开展河湖和水利工程管理范围划定，严格落实岸线保护利用"两线三区"和河道采砂"两期两区"管控要求，严禁越权审批、未批先建、批建不符。开展河道采砂专项整治，构建河长挂帅、水利牵头、部门协同、社会监督的采砂管理联动机制，依法查处非法采砂行为。

强化水资源管理，以"八七"分水方案为基础，实现黄河流域各省（自治区）全部分水指标细化到地市。推进窟野河等跨省（自治区）重要支流水量分配方案审批。完善水资源刚性约束制度设计，印发《黄河干流山东段全面落实水资源最大刚性约束实施方案》，建立河南黄（沁）河水资源刚性约束指标体系。强化取用水管理，印发《黄委关于进一步完善水

资源管理执行体系的意见》《黄委关于强化取用水监管的实施方案》《关于强化黄委颁证取水口监督管理工作的意见》等。强化水资源消耗总量和强度双控，严格水资源论证和取水许可审批，对黄河流域 13 个地表水超载地市和 62 个地下水超载县暂停新增取水许可审批。加快推进青海、甘肃、宁夏等省（自治区）地下水管控指标确定，组织开展部分地区水资源承载能力评价。强化计划用水管理，对 58 项规划和建设项目节水评价进行审核审查。强化淤地坝管理和水土流失监管，配合修订《淤地坝建设管理办法》，抽查 48 个国家水土保持重点项目、151 个地方生产建设项目，着力防治人为水土流失。组建监督检查技术专家组，派出 88 个检查组、390 人次，完成黄河流域（片）小水电安全运行、水毁修复项目、山洪灾害监测预警、农村饮水安全等方面监督检查。

强化保障能力支撑。配合完成《中华人民共和国黄河保护法》立法，并迅速启动学习宣贯，认真谋划配套制度建设。编制黄委依法行政责任清单，推动建立公益诉讼制度。以"四个统一"为核心编制黄委强化流域治理管理实施方案和工作台账，初步建立流域水利"一本账"。加强数字孪生黄河建设，印发建设规划、实施方案、先行先试方案，基本完成三花间与下游河道重点河段和典型区域 L2、L3 级数据底板建设以及数字化场景构建，升级改造洪水泥沙演进等 5 类水利专业模型，建设遥感识别等 3 类智能模型。黄河中下游防汛会商预演、水资源管理与节约保护、淤地坝信息管理等 3 个应用系统建成投入运用，有效支持了精准决策。部省共建的黄河实验室正式入轨运行，成立第一批 5 个基地和 3 个科技研究中心，加快建设河南省黄河水沙资源高效利用技术创新中心。

下一步，黄委将全面贯彻党的二十大精神，全面落实推动新阶段水利高质量发展各项部署，进一步强化流域统一规划、统一治理、统一调度、统一管理，以系统性思维统筹做好水灾害、水资源、水环境、水生态治理等工作，更好地发挥流域治理管理主力军作用，为黄河永远造福中华民族而不懈奋斗！

白　波　向建新　张焯文　执笔

薛松贵　审核

专栏三十八

强化流域统一调度
全力保障防洪安全供水安全生态安全

水利部黄河水利委员会

2022年，水利部黄河水利委员会（以下简称黄委）深入学习贯彻党的二十大精神和习近平总书记治水重要论述精神，全面落实水利部推动新阶段水利高质量发展各项部署，强化统一调度和监督管理，取得了明显成效。

一是强化防洪统一调度保障防洪安全。汛期，锚定"四不"目标，强化"四预"措施，贯通"四情"防御，绷紧"四个链条"，及时启动应急响应，派出专家组工作组47个，有力应对了泾河高含沙洪水和黄河上中游部分地区较重旱情，最大限度减轻了灾害影响和损失。加密会商研判、加强水库调度，适时启用应急分洪区分凌，确保了2021—2022年度防凌安全。优化水沙统一调度，实施汛前和汛期调水调沙，三门峡水库排沙1.085亿t，小浪底水库排沙1.566亿t，实现防洪、减淤和生态补水目标多赢。抓好后汛期水库调度，汛末干流5大水库蓄水276亿m³，为冬春抗旱灌溉用水储备了水源。

二是强化水资源统一调度保障供水安全。统筹年度水资源供给能力和各省（自治区）用水需求，按照总量控制、动态调整的原则，优化配置各省（自治区）用水指标，科学制定水量调度方案。加强实时调度和精细调度，在年度调度计划的基础上，依据逐月修正的径流预报、实时水情、前期用水实况及后期用水需求，滚动编制并下达逐月、逐旬水量调度方案。加强调度计划执行过程监管，密切跟踪监视水、雨情变化和用水变化情况，及时调整水库泄流，保障调度计划和方案的严格执行。2022年，黄河干流累计供水214亿m³，其中3—6月春夏灌高峰期供水115亿m³，有力保障了供水安全。

三是强化生态统一调度保障生态安全。拓展深化生态调度，按照《2021—2022 年度黄河生态调度方案》，将河道外生态补水需求作为编制黄河水量调度月方案的重要依据，科学分配生态水量，全年累计向河道外重要湖泊湿地实施生态补水约 37.3 m³。强化生态流量管控，编制《黄河流域重点河流生态流量保障实施方案》，明确生态流量预警方案和预警响应机制、各断面责任主体等，黄河干支流 20 个重要控制断面的生态流量全部达标，黄河实现连续 23 年不断流，有力维护了河湖健康生命。

张焯文　蔡　彬　赵祎雯　执笔

薛松贵　审核

强化流域治理管理
全面推进淮河保护治理高质量发展

——2022 年淮河流域治理管理进展成效

水利部淮河水利委员会

2022 年，水利部淮河水利委员会（以下简称淮委）围绕推动新阶段水利高质量发展主题，聚焦重点任务，统筹推进工作，推动淮河流域治理管理各项工作取得了新的成效。

一、积极谋划贯彻落实强化流域治理管理思路

一是及时组织召开党组中心组学习会议、专题会议等一系列会议学习水利部强化流域治理管理工作会议精神和《水利部关于强化流域治理管理的指导意见》，交流研讨强化流域治理管理的思路举措。二是组织开展为期 2 个月的学习贯彻水利部推动水利高质量发展系列部署专项行动，把水利部强化流域治理管理工作会议精神和《水利部关于强化流域治理管理的指导意见》作为重要学习内容，坚持系统观念和流域"一盘棋"，坚持全要素治理、全流域治理、全过程治理，统筹考虑上下游、左右岸、干支流和地上地下，综合流域水灾害、水资源、水生态、水环境等多目标，加快构建流域统筹、区域协同、部门联动的管理格局，细化强化流域治理管理措施任务。三是制定出台《淮委全面强化流域治理管理实施方案》。

二、有序推进流域统一规划

一是组织制订了淮河流域水利规划编制目录清单，明确修订综合规划，编制 10 余项专业规划和专项规划。二是制定了《淮河流域重要河道岸线保护与利用规划》《淮河流域重要河段河道采砂管理规划》《数字孪生

淮河总体规划》《"十四五"数字孪生淮河建设方案》，全面开展淮河流域防洪规划、水土保持规划修编，组织编制流域水利基础设施空间布局规划、水网规划、淮河区中小河流治理总体方案，督促流域各省推进省级河湖岸线保护与利用规划编制。三是组织对江苏省洪泽湖保护规划等14项规划进行审查并印发审查意见，配合完成对流域内河南省、安徽省、江苏省省级水网规划的审查。四是严格落实流域重要河道岸线保护与利用规划、采砂管理规划要求，开展15项水工程建设规划同意书、54项河道管理范围内建设项目工程建设方案等许可审批。

三、持续加强流域统一治理

一是系统梳理进一步治淮、全国"十四五"水安全保障规划、"十四五"解决水利防洪排涝薄弱环节实施方案以及新阶段淮河治理方案等规划的流域重大水利项目，建立了淮河流域重大水利工程项目台账。二是加快推进重大水利工程前期工作，南水北调东线二期工程规划、南水北调工程总体规划（东线部分）修编完成，东线二期工程可行性研究全面深化，临淮岗水资源综合利用、淮干浮山以下段可行性研究报告编制完成，骆马湖新沂河提标工程可行性研究报告启动编制。三是聚焦完善流域防洪工程体系和构建国家水网，推动淮河入海水道二期、引江济淮二期、包浍河治理、怀洪新河灌区、双堰水库、官路水库等7项重大水利工程开工建设，推动前坪水库、南四湖二级坝除险加固等6项工程完成竣工验收，实现引江济淮试通水通航，基本完成淮干王临段、沂河沭河上游堤防加固主体工程以及安徽省怀洪新河水系洼地治理、山东省湖东滞洪区建设等工程，加快推进洪汝河治理工程。流域水利工程建设取得历史性突破，水利基础设施体系进一步完善。

四、积极推进流域统一调度

一是强化"四预"措施，编制《淮委水旱灾害防御应急预案》，健全完善流域各级联动响应机制；组织开展沂沭泗河洪水模拟调度推演，谋划实施流域多目标统筹协调调度；汛期协调调度出山店水库等拦洪削峰，科学调度 12 座直管工程 151 闸次参与泄洪，实现沂沭泗洪水东调入海，成功应对台风"暹芭"及局地多次降雨来水过程；密切关注流域旱情变化，及时发布枯水预警信息，启动抗旱应急响应，有针对性指导地方科学制定用水计划，充分利用雨洪资源"引沂济淮"近 15 亿 m³，有效保障城乡供水无虞和粮食丰收。二是加快数字孪生淮河建设，基本完成数字孪生淮河（干流出山店水库—王家坝河段）和数字孪生南四湖二级坝建设先行先试工作，率先建成全覆盖、高标准、多要素的流域 L1 级数据底板，基本建成覆盖流域防洪重点区域的洪水预报调度一体化系统；加快构建水利智能业务应用系统，集成整合淮河、涡河、沂河等重要河流调度模型，实现 17 条跨省重点河湖 34 处主要控制断面生态流量（水量）预警功能。三是科学实施淮河、沂河等 6 条跨省河流水资源统一调度，完成南水北调东线一期工程北延应急供水调水监督管理，从东平湖以南向北输送淮河水 1.34 亿 m³，有力保障了京杭大运河全线贯通。四是强化重点河湖生态流量监管，印发施行高邮湖等 6 河 2 湖生态水量（水位）保障实施方案，组织开展史灌河、沂河等 5 条河流 21 项工程生态流量核定与保障先行先试，累计发布预警信息 200 余次，督促各省加强调控调度、保障生态用水需求。

五、全面强化流域统一管理

一是全力抓实水利监督工作。围绕河湖保护、水资源管理、防洪安全和水利安全生产，开展综合、专业和自主监督 32 项，发现及复核问题 3160 余个，及时督促问题整改，有效保障了水利安全生产，明显改善了河湖面貌。二是纵深推进河湖管理保护。建成淮河流域省级河湖长联席会议机制，建立淮河流域（蚌埠片）水行政执法、水生态环境监管与检察公益诉讼协作机制，大力推进河湖"清四乱"常态化规范化，开展淮河干流、沂沭泗直管河湖、大运河沿线"四乱"问题监督检查，清理整治各类问题 3700 余个。拓展延伸幸福河湖建设，新建成 27 条（个）淮河流域幸福河湖，协调安徽、江苏、山东 3 省共同做好南四湖、高邮湖"一湖一策"方案修编，指导洪泽湖完成退圩还湖 30 km²。三是持续加强水资源节约集约管理，初步提出包括用水总量、用水效率、生态流量（水位、水量）保障目标达标率、地下水水位及水量等组成的刚性约束指标体系。指导各省加快推进双控目标细化分解，流域 5 省"十四五"期间用水总量控制指标 1746 亿 m^3 均已分解至市级行政区。组织制定的池河、白塔河流域及高邮湖水量分配方案获水利部批复。完成第五批 63 个县域节水型社会达标建设复核，组织开展 2170 个一般工业和服务业用水定额评估。推动山东省李庄灌区与郯城水务集团取水权交易，批复淮委首例跨行业水权交易方案。扎实推进取用水管理专项整治行动"回头看"，完成 68 个项目、101 个取水口和 28 处大中型灌区取用水管理整改提升。四是有序推进水利工程标准化管理，建立直管水利工程标准化管理制度体系，刘家道口节制闸等 5 项水利工程通过全国第一批标准化管理评价验收。中运河宿迁枢纽水利风景区、郯城沭河水利风景区成功创建国家水利风景区。

下一步，淮委将一以贯之锚定推动新阶段水利高质量发展六条实施路径，持续深入强化流域治理管理，推动淮河保护治理和淮委改革发展再上新台阶。一是强化流域统一规划，加快淮河流域防洪规划、水土保持规划修编和编制，全面检视梳理上一轮淮河流域防洪规划实施情况，进一步强化规划审核、洪水影响评价类管理，持续提升流域规划约束作用。二是强化流域统一治理，加快水利基础设施建设，完善流域防洪工程体系和国家水网（淮河流域），高质量推进中小河流治理。三是强化流域统一调度，精心做好水工程联合调度，加快数字孪生淮河建设，开展淮河干支流重要水库群联合调度研究，持续推进水工程防灾联合调度系统建设，全力保障流域防洪和供水安全。四是强化流域统一管理，聚焦防洪调度、水资源、河湖管理、农村水利、工程建设和运行管理等涉水重点工作开展精准高效监管。

肖建峰　郑朝纲　执笔

刘冬顺　审核

专栏三十九

以强化统一治理为抓手
加快完善淮河流域水利基础设施体系

水利部淮河水利委员会

2022年，水利部淮河水利委员会（以下简称淮委）紧扣高质量发展要求，立足流域整体，统筹工程布局，持续加强督导，推动重点工程建设按下"快进键"、刷新"进度条"，全年共有7项重大水利工程开工建设、6项重大水利工程完成竣工验收，流域水利基础设施体系建设取得突破性进展。截至2022年年底，进一步治淮38项工程已开工36项，已开工或可行性研究已批项目总投资约1480亿元，已完成投资近927亿元。

一、加强重大工程建设统筹谋划

一是全面启动淮河流域防洪规划修编，系统评估流域现状防洪减灾能力和面临的新形势，初步拟定了规划期至2035年的流域洪水出路安排方案和防洪体系总体布局。二是系统梳理进一步治淮、全国"十四五"水安全保障规划以及新阶段淮河治理方案等规划的流域重大水利项目，建立流域重大水利工程项目台账，统筹安排工程实施优先序，实时跟踪项目进展。三是组织召开4次重点工程建设推进会，开展2轮重大水利工程督导检查，持续加强建设进度、施工质量、年度投资计划执行督导，及时协调解决制约工程进度关键性问题。

二、加快完善流域防洪工程体系

一是增加上游拦蓄能力。加快淮河干流上游及重要支流上游水库建设，推动袁湾水库成功截流、前坪水库工程竣工验收。其中，袁湾水库的建成改写了沙颍河支流北汝河无控制性工程的历史。二是提升中游行蓄洪能力。加快实施淮河行蓄洪区调整和建设,推动淮干王临段主体工程基本完成,淮干蚌浮段工程花园湖段、香浮段通过竣工验收,淮干浮山以下段前期工作进展顺利,安徽省淮河行蓄洪区及淮河干流滩区居民迁建、河南省淮河流域滞洪区建设、山东省湖东滞洪区建设等 6 项主体工程基本完工,流域行蓄洪空间布局进一步优化。三是扩大下游洪水出路。淮河入海水道二期工程是立足流域通盘考虑的标志性、战略性工程,由淮委和江苏省水利厅协同推进,历经 10 余年反复论证最终获批立项,2022 年 7 月正式开工建设。该工程通过挖深挖宽河道,加高加固堤防,扩改建工程沿线 15 座枢纽建筑物,使入海水道设计行洪流量由 $2270 \text{ m}^3/\text{s}$ 提高到 $7000 \text{ m}^3/\text{s}$,将历史性地解决淮河下游泄洪不畅问题,对完善流域防洪工程体系具有战略性意义。四是加快推进重要支流和中小河流治理。推动包浍河治理工程开工建设,洪汝河治理工程所有用地、用林等手续全部获批,河南省实施部分已完成,安徽省实施部分基本完成。五是巩固完善沂沭泗河防洪减灾体系。沂河、沭河上游堤防加固工程主体工程基本完成,南四湖二级坝除险加固工程通过竣工验收,骆马湖新沂河提标工程前期工作进展顺利。

三、加快构建国家水网（淮河流域）

一是加快完善国家水网（淮河流域）主骨架。修编完成南水北调东线二期工程规划、南水北调工程总体规划（东线部分）,全面深化东线二期工程可行性研究,为东线二期工程立项建设奠定了坚实基础;推动流域节水供水重大标志性工程——引江济淮一期工程实现全线试通水通航、二期工程同期正式开工,一期工程先期已累计向安徽省亳州市应急供水超 1 亿 m^3,显著提升皖北、豫东地区供水保证率和水质达标率,推动皖北百姓实现从"饮水难"到"饮水甜"的历史性跨越,有效提升流域区域水安全保障能力。二是完善重点区域输配水格局。编制完成临淮岗水资源综合利用可行性研究报告,推动双堆水库、官路水库开工建设。三是完善国家水网（淮河流域）"最后一公里"。建立流域大中型灌区调研督导协作机制,推进怀洪新河灌区开工建设,推动淠史杭等大型灌区续建配套与现代化改造、中型灌区续建配套与节水改造，河南、安徽、江苏、山东4省130处大中型灌区建设和改造项目全面开工并完成年度投资计划。

肖建峰　郑朝纲　执笔
刘冬顺　审核

强化流域治理管理
推动新阶段海河流域水利高质量发展

——2022 年海河流域治理管理进展成效

水利部海河水利委员会

2022 年，水利部海河水利委员会（以下简称海委）深入学习贯彻落实党的二十大精神和习近平总书记治水重要论述精神，紧紧围绕推动新阶段水利高质量发展六条实施路径，全面强化流域统一规划、统一治理、统一调度、统一管理，攻坚克难，圆满完成年度目标任务，为流域经济社会高质量发展提供了坚实的水安全保障。

一、立足流域全局，强化统一规划

坚持以流域为单元，统筹谋划海河流域保护治理整体格局，以服务保障京津冀协同发展、高标准高质量建设雄安新区等国家重大战略为核心，加快完善流域水利规划体系建设。编制《大清河流域综合规划》并由水利部批复实施，为大清河流域保护治理和雄安新区水安全保障提供了重要依据。进一步修改完善蓟运河流域综合规划并报水利部审批。全面推进海河流域防洪规划修编，统筹谋划流域防洪减灾顶层设计，完成设计洪水复核、现状防洪能力评估、防洪区域与防洪标准复核等工作。启动海河流域水土保持规划前期工作，完成规划任务书编制并通过审查。完善数字孪生海河建设顶层设计，制定印发《"十四五"数字孪生海河建设方案》。对接流域各省（自治区、直辖市），初步建立了省、市、县三级区域水利规划名录。加强对区域现代水网建设规划的指导、审查和监督。强化流域水利规划落实，推动规划确定的重大项目、重大工程落地，开展献县泛区、文安洼蓄滞洪区防洪工程与安全建设等项目流域审查。加强流域水工程建设规划同意书审核和事中事后监管，制定了《海委水工程建设规划同意书审核行政许可事中事后监管实施方案》，组织对 24 项水工程开展了事中事后监督检查。

二、补齐短板弱项，强化统一治理

统筹推进流域重点项目，从流域全局出发，兼顾上下游、左右岸、干支流，系统推进流域防洪工程体系建设。依据《国家水网建设规划纲要》，高质量做好南水北调工程总体规划修编，深化南水北调东线二期工程可行性研究论证，完成东线后续工程"一干多支扩面"规划等专题方案，持续科学推进后续工程建设。积极推进雄安新区防洪工程建设，助力雄安新区13 项重大防洪工程开工，起步区 200 年一遇防洪保护圈基本形成。指导地方开展小清河、宁晋泊、大陆泽等流域重点蓄滞洪区防洪工程与安全建设，系统推进实施中小河流治理、病险水库除险加固工程。水利部、国家发展改革委联合印发《漳卫河"21·7"洪水灾后治理实施方案》。加快推进卫河干流治理和海河闸除险加固工程等委属两项国务院 150 项重大水利工程实施，推动漳河上游综合治理控导工程顺利开工。漳卫新河河口治理工程可行性研究报告报水利部审查，多项委属工程前期工作全速推进，新增委属项目储备投资规模近 100 亿元。全面贯彻落实习近平总书记对修复华北平原地下水超采工作的要求，深入实施华北地区地下水超采综合治理行动方案，按照"一减、一增"的治理思路，采取"节、控、换、补、管"综合治理措施，2022 年圆满实现国务院确定的近期治理目标，取得了阶段性治理成效。扎实推进数字孪生海河建设，完善海河流域水利一张图，持续推动"2+N"项业务应用建设，数字孪生永定河、岳城"一河""一库"先行先试取得实效，数字孪生永定河 1.0 被水利部评为典型案例并在中期评估中获评优秀，漳卫河、大清河防洪"四预"平台投入试运行，数字孪生潘大水库、海河下游五闸等建设方案编制完成。

三、统筹流域区域，强化统一调度

充分发挥流域平台作用，推动实现流域防洪、供水、水生态、水环境等多目标统筹协调调度，建立健全各方利益协调统一的调度体制机制，更好地保障流域水安全,实现流域涉水效益的"帕累托最优"。强化流域防洪统一调度,充分发挥流域防汛抗旱总指挥部办公室组织、指导、协调和监督作用,印发《海河流域水工程防汛抗旱统一调度规定》,组织流域有关省(直辖市)科学实施骨干水库联合调度,充分发挥河网水系蓄排功能,汛期流域53座(次)大中型水库拦蓄洪水约11.20亿 m^3,有力有效应对流域14次强降雨过程。统筹抗旱供水,统一调度潘家口、大黑汀、岳城水库向津冀豫等地供水18.32亿 m^3,为抗旱和生态用水提供有力支撑。强化流域水资源与生态统一调度,首次实现漳河上下游水资源统一调度,维护了河北、河南2省和谐用水的良好局面。有效推进引滦工程调水精细化管理,实现按需精准科学调度。积极推进跨流域调水和安全供水,圆满完成南水北调东线一期工程北延应急供水,并首次实施冰期输水。开展华北地区河湖生态环境复苏行动,编制年度行动方案,统筹利用南水北调工程东、中线和引黄、引滦、本地水及再生水等多水源向华北地区7个水系48个河湖实施生态补水,年补水超70亿 m^3,助力潮白河、北运河、永定河等10条河流全线贯通,永定河与京杭大运河实现"世纪交汇"。

四、健全体制机制,强化统一管理

强化河湖管理,出台《海河流域省级河湖长联席会议机制》,组织召开流域省级河湖长联席会议,制定海河流域省级河湖长联席会议工作规则,进一步加强流域统筹与区域协作。落实"流域管理机构+省级河长办"协作机制,深入推动妨碍河道行洪突出问题排查整治,组织对漳卫河、永定河、白洋淀等重点河湖开展联合巡河,督促流域各地共完成1997个突出问题整改,有效恢复河道行洪空间。强化水利行业监督,全年累计派出85组、446人次,监督检查832个项目。深化水利"放管服"改革,依法高效完成行政许可审批321项。强化水资源统一管理,坚持"四水四定",健全水资源刚性约束制度,推动流域跨省江河水量分配取得积极进展,可用水量成果已得到流域各地确认。严格水资源论证和取水许可审批,不予许可、核减和注销不合理取水申请2.87亿 m^3。对196个海委发证取水户开展取用水事中事后监督检查。组织北京市、天津市、河北省、山西省35个县域节水型社会达标建设复核,实现年用水量 1 万 m³ 及以上工业、服务业用水单位计划用水管理全覆盖。完成北京、天津、河北 3 省(直辖市)155 项用水定额审查,组织引漳工程等项目节水评价复核。组织开展海河流域防汛保安和地下水超采治理专项执法行动,加大省际水事矛盾纠纷预防和调处,维护流域水事秩序和谐稳定。贯彻落实水行政执法与检察公益诉讼协作机制,海委与天津市检察院、水务局联合印发合作协议,委直属管理局与地方检察机关出台协作文件 27 件,联合开展专项行动 12 次,推动流域涉水领域检察公益诉讼机制落地落实。

下一步,海委将深入贯彻党中央、国务院决策部署,围绕中国式现代化对流域水利改革发展的新要求,深入践行新阶段水利高质量发展六条实施路径,坚定不移强化流域"四个统一",稳中求进、守正创新,全力抓好各项工作任务。一是强化流域防洪工程体系建设,统筹发展和安全,守住防洪安全底线,全力推动流域防洪规划修编,开展堤防达标三年提升行动,推进蓄滞洪区防洪工程与安全建设,加快卫河干流治理、海河闸除险加固、漳河上游综合治理控导工程建设。二是持续优化水资源配置,按照《国家水网建设规划纲要》,做好南水北调工程总体规划修编工作,深化南水北调东线二期工程可行性研究论证。三是持续推进河湖生态复苏,继续做好永定河综合治理与生态修复,力争实现永定河全年全线有水,漳河全线贯通。巩固华北地区地下水超采治理成果,强化南水北调工程受水区地下水压采。四是加快数字孪生海河建设,开展数字孪生永定河 2.0 建设,基本建成数字孪生岳城水库,推进"2+N"项水利业务应用系统建设。五是强化水资源集约节约保护与利用,坚持"四水四定",强化水资源刚性约束,采取有力措施加快推进海河流域跨省河流水量分配。深入推进节水型社会建设,推动南水北调工程受水区全面建设节水型社会。六是深化流域体制机制法治管理,强化河湖长制,切实发挥省级河湖长联席会议机制作用,督促各地建立"河长+"机制。强化流域执法监督,推动跨区域联动、跨部门联合、与刑事司法衔接、与检察公益诉讼协作机制落地见效。

韩雪成　执笔

乔建华　审核

永定河流域"四个统一"取得新成效

水利部海河水利委员会

2022年,水利部海河水利委员会认真贯彻落实党的二十大精神,按照水利部统一部署,充分发挥流域管理机构作用,强化永定河流域治理管理"四个统一",推动各项工作取得新成效,永定河两度实现865km河道全线通水,与京杭大运河实现"世纪交汇",生态系统质量和稳定性持续提升。

一是强化永定河流域统一规划。进一步完善永定河综合治理与生态修复顶层设计,组织编制完成《永定河综合治理与生态修复总体方案》(2022年修编)。该总体方案获国家发展改革委、水利部、国家林业和草原局联合印发。细化落实该总体方案水利重点任务安排,落实责任分工,扎实推动各项工作有力有序开展。

二是强化永定河流域统一治理。坚持两手发力,强化流域统筹。加强重大项目流域审查和技术指导,全年争取中央投资13.6亿元支持永定河流域生态治理工作。充分发挥永定河流域投资有限公司平台作用,通过融资金融,争取绿色信贷、参与发起绿色基金,探索推进生态产品价值实现机制等,落实建设配套资金,全年共完成河北省张家口市永定河综合整治工程等17项工程,新开工建设河北省廊坊市永定河泛区综合整治工程等15个项目,基本建成数字孪生永定河1.0,超额完成年度目标任务。

三是强化永定河流域统一调度。深入推进永定河复苏行动,组织制定《2022年度永定河生态水量调度计划》,会同北京、天津、河北、山西4省(直辖市)水行政主管部门和永定河流域投资有限公司先后召开8次水量调度会,研究解决关键问题,动态调整调度计划安排,先后发布调度指令17次,加强重点工程统一调度,有力保障了调度目标如期实现。通过"四水统筹"和"五库联调",全年生态补水9.7亿 m^3,两次实现全线通水,累计全线通水 123 天、全线有水 184 天，圆满完成年度目标。

四是强化永定河流域统一管理。有序推进永定河上游地区农业节水工程实施，推进农业合同节水，项目累计节水 478 万 m³。编制完成《永定河水量调度管理办法》和《永定河流域横向水生态补偿实施方案》，着力构建永定河生态补水长效机制。全面落实河湖长制，组织永定河沿线 4 省（直辖市）5 市及永定河流域投资有限公司沿河同步开展"关爱河流、保护永定河"活动，协调督促相关省份完成 82 个碍洪突出问题清理，实现永定河"四乱"问题动态清零。推动沿线省（直辖市）强化地下水压采"节、控、调、管"措施，减少地下水开采量，使永定河平原区地下水水位平均回升 1~3 m。

魏广平　执笔

乔建华　审核

坚持系统思维　凝聚工作合力
推动"四个统一"在珠江流域落实落地
——2022 年珠江流域治理管理进展与成效

水利部珠江水利委员会

2022 年，水利部珠江水利委员会（以下简称珠江委）坚决贯彻落实习近平总书记治水重要论述精神，以流域为单元，坚持系统思维，强化流域统一规划、统一治理、统一调度、统一管理，不断探索协作共赢之路，各项工作取得积极进展和成效。

一、建体系、促实施，强化流域统一规划

一是率先全面建立流域综合规划体系。《柳江流域综合规划》获水利部批复，至此，珠江流域（片）8 条重要干支流综合规划全部获批，基本建立流域综合规划和专业专项规划相结合的规划体系，为依法治水管水提供基本依据。

二是全面启动珠江流域防洪规划修编。系统开展上一轮流域防洪规划实施评估，全面复核流域重要河段的设计洪水、防洪能力以及重要城市、防洪保护区的防洪标准，基本开发完成规划修编数字一张图平台，为全面开展流域防洪体系优化布局研究打下坚实基础。

三是着力强化规划实施管理。建立流域内省、市、县三级水利规划清单，开展区域规划合规性审核。以韩江流域综合规划为试点，商福建、江西、广东 3 省水利厅制定印发规划约束性指标和各地主要工作任务，建立规划实施机制，强化流域规划法定地位和指导约束作用。

二、提质效、强督导，强化流域统一治理

一是扎实推进大藤峡水利枢纽工程建设。圆满完成"4·30"挡水、

围堰拆除、61 m 蓄水验收、右岸首台机组发电 4 大工程建设攻坚目标，为 2023 年工程建设圆满收官打下坚实基础。左岸工程运行管理标准化有序推进，2022 年，共拦蓄洪水 7.0 亿 m³，为下游补水 4.4 亿 m³，年发电量超 33 亿 kW·h，关键工程 "王牌" 作用日益凸显。

二是加快推动重大工程立项建设。聚焦服务粤港澳大湾区建设等国家重大战略，编制大湾区思贤滘生态控导工程总体方案。主动靠前服务指导，支持地方全力推进环北部湾水资源配置、闽西南水资源配置等重大工程前期研究论证，环北部湾广东水资源配置、广西平陆运河等相继开工建设。

三是全面加强重点工程建设督导和投资计划执行。督导云南省石屏灌区等 10 项重大工程建设，指导海南省南渡江引水等 3 项工程竣工验收，完成 201 个中型灌区新建及续建配套与节水改造立项复核。督促云南、贵州、广西、广东、海南 5 省（自治区）加快投资计划执行，完成水利建设投资超 2000 亿元，充分发挥水利拉动有效投资和稳定经济大盘作用。

三、谋统筹、求共赢，强化流域统一调度

一是强化流域防洪统一调度。2022 年，珠江流域遭遇历史罕见洪旱灾害，连续发生 8 次编号洪水，形成 2 次流域性较大洪水，北江发生 1915 年以来最大洪水。首次启动珠江防汛抗旱总指挥部防汛Ⅰ级应急响应，强化流域防洪统一调度，会同有关省（自治区）水利厅科学调度 40 余座水工程，拦蓄、分滞洪水 176.0 亿 m³，首次启用潖江蓄滞洪区分洪，精细调度大藤峡、飞来峡水库拦洪，将西江洪峰延后 38h，避免西江、北江洪峰恶劣遭遇，保障了大湾区城市群防洪安全。

二是强化流域水资源统一调度。面对东江、韩江 60 年来最严重干旱，锚定供水保障 "四个目标"，逐流域、逐供水区研判供水保障形势，构筑西江、东江、韩江供水保障 "三道防线"，实施千里调水压咸潮特别行动，果断采取动用新丰江水库死库容等非常措施，精准压制珠江三角洲咸潮，累计向澳门特别行政区、广东省珠海市等地供水 1.4 亿 m³，向广东省东莞市、广州市等地供水 9.2 亿 m³，确保香港特别行政区、澳门特别行政区等

粤港澳大湾区城市和流域城乡供水安全。

三是强化流域生态统一调度。制定印发 27 个重点河湖生态流量保障实施方案，明确 40 个控制断面生态流量保障目标、保障措施、监测预警、责任主体，并将生态流量保障目标纳入水资源调度方案和年度调度计划。已实施调度的北盘江等 6 条跨省河流生态流量目标保障率均超 90%，切实保障河流生态功能用水需求。

四、抓履职、聚合力，强化流域统一管理

一是大力推进河湖管理保护。建立流域省级河湖长联席会议，推进实施"珠江委+流域片省级河长办"协作机制，凝聚流域河湖保护治理合力。加强河湖水域岸线空间分区分类管控，严格依法依规审批涉河建设项目。重拳出击，强力督导拆除西江干流梧州段 46 万 m² 非法网箱养殖，有力防范化解重大防洪风险隐患。开展防汛保安、侵占河湖行为等专项行动，指导督促河湖"四乱"问题整改，有力维护河湖健康生态。督促北部湾地区落实地下水超采治理措施，广东省湛江市、广西壮族自治区北海市地下水超采区水位较同期分别上升 2.32 m、0.25 m。

二是持续加强水资源节约集约管理。编制完成西江等 6 条跨省河流水资源调度方案，制定下达韩江等 10 条跨省河流水资源年度调度计划。西江水资源调度方案获水利部批复，成为获批的首个跨省河流水资源调度方案。严格水资源论证和取水许可审批，全年完成取水许可审批 35 项，核减许可水量 2810 万 m³。以环北部湾广东水资源配置、广西平陆运河等重大项目为切入点，大力推进规划水资源论证，从规划源头促进工程布局规模与水资源承载能力相协调。深入落实节水优先方针，从严把关流域 5 省（自治区）县级行政区达标建设复核，流域达标建设创建率达 40%，推动流域 15450 家用水单位建成节水型单位，珠江委及所属单位全面建成水利行业节水型单位，充分发挥示范引领作用。

三是不断提升流域水利管理能力。建立完善流域水利工作"一本账"，聚焦防洪、水资源、河湖管理、水土保持、农村水利、工程建设和运行管理等涉水重点工作领域开展精准高效监管。全年共派出 381 个检查组 1179

人次，检查县（区）538 个、各类水利工程 2863 处，发现各类问题 4409 项，下发"一省一单"60 份，不断提升监督稽察实效。推进珠江水量调度条例立法工作，组织起草跨省水库管理、韩江流域管理等办法。以万峰湖治理为契机率先在省级层面建立"水行政执法+检察公益诉讼"协作机制，推进水行政执法与刑事司法相衔接。建成珠江防汛抗旱"四预"平台，数字孪生珠江、数字孪生大藤峡建设在水利部开展的数字孪生流域建设先行先试中期评估中荣获"双优秀"。强化大湾区水利交流合作和科技支撑，召开澳门附近水域水利事务管理联合工作小组第八次会议，获批筹建水利部粤港澳大湾区水安全保障重点实验室，成立粤港澳大湾区涉水事务标准协同研究中心，更好地服务国家重大战略实施。

下一步，珠江委将深入贯彻落实党的二十大精神，立足流域全局、把握治水规律、勇于改革创新，积极发挥流域治理管理主力军作用，为流域经济社会提供强有力的水安全保障。一是统筹做好流域水利规划管理。加快推进流域防洪规划修编，配合做好珠江河口综合治理规划审查审批，组织编制东南区域水网建设规划、珠江流域（片）水土保持规划。进一步加强规划实施管理，督促落实珠江"十四五"水安全保障规划及其他已批规划重点任务，抓好规划约束性指标和水利主要任务分解实施。二是协同有序推进统一治理。推动大藤峡水利枢纽主体工程建设全面完工，打赢工程建设收官战。推进洋溪水库尽快审批立项并开工建设，督促加快广西壮族自治区、广东省西江干流治理和海南省迈湾水库等项目建设。指导推进澳门珠海水资源保障等重点项目前期工作，统筹推进环北部湾广西水资源配置等重大项目实施。三是全方位全过程抓好统一调度。充分发挥珠江防汛抗旱总指挥部办公室平台作用，统筹流域水工程联合调度运用，最大限度发挥水工程防洪减灾效益。抓好珠江枯水期水量调度，筑牢供水保障防线。持续更新完善珠江防汛抗旱"四预"平台，加快推进流域水工程防灾联合调度系统建设，全面提升流域防洪减灾决策支撑能力。四是夯实完善统一管理基础。强化河湖长制统筹协调，加强河湖水域岸线空间管控。落实水资源刚性约束要求，全面开展西江等 12 条跨省河流水资源统一调度。推进珠江水量调度条例等立法工作，推动水行政执法与检察、刑事司法衔接机制落地见效。完成数字孪生珠江流域建设先行先试任务，建成大藤峡工程数字孪生平台，加快水文站网现代化改造，持续提升流域水利决策与管理水平。

崔坤智　吴怡蓉　执笔

王宝恩　审核

珠江"四预"平台提升洪水精细化调度水平

水利部珠江水利委员会

2022 年 5 月，水利部珠江水利委员会（以下简称珠江委）建成了具有交互式预报、自动预警、多维度预演、比选优化预案功能的珠江"四预"平台。在迎战珠江"22·6"特大洪水期间，"四预"平台基于预报预警信息，模拟分析西江和北江大、中、微不同尺度洪水演进和淹没实景，优选提出干支流水库群联合调度方案，为洪水防御提供了科学高效的决策支撑。

2022 年 6 月 15—21 日，北江、西江出现长时间强降雨过程，预报西江将形成第 4 号洪水、北江将形成特大洪水，且西江、北江洪峰可能同时到达珠江三角洲重要控制断面思贤滘，严重威胁珠江三角洲城市群防洪安全。为避免西江、北江洪水恶劣遭遇，降低下游防洪压力，"四预"平台运用三维可视化仿真技术，构建珠江流域防洪数字化场景，综合分析雨水情和洪水发展态势，按照"总量—洪峰—过程—调度"链条，从流域大尺度、区域中尺度、城镇或工程微尺度场景对西江和北江洪水不同工况下的调度方案进行滚动预演。

通过"四预"平台的"人工交互调度"模块，增加郁江、柳江、桂江支流水库群和大藤峡水利枢纽工程参与联合调度，形成龙滩、百色等上游大型水库全力拦洪，柳江、桂江等支流水库群适时错峰，大藤峡水利枢纽工程精准削峰的水库群联合调度方案。同时，利用"四预"平台滚动预演，借助可视化平台和流域防洪高保真数字化场景，及时分析下游站点洪峰削减和水库库区淹没等情况。通过"四预"平台的"方案对比"模块，制定比选了 50 余套调度方案，结合下游站点流量削减大小、水库超汛限个数、漫堤个数、超警水文站点个数等指标，分析识别不同调度方案下的风险隐患，比选提出最优调度方案。

基于"四预"平台的研判决策，珠江委下达了 22 道调度令，科学、精细调度 5 大水库群 24 座水库，成功削减梧州水文站洪峰流量 6000 m³/s（降低水位 1.8 m），有效减轻西江下游防洪压力，并将西江洪峰出现时间延后 38 h，避免了西江、北江洪水恶劣遭遇，为北江洪水安全宣泄创造了条件，将珠江三角洲洪水全线削减到堤防防洪标准以内，确保了防洪安全。

下一步，珠江委将持续完善"四预"平台功能，扩大洪旱灾害感知覆盖范围和要素内容，提高预测预报的预见期与精准度，进一步增强模拟演算、调度预演能力，为强化流域统一调度、统一管理提供坚实支撑。

崔坤智　吴怡蓉　执笔

王宝恩　审核

坚持系统观念　强化"四个统一"
扎实推动新阶段松辽流域
水利高质量发展

——2022年松辽流域治理管理进展与成效

水利部松辽水利委员会

2022年，水利部松辽水利委员会（以下简称松辽委）深入贯彻落实党的二十大精神，认真践行习近平总书记治水重要论述精神，充分发挥流域管理机构主力军作用，立足流域全局、坚持系统观念、把握治水规律、勇于改革创新，努力在统一规划、统一治理、统一调度、统一管理（以下简称"四个统一"）上下功夫、求实效，切实提升流域治理管理能力和水平，推动松辽流域水利高质量发展再上新台阶。

一、系统施策，深入推进"四个统一"贯彻落实

松辽委牢牢把握强化流域治理管理的历史机遇期，坚持以问题为导向，立足松辽流域特点和工作实际，积极谋划强化"四个统一"工作措施，全面提升松辽流域治理管理能力和水平。

一是强化统一规划，构建水安全保障整体格局。按照"系统性、抓重点、强能力"的思路，不断完善流域规划体系，强化流域规划刚性约束。以综合规划为统领，编制完成诺敏河、绰尔河等8条河流综合规划，完成松辽流域"十四五"水安全保障规划，谋划松辽流域整体格局。以专业规划为补充，全面启动流域防洪规划、流域水网规划编制工作，推进构筑牢固支撑体系。以规划执行为关键，全年完成洪水影响评价等各项水行政审批41项，完成辽宁省水网规划与流域规划的符合性审核，有力保障流域规划实施。

二是强化统一治理，通盘谋划工程建设和布局。按照"协同性、强治理、共保护"的思路，科学布局水利工程，有序推进项目实施。从流域整体为一个单元出发，重点论证嫩江诺敏河、雅鲁河、阿伦河等支流修建控制性工程的可行性和必要性，系统完善防洪工程布局。从保障流域供水安全出发，积极开展引洋入连工程、嫩江干流补充治理、明岩水利枢纽等12项引调水、治理工程和水库建设方案项目审查，实施流域水网建设需求汇总审核、生态需水情况复核、工程方案比选等工作，指导推动水系连通及水美乡村建设，推动流域水资源供给与经济社会发展需要相匹配。从守护松辽大地绿水青山出发，全面启动流域母亲河复苏行动，深入实施地下水超采整治，组织完成108.75万 km² 东北黑土区侵蚀沟调查，流域生态工程建设统筹推进。

三是强化统一调度，实现涉水效益"帕累托最优"。按照"统筹性、保安全、求多赢"的思路，统筹开展防洪调度、水资源调度和生态调度。系统实施防洪统一调度，科学调度尼尔基、丰满、白山、察尔森水库，累计拦蓄洪水88.30亿 m³，协助地方科学处置辽河流域东五家子水库和绕阳河堤防溃口险情，有力保障人民群众生命财产安全。系统实施水资源统一调度，组织实施嫩江等8条跨省江河年度水量调度，针对流域春灌用水紧张情况，统筹调度尼尔基、丰满、察尔森水库增加放流，确保农业用水安全。系统实施生态流量统一调度，印发18条跨省江河生态流量保障实施方案，加强西辽河"量水而行"水量统一调度和用水监管，总办窝堡断面20年来首次过水。

四是强化统一管理，开创联控联治管理新格局。按照"联动性、建机制、严管控"的思路，推动构建流域统筹、区域协同、部门联动的管理格局。以河湖长制为依托，开展河湖岸线利用建设项目和特定活动清理整治专项行动，排查出426个妨碍河道行洪严重问题，督促整改销号389个，切实强化河湖统一管理。以总量和强度双控为目标，完成83个县域节水型社会达标建设复核，印发实施霍林河等17条跨省江河水量分配方案，严格取水许可审批，核减水量1.09亿 m³，进一步强化水资源刚性约束作用。以依法治水管水为指导，出动执法人员531人次，巡查河道3927km，现场制止违法行为 8 项，紧盯水利工程运行管理风险点，组织对流域 432 项工程统筹开展监督检查，对 119 条省际河流开展水事矛盾纠纷集中排查化解活动，有力维护流域水事秩序。

二、提升能力，不断夯实"四个统一"支撑保障

松辽委努力在数字孪生建设、水利科技创新、体制机制法治等方面下功夫，通过有力的保障措施，推动流域水利高质量发展。

一是大力推进数字孪生建设，强化智慧保障。为加快推进流域治水信息化、现代化建设，坚持数字赋能，以智慧流域建设为主线，积极构建具有"四预"功能的数字孪生水利体系。编制完成《松辽流域智慧水利总体方案》《松辽委"十四五"网信发展规划》和《"十四五"数字孪生松辽建设方案》，对松辽委信息化建设进行全面谋篇布局。坚持以业务领域应用为引领，高效推进数字孪生尼尔基工程建设和数字孪生嫩江建设先行先试，积极推进松花江重点河段数字孪生流域、"保卫粮仓"东北黑土区水土保持智慧监管工程建设，为智慧松辽建设破好题、探好路。

二是大力推动水利科技创新，强化技术保障。积极加强科技组织领导，促进多方交流合作，深化科技攻关和推广，以科技创新为流域治水管水增效赋能。全面开展科技需求和成果管理，紧密围绕强化流域治理管理，梳理凝练科技需求及研究建议 100 余项，为破解流域水治理突出问题提供基础支撑。持续深化与科研院所交流合作，2022 年，与中国科学院东北地理与农业生态研究所签署合作框架协议，联合开展流域水治理重大关键技术研究，进一步强化科技攻关、业务交流、人才培养等方面的合作，为推动水利科技创新引进外智。切实推动重大科技问题研究，启动松辽流域河湖岸线生态治理与修复技术研究、松辽流域专用洪水预报模型等 2 项水利部重大科技项目，开展了多项关键水利科学技术攻关。

三是加强体制机制法治管理，强化制度保障。充分发挥流域管理机构职责，建成流域省级河湖长联席会议机制、流域管理机构与省（自治区）河湖长制办公室协作机制、"河湖长＋警长＋检察长＋法院院长"协作机制。创新水资源管理方式，建立"2+3+7"取水许可事中事后监管体系。推动

成立辽河防汛抗旱总指挥部，完善水工程联合调度体制机制。推动建立中俄防洪协作机制，提升界河防洪能力。根据水利部批复的"三定"规定，及时调整和修订相关工作机制和规章制度。建立监督统筹工作机制，加强监督检查的协调调度，强化内部整合。

三、从严治党，持续强化"四个统一"政治引领

办好中国的事情，关键在党。为更好地发挥流域管理机构在流域治理管理中的主力军作用，松辽委始终把党的政治建设摆在首位，深入推进全面从严治党，充分发挥基层党组织战斗堡垒作用和党员先锋模范作用，以高质量党建工作引领流域水利高质量发展。

一是坚持党的领导，以深入学习贯彻党的二十大精神和习近平总书记治水重要论述精神为主线，持续深化政治机关建设，不折不扣贯彻好、落实好、执行好党中央、水利部党组各项决策部署。

二是坚持以人民为中心，建立"我为群众办实事"长效机制，通过强化水旱灾害防御，保障人民对生命财产安全的需要，通过优化水资源管理，保障人民对可靠水供给的需要，通过深化水生态治理，保障人民对优质生态产品的需要，切实提高人民群众的获得感、幸福感、安全感。

三是坚持强化责任落实，深化政治巡察，将强化流域治理管理工作情况纳入委党组巡察监督重点，以全面从严治党引领和保障流域治理管理工作。

下一步，松辽委将深入落实水利部各项决策部署，依法履行流域治理管理各项职责，充分发挥流域管理机构在流域治理管理中的主力军作用，强化流域统一规划、统一治理、统一调度、统一管理，全面提升水安全保障能力，扎实推动新阶段流域水利高质量发展，为实施东北全面振兴战略提供服务和支撑。

高海菊　汪洪泽　边晓东　罗天琦　王成刚　执笔

齐玉亮　审核

坚持规划引领　强化监督保障
推动流域水利基础设施建设顺利实施

水利部松辽水利委员会

2022年，水利部松辽水利委员会（以下简称松辽委）深入贯彻党的二十大精神，认真落实水利部关于推动水利基础设施建设各项决策部署，坚持统筹发展和安全，充分发挥流域管理机构职能作用，多措并举，全力推动流域水利基础设施建设取得新成效。

一、加快立项审查，助力流域水利基础设施建设项目早日上马

立足流域全局统筹项目实施，逐环节有序推进前期工作，积极推动工程立项建设。聚焦规划引领早布局，超前谋划嫩江补水等引调水工程以及塔林西等一批重大水源工程，统筹构建松辽流域水网主骨架和大动脉，持续完善水利基础设施体系。聚焦重大水利工程建设早实施，积极与流域相关省（自治区）对接沟通，协调解决项目前置要件办理难点问题，顺利完成5项重大水利工程可行性研究报告审查，加快推进流域重大项目前期工作。聚焦乡村振兴工程早立项，有序完成流域4省（自治区）90处中型灌区改造项目立项以及11处新建中型灌区项目储备基本条件复核，为推动项目早立项早开工奠定坚实基础。

二、紧盯建设进程，推动流域水利基础设施建设项目提质增速

及时跟踪流域在建工程建设进展，做好督促指导，全力助推工程早日建成发挥效益。针对进度滞后工程强督导，分3批次对流域内14项重大水利工程进行督促指导，摸清滞后原因，协调提出解决方案，协同地方推动辽宁省猴山水库在内的4项重大项目顺利通过竣工验收，松辽委建管站代

建工程关门嘴子水库顺利实施导截流，迈出了工程建设关键性的一步。针对灌区改造项目盯进度，组织对黑龙江、吉林、辽宁 3 省 14 处大型灌区、28 处中型灌区年度改造任务进行调研督导，梳理进度滞后制约因素和工作薄弱环节，开展工作提醒，推动顺利完成水利部确定的年度目标任务。针对中小河流治理解难题，全面启动流域中小河流治理总体方案编制，成立工作专班，召开流域会商，开展多轮审核，协同地方促进项目加快实施，不断补齐流域中小河流防洪短板和薄弱环节。

三、强化安全监管，保障流域水利基础设施建设项目安全发展

紧盯工程建设重点领域和关键环节，加大监督检查力度，牢牢守住工程建设安全底线。围绕度汛安全抓检查，创新工作模式，"线上+线下"精准施策，以典型问题和重大隐患为重点，对地方自查存在问题的在建工程，按照不少于 10% 的比例开展度汛安全检查，及时推动问题整改，筑牢工程度汛安全屏障。围绕生产安全抓监管，组织对辽宁省覆窝水库除险加固和吉林省中部城市引松供水二期等 8 个工程开展项目稽察和安全生产巡查，及时下发"一省一单"反馈问题，督促整改，确保工程建设安全。围绕质量安全抓考核，积极推进流域水利工程建设质量提升行动，高效、客观完成水利建设质量考核赋分工作，以考核促监管，切实提升流域水利工程建设质量管理水平。

高海菊　汪洪泽　边晓东　罗天琦　王成刚　执笔

齐玉亮　审核

切实强化流域治理管理
奋力推动新阶段太湖流域水利
高质量发展

——2022 年太湖流域治理管理进展成效

水利部太湖流域管理局

2022 年，水利部太湖流域管理局（以下简称太湖局）深入贯彻习近平总书记治水重要论述精神，认真落实水利部党组工作部署，以服务保障长三角一体化高质量发展为总体目标，突出强化流域治理管理，积极践行推动新阶段水利高质量发展六条实施路径，切实保障流域"四水"安全，推动流域水利工作取得新成效。

一、强化顶层设计，不断完善流域水利规划体系

立足流域整体，有序推进流域水利规划编制和管理工作，促进发挥流域规划的引领支撑和指导约束作用。太湖局商流域各省（直辖市）梳理形成进一步完善流域水利规划体系的规划编制清单，积极指导流域内相关省（直辖市）开展区域水利规划编制和修订。全面启动太湖流域防洪规划修编，建立规划修编领导小组抓总，省（直辖市）工作组、局内总体组共同推进，专家咨询组提供智力支撑的组织体系。建成防洪规划修编数字一张图数据库，形成现状防洪能力复核水利计算等专题成果，设计暴雨及设计洪水修订成果顺利通过水利部审查。配合国家发展改革委、水利部编制完成新一轮《太湖流域水环境综合治理总体方案》，经国务院同意后正式印发实施。协调江苏省完善新孟河有关成果并纳入太湖流域重要河湖岸线保护与利用规划，该规划已经水利部部务会议审议通过。配合水利部完成苏浙皖水网建设规划和上海市黄浦江防洪能力提升总体布局方案审查，完成安徽省黄山市城市防洪规划

技术审查，指导江苏省苏州市完善城市防洪排涝规划。同时，持续做好审批权限范围内水工程建设规划同意书、河道管理范围建设项目工程建设方案等行政许可，助力长三角一体化示范区水乡客厅等规划明确的重大工程建设，采取"互联网+"、线上线下相结合等多种形式强化事中事后监管。

二、坚持综合治理，流域治理保护能力稳步提升

建立流域片重大水利工程项目库，动态跟踪掌握工程前期工作、建设进展、投资计划执行和竣工验收等情况，有序推进重大水利工程建设，提升流域治理保护能力。协调推进流域重大水利工程建设取得重要突破，吴淞江（江苏段）整治工程、苏州河西闸、扩大杭嘉湖南排后续西部通道、闽江干流防洪提升、开化水库等工程相继实施，流域片列入国务院部署推进的 55 项重大水利工程中的 4 项全部开工建设。新孟河延伸拓浚工程基本建成，环湖大堤后续、吴淞江（上海段）新川沙河段等在建工程建设有序推进。创新流域统筹、省市负责的工作模式，协调地方落实经费，牵头组织开展太浦河后续（一期）工程可行性研究报告招标和编制工作。配合水利部水利水电规划设计总院完成望虞河拓浚工程可行性研究报告复核。指导地方推进国家、省、市、县级水网工程建设，浙江省入选水利部第一批省级水网先导区。组织开展流域片中小河流治理总体方案编制、河流名录复核等工作，指导推进小型病险水库除险加固。

三、强化多目标调度，流域"四水"安全得到有力保障

2022 年，春汛、"空梅"、夏秋连旱、罕见咸潮入侵等极端天气事件接连来袭，流域水安全保障形势严峻复杂。太湖局积极履行太湖流域调度协调组办公室、太湖流域防汛抗旱总指挥部办公室职能，深化多目标统筹调度，落实"四预"措施，组织各类会商 295 次，坚决守稳水安全防线。召开调度协调组办公室第二次全体会议，落实调度协调组工作部署，研究提出太湖调度预期目标水位成果，修订完成《太湖流域洪水与水量调度方案》并报水利部。扎实开展汛前准备，召开太湖流域防汛抗旱总指挥部指挥长会议，压实各级防汛责任。滚动预演强降雨影响，及时加大排水力度，科学预降太湖及

河网水位，有效应对了流域春汛及"梅花""轩岚诺"等台风侵袭。

在做好防洪工作的同时，流域供水安全保障取得突出成效。近10年来首次在主汛期实施引江济太调水，全年调水179天，引长江水22.8亿 m^3，入太湖11.9亿 m^3，引水天数和引水量均位居历史前列，入湖水质始终达到或优于Ⅲ类。及时补充太湖优质水资源，也在一定程度上抑制了夏秋季蓝藻水华在太湖北部湖区暴发。新辟引江济太新通道，依据水利部批复启动新孟河抗旱调水试运行，为秋冬季储备优质水资源。全力迎战9月以来长江口历史罕见咸潮入侵，实施抗咸潮保供水专项行动，果断加大引江济太和太浦河供水力度，太湖流域成功担负起上海市约90%的供水保障任务。针对陈行水库蓄水严重不足且无法从长江补水的棘手局面，通过现场调研和模拟预演优化应急补水通道及调水路径，迅速打通太湖/望虞河—河网—水库通道，为陈行水库及上海市嘉定、宝山区提供稳定清洁的淡水水源。持续做好太湖及主要入湖河流控制断面、省界断面水质、水生态监测分析，加强太湖蓝藻监测、预警，保障太湖安全度夏，连续15年实现"两个确保"目标。发挥太浦河水资源保护省际协作机制作用，太浦河下游水源地连续5年未出现锑浓度异常。强化省际边界地区水葫芦联合防控，实施为期40天的"清剿水葫芦，美化水环境"专项行动，在党的二十大、第五届中国国际进口博览会期间营造流域优美水环境。

四、健全体制机制，严格履行流域统一管理职责

进一步强化流域治理管理体制机制法治建设，着力构建流域统筹、区域协同的流域统一管理格局。积极探索南方丰水地区节水路径，联合苏浙沪印发出台《推进太湖流域节水型社会高标准建设的指导意见》，制定县域节水型社会达标建设复核手册，高质量完成苏浙闽40个县（区）复核。指导地方全面完成太湖、新安江、交溪、建溪流域水量分配方案分解。修订完善新安江等6个跨省重点河湖生态流量（水位）保障实施方案，建立生态流量保障协商协作机制，先后启动黄浦江松浦大桥等生态流量预警应急响应，全力保障严重夏旱情况下生态流量不被破坏、少被破坏。深化流域河湖管护体系，建立流域片省级河湖长联席会议机制，5月召开第一次

全体会议，并推动年度重点任务全面完成。积极发挥太湖淀山湖湖长协作机制作用，制定长三角示范区幸福河湖评价办法，指导示范区深入开展幸福河湖建设。全面完成妨碍河道行洪突出问题重点核查，推动156项问题全部销号。派出31个检查组、150余人次，高质量完成水利部部署的小型水库安全运行、农村供水工程等督查检查任务。做好水土流失动态监测和水土保持监管，大力推进生态清洁小流域建设，开展流域平原区生态清洁小流域建设技术导则编制。全面推进水利部法治机关试点建设，强化水政执法检查和违法行为发现处理，高质量完成直管工程及流域省（直辖市）防汛保安专项执法行动，与流域内公安、检察机关建立协作机制。

五、强化数字赋能，加快推进数字孪生太湖建设

制定"十四五"数字孪生太湖建设方案和数字孪生太浦河、太浦闸先行先试项目实施方案并通过水利部审查，基本完成长三角一体化数字太湖工程可行性研究报告。加快推进数字孪生先行先试任务建设，完成太浦河L2级、太浦闸L3级数据底板构建，以及太浦河防洪供水、太浦闸调度和安全运行"四预"场景化应用开发，流域多目标统筹调度"四预"一体化系统在抗咸潮保供水调度实战中发挥了重要作用。数字孪生太浦河、太浦闸两项先行先试项目在水利部中期评估中获评优秀。建成流域水资源管理和调配系统并投入运行，推动水资源管理由事后评估向动态监管转变。制定流域涉水信息共享清单，实现省（直辖市）间、部门间重要涉水信息互联互通。太湖局网络安全能力提升及IPv6设备改造项目建成并发挥效用。

2023年是贯彻落实党的二十大精神的开局起步之年，太湖局将继续以习近平总书记治水重要论述精神为行动指南，按照水利部工作部署，持续强化流域治理管理"四个统一"，着力提升"四水"安全保障能力，坚定不移推动新阶段太湖流域水利高质量发展，为流域现代化建设和长三角一体化发展国家战略实施提供坚实有力的水利支撑。

邵潮鑫　执笔

朱　威　审核

专栏四十三

扎实保障太湖流域"四水"安全

水利部太湖流域管理局

2022 年，太湖流域降雨异常，3 月发生明显春汛，6 月以后出现"空梅"和罕见夏秋连旱，9 月起上海市遭受长江口咸潮侵袭严重影响，水安全面临严峻挑战。水利部太湖流域管理局（以下简称太湖局）会同流域各地充分发挥调度协调机制作用，全力保障流域"四水"安全。

一、加强统筹组织，夯实多目标统筹调度基础

综合考虑防洪、供水、水生态、水环境调度需求，形成了以"2 条调度线、5 个时段、10 个功能区"为核心的太湖调度水位修订成果，该成果于 6 月经调度协调组办公室全体会议审议通过。组织修订太湖流域洪水与水量调度方案，融合上下游、左右岸、干支流、行业间调度需求，优化工程调度规则。

二、强化数字赋能，开发多目标统筹"四预"一体化系统

结合数字孪生太湖建设，针对平原河网地区的复杂特性，完善水动力学模型，优化洪涝风险评估算法，强化水流输移模拟等功能，重构水文气象预报、洪涝和水污染预警、调度方案预演等模块。太湖流域多目标统筹"四预"一体化系统在防洪供水实战中为调度决策提供了有力支撑。

三、科学精细调度，守稳流域水安全防线

3 月，受强降雨影响，太湖水位最高超防洪控制水位 0.44 m。太湖局及时调度太浦河、望虞河大力排水，科学预降太湖水位，在减轻防洪风险的同时，为春季太湖水草萌芽创造条件。夏季遭遇"空梅"和持续高温少

雨，7月，太湖水位降至近20年同期最低。太湖局认真研判旱情和太湖蓝藻防控形势，近10年来首次在主汛期实施望虞河引江济太调水，同时科学调控环太湖口门，保障流域区域用水需求。9月，面对接踵而至的台风"轩岚诺""梅花"，及时暂停引江调水转为全力排水。台风过后迅速恢复引江调水，并启动新孟河调水试运行，为秋冬季储备优质水资源。

四、迅速响应需求，全力打赢抗咸潮保供水专项行动

9月，受长江口咸潮入侵影响，上海市将主要水源地切换至太浦河和黄浦江。太湖局迅速加大太浦闸供水流量，持续供给太湖优质水，同时，组织太浦河沿线地方水利、生态环境部门开展水资源保护联防，保障下游水源地供水安全。针对上海市陈行水库水源紧张情况，经数字流场预演和现场查勘，迅速提出调水方案，5天内打通应急补水通道，通过河网成功为陈行水库补充合格淡水。

邵潮鑫 执笔

朱 威 审核

行业发展能力篇

有力有序推进重大水利规划编制工作

水利部规划计划司

2022年，水利部坚持以习近平新时代中国特色社会主义思想为指导，全面贯彻落实习近平总书记治水重要论述精神，以国家水网建设规划纲要编制、七大流域防洪规划修编等为重点，着力抓好具有全局意义的重大水利规划工作，强化顶层设计，为推动新阶段水利高质量发展提供规划基础和依据。

一、紧紧围绕完善流域防洪工程体系，加快推进七大流域防洪规划修编等重点规划

一是水利部会同国家发展改革委等有关部门于2022年4月全面启动七大流域防洪规划修编工作。组织制定印发七大流域防洪规划修编任务书和技术大纲，各流域制定工作大纲，明确规划任务安排、技术路线和技术要求。建立规划修编工作体系，成立全国技术工作组和各流域规划修编工作领导小组，先后6次组织调度会商和技术专题讨论，加强督促指导和协调推动；各流域管理机构组织技术承担单位，基本完成基础资料收集整理、上一轮防洪规划实施情况评估、近年来洪涝灾情调查分析、流域设计洪水复核等工作，开展防洪标准复核和防洪区划布局研究，初步构建防洪规划修编数字化平台和一张图框架。二是水利部联合国家发展改革委、财政部，推进水利防洪排涝薄弱环节建设，重点解决水利防洪减灾体系中治理需求迫切、风险隐患大、易致灾且一旦致灾损失较为严重的薄弱环节。三是组织开展全国中小河流治理总体方案编制工作，按照逐流域规划、逐流域治理、逐流域验收、逐流域建档立卡的要求，系统开展中小河流治理方案编制工作。

二、紧紧围绕加快建设国家水网，推动各级水网建设规划编制

一是党中央、国务院对国家水网的布局、结构、功能和系统集成作出了顶层设计，对推动新阶段水利高质量发展、在更高水平上保障国家水安全具有重要而深远的意义。水利部迅即抓好贯彻落实，制定贯彻落实方案，细化重点任务，明确责任分工和工作要求。二是加快谋划国家水网主骨架和大动脉规划布局，推进南水北调工程总体规划修编、东线二期工程可研修改完善以及西线工程重大专题研究和工程规划编制，启动区域水网规划编制工作。三是推动省级水网建设规划编制，印发《水利部关于加快省级水网建设的指导意见》，组织审核省级水网建设规划，已有 20 个省份将省级水网建设规划报水利部审核。四是创新省级水网建设推进机制，确定广东、浙江、山东、江西、湖北、辽宁、广西等 7 个省（自治区）为第一批省级水网先导区，开展先行先试，创造典型经验，加强示范引领。

三、紧紧围绕复苏河湖生态环境，开展重点流域和区域生态保护和综合治理专项规划编制

一是贯彻落实国家重大战略部署，联合有关部门印发《黄河流域生态保护和高质量发展水安全保障规划》《成渝地区双城经济圈水安全保障规划》《太湖流域水环境综合治理总体方案》，做好重点区域水安全保障规划编制。二是制定印发《母亲河复苏行动方案（2022—2025年）》《永定河综合治理与生态修复总体方案（2022 年修编）》，组织编制华北地区地下水超采综合治理实施方案（2023—2025 年）、"十四五"重点区域地下水超采综合治理方案，制定印发《完善大清河北支流域防洪工程体系和复苏河湖生态环境工作方案》。三是启动七大流域（片）水土保持规划编制工作，组织水利部水利水电规划设计总院和各流域管理机构编制完成相关流域开展水土保持工作的任务书和技术大纲。

四、紧紧围绕数字孪生水利建设，力争把数字孪生理念和技术与水利规划编制工作深度融合

一是推动构建流域防洪规划修编数字一张图。按照统一技术要求，以流域为单元，以数字孪生流域建设为基础，充分发挥已有水利信息平台的作用，构建规划修编数字信息平台。开展基础数据规范化入库存储、分析集成、成果体系管理等工作，力争形成规范化、数字化、可视化的流域防洪规划一张图，并将其纳入数字孪生流域建设内容。二是在全国农田灌溉发展规划、中小河流治理方案、七大流域（片）水土保持规划等编制工作中，要将数字孪生理念和技术应用到规划编制工作全过程。三是推动数字孪生流域、数字孪生水网和数字孪生工程建设，在技术标准等方面体现数字孪生水利建设的有关要求。

五、紧紧围绕流域治理管理"四统一"要求，进一步完善流域综合规划体系

一是加快重要支流综合规划审批。批复大清河、柳江等重要支流综合规划，已累计批复重要支流综合规划32项。协调推进嘉陵江等重要支流综合规划编制及环评审查。二是推进重要河口综合治理规划编制。组织对长江、珠江、黄河河口综合治理规划进行审查。

六、紧紧围绕水利规划归口管理，强化规划编制审批管理和衔接协调

一是加强水利规划归口管理。按照《水利规划管理办法》，制定印发《2022年度重点水利规划编制和审批工作计划》，加强跟踪督促和协调推动，2022年全年共审查审批26项重点水利规划。二是做好规划实施情况监测评估。对《中华人民共和国国民经济和社会发展第十四个五年规划和2035年远景目标纲要》提到的102项重大工程开工建设情况以及《"十四五"水安全保障规划》实施情况进行监测评估。三是强化规划衔接协调。加强水利规划与国民经济和社会发展规划、区域发展规划、国土空间规划

和"三区三线"划定、交通运输规划、生态环境规划、能源发展规划、林草规划等的衔接协调。

七、下一步重点工作

一是贯彻落实《国家水网建设规划纲要》（以下简称《纲要》）。加强《纲要》的宣贯工作，筹备召开《纲要》贯彻落实会。完善国家和区域水网规划布局，推进南水北调后续工程高质量发展，加快总体规划修编和后续工程前期论证，开展区域水网规划编制工作。完善省级水网规划体系，推进省级水网先导区建设。

二是加快七大流域防洪规划修编工作。逐流域开展调研座谈，强化跟踪督促和阶段成果检查，加强全过程管理。抓紧完成设计洪水复核成果技术审核，督促各流域管理机构加大工作推进力度，力争在2023年年底前基本完成主要技术工作，提出规划报告初稿，建立规划数字化平台及一张图。

三是推进流域综合规划编制审批。进一步完善塔里木河、黑河等重点内陆河流域综合规划及环评工作，加快嘉陵江、汉江等重要支流综合规划编制审查审批工作，推进长江河口、珠江河口、黄河河口综合治理规划技术审查和环评工作。组织水利部水利水电规划设计总院抓紧修改完善全国水利基础设施空间布局规划。

四是协调推动其他重点水利规划工作。加快华北地区地下水超采综合治理实施方案（2023—2025年）、太湖流域重要河湖岸线保护与利用规划审批，做好全国农田灌溉发展规划、全国中小河流治理总体方案、七大流域（片）水土保持规划等的编制工作。

五是加强水利规划归口管理，完善规划实施机制。制定印发2023年度重点水利规划编制和审查审批工作计划。压实流域规划实施责任，指导流域管理机构完善流域治理项目台账和七大流域防洪规划分年度项目台账。做好《"十四五"水安全保障规划》年度目标和任务完成情况监测和跟踪评估。

周智伟　郭东阳　曾奕滔　执笔

李　明　审核

锻造水利干部人才过硬队伍

水利部人事司

2022 年，水利部坚持以习近平新时代中国特色社会主义思想为指导，深入学习贯彻党的二十大精神，全面贯彻新时代党的组织路线，大力加强水利干部和人才队伍建设，聚力推动新阶段水利高质量发展取得新成效。

一、建设堪当重任的水利干部队伍

一是坚持培根铸魂，强化干部教育培训。把学习宣传贯彻党的二十大精神作为首要政治任务，纳入干部教育培训主要内容、部党校必修课，开展好集中宣讲、干部轮训，组织参加中央组织部网上专题班，推动水利系统迅速掀起学习热潮，教育引导广大党员干部深刻领悟"两个确立"的决定性意义，坚决做到"两个维护"。提升干部教育培训质量，印发《水利部干部教育培训管理办法》，修订《干部培训质量评估办法》。用好水利干部教育培训网络培训平台，充实选学内容，开发精品课程。聚焦中心工作和重点对象，克服新冠肺炎疫情影响持续办好部管干部能力提升、高层次人才研修等重点班次。举办 3 期水利高质量发展研讨班，集中培训全国水利系统近 300 名局处级干部。组织 2 期新录用公务员初任培训，首次开展处级公务员任职培训。继续依托水利部党校分 2 期点名调训 60 余名优秀年轻干部。全年举办各类培训和调训班 79 期，累计培训 1.33 万人次。

二是坚持政治标准，科学精准选用干部。严格执行干部政治素质考察办法，察真识准干部政治素质和政治表现。持续夯实干部选拔任用制度基础，严格执行《党政领导干部选拔任用工作条例》关于干部任职经历条件要求。加强干部队伍分析研判，拓宽选人用人视野渠道，实行一岗多人综合比选，选优配强部管班子，全年调整部管干部 190 人次，补充调整 22 个部管班子正职。着眼后继有人，将年轻干部选拔融入部管领导班子日常调整，大力选拔优秀年轻干部，提拔"70"后正司局级干部 5 名、"75"后副司局级干部 9 名。加强干部实践锻炼和专业训练，有计划地选派干部到定点帮扶、对口支援以及巡视巡察、信访维稳等基层一线或复杂环境中经受考验。把推动干部能上能下融入干部选拔任用日常调整，对工作思路不清晰、业务领导能力偏弱、工作作风不实、精神状态不佳的干部及时调整交流。

三是坚持从严从实，加强干部监督管理。完成中央巡视和选人用人专项检查问题整改，深化中央巡视整改成果运用，研究制定常态化整改工作机制，举一反三推进领导干部违规安排近亲属在部系统内从业专项整治。强化选人用人监督检查，全面开展"一报告两评议"工作，组织 28 家直属单位共 1421 人参加评议，评议新提拔干部 185 名。做好对部党组第十轮巡视整改有关工作后评估，印发《关于选人用人巡视检查发现有关问题的通报》。着力提升个人事项报告质量，全方位开展教育培训，印发指导性案例，组织专题辅导讲座，制作易错易漏事项查询辅导视频，推动 2022 年部系统查核一致率提升至 96.4%。建立领导干部配偶、子女及其配偶经商办企业常态化管理机制，督促 3 名领导干部亲属退出经商办企业。深入推进"裸官"治理，开展直属单位新增"裸官"排查统计。严格审批领导干部社团、企业、高校和科研院所兼职。做好选人用人信访举报查核处理。

四是坚持正向激励，大力表彰先进典型。深化领导干部年度考核，全面推行公务员平时考核，强化考核结果运用，首次举行年度考核表彰奖励仪式，线上线下同步展出先进事迹。制定印发《水利部公务员奖励实施细则》，首次聚焦水利基础设施建设、水旱灾害防御、黄河保护立法等重点任务，对 403 名干部和 40 个集体记功或嘉奖。组织开展全国水土保持工作先进评选表彰工作，表彰全国水土保持先进集体 150 个、先进个人 299 名。择优向中央及有关部门推荐水利先进典型，完成 12 项表彰活动推荐对象评选，其中 1 个集体和 1 名个人分获全国"人民满意的公务员集体""人民满意的公务员"称号。

二、培养德才兼备的高素质水利人才

一是抓规划实施，深化水利人才发展体制机制改革。全面贯彻习近平总书记关于做好新时代人才工作的重要思想，加快实施《"十四五"水利人才队伍建设规划》。经中央全面深化改革委员会审议通过，与科技部等 8 部门联合印发《关于开展科技人才评价改革试点的工作方案》，推进中国水利水电科学研究院、南京水利科学研究院纳入科技人才评价改革试点范围，并组织 2 家单位制定实施方案，赋予用人单位评价自主权。按照有关工作安排，在全系统集中开展人才工作中"唯帽子"问题专项治理，让人才称号、学术头衔回归学术性、荣誉性的本质。开展《水利部事业单位专业技术二级岗位管理办法》修订工作，破除"五唯"（唯论文、唯帽子、唯职称、唯学历、唯奖项）现象，健全以创新能力、质量、实效、贡献为导向，充分体现水利行业特色和岗位特点，符合水利人才特点和成长规律的人才评价机制。

二是抓选拔培养，促进人才队伍高质量发展。加大高层次人才培养选拔和支持力度。选拔推荐中国青年科技奖等 5 批 52 人次国家高层次人才、3 名全国技术能手、30 名水利国际化人才合作培养项目人选，以及国际化高端会计人才培养工程人选、"中国年轻行政人员长期培养支援"项目人选、联合国教科文组织专业人员、驻外后备干部等共 11 人。首次引进 1 名外籍高层次人才到部属科研单位全职工作。持续夯实基层水利人才队伍。组织开展水利人才"组团式"援藏，择优选派 4 个团组 35 人分赴阿里、那曲、山南、日喀则等地集中帮扶，2 名优秀博士参加中组部"博士服务团"，2 名技术专家赴米林县挂职帮扶。持续强化教育培养帮扶，积极推广水利人才"订单式"培养模式。实施 14 期巩固脱贫攻坚成果和助力乡村振兴业务培训班，助力提升基层水利干部人才专业水平和履职能力。

三是抓激励保障，完善水利人才选拔培养体系。修订水利部事业单位专业技术二级岗位评审赋分标准，组织选聘 31 名二级岗位人员。修订《水利部职称评审管理办法》，2022 年完成 888 人次的年度职称评审，在工程、经济、会计、企业政工 4 个系列职称评审时首次全部采取"网络赋分+集中复核"方式，保证了职称评审工作的效率和公平公正。健全水利人才激励保障，指导北京江河水利发展基金会完成首批项目资助，向 10 名水利青年科技英才每人资助 30 万元、30 名水利青年拔尖人才每人资助 10 万元。落实专业技术人才职务科技成果转化收益分配相关政策，印发《水利部事业单位科研人员职务科技成果转化现金奖励纳入绩效工资管理实施意见》。

下一步，水利部将坚持以习近平新时代中国特色社会主义思想为指导，大力加强水利干部和人才两支队伍建设，支撑保障新阶段水利高质量发展迈出坚实步伐。在干部队伍建设方面，抓好理论武装和干部教育培训，树立鲜明正确的选人用人导向，做深做实政治素质考察，优化干部培养、选拔、管理、使用各环节工作，加强干部斗争精神和斗争本领养成，加强对干部全方位管理和经常性监督，多措并举激励干部担当作为，建设一支胜任新时代治水事业的高素质专业化干部队伍。在人才队伍建设方面，聚焦国家重大战略和水利高质量发展实际，加快实施《"十四五"水利人才队伍建设规划》，实施高层次人才、重点领域人才、复合型人才、青年人才、基层人才等开发培养重点工程，深化人才发展体制机制改革，打造一支数量充足、结构优化、布局合理、素质优良的水利人才队伍。

房 蒙 马 越 执笔

郭海华 巩劲标 审核

水利行业监督检查取得实效

水利部监督司

2022 年，水利监督工作突出对党中央、国务院重大决策部署贯彻落实情况的监督检查、跟踪问效，全面排查消除风险隐患和存在问题，牢牢守住安全生产和质量安全底线，进一步完善监督体系，凝聚行业共识，为水利高质量发展提供持续稳定的监督保障。

一、狠抓水利安全生产工作

一是贯彻落实党中央、国务院决策部署。制定《水利部贯彻落实〈关于进一步强化安全生产责任落实、坚决防范遏制重特大事故的若干措施〉的实施方案》，强化水利安全生产源头管控、系统治理。

二是加强重大安全风险防范。深化安全风险分级管控和隐患排查治理双重预防机制建设，制定《构建水利安全生产风险管控"六项机制"的实施意见》。运用"安全监管+信息化"手段实施安全风险状况评价和风险预警，对高风险地区和单位的 116 个水利工程建设项目开展安全生产巡查。

三是推进水利行业安全整治。开展安全生产专项整治三年行动巩固提升和自评。开展水电站等水利设施风险隐患排查整治专项行动，对 28.7 万处小水电站、水库、水闸、堤防等水利设施和在建水利工程进行全覆盖自查自纠，对 2700 余处水利设施和在建水利工程进行重点抽查。部署开展安全生产大检查及"回头看"督导检查，抽查检查生产经营单位 7 万个及管理部门（单位）1.7 万个。

四是提升安全保障能力。调整水利部安全生产领导小组人员组成，修订《水利部安全生产领导小组工作规则》。组织安全生产标准化达标评审，对达标单位实施动态管理。将水利水电工程施工企业"三类人员"安全生产考核管理纳入行政许可事项，修订印发"安管人员"考核管理办法。修订《水利安全生产信息报告和处置规则》，建设应急管理信息系统。开展安全生产责任保险调研，推动 4 项安全生产相关标准立项和编制。

二、加强工程质量监督工作

一是实施在建工程建设项目稽察。对 42 个重大水利工程、23 个中小河流、40 个水库除险加固项目、8 个水保项目、1 个水毁工程开展稽察，并对 2021 年稽察的重大水利工程和全部面上项目开展"回头看"。完成 13 个重大水利工程的进度专项稽察。

二是强化质量监督责任落实。对 30 个省（自治区、直辖市）的水行政主管部门及其质量监督机构开展质量监督履职情况巡查，重点检查水行政主管部门及其质量监督机构在国家水网重大工程、水旱灾害防御等重点项目建设中的履职情况，并将巡查结果纳入水利建设质量考核内容。受理南水北调中线防洪加固项目、西藏帕孜工程、引江补汉工程质量监督申请，完成 5 个水利部水利工程建设质量与安全监督总站设站监督的直管项目质量安全巡查。

三、开展年度监督检查工作

2022 年，水利部组织派出约 1500 组次、6100 人次，检查约 12000 个项目，发现各类问题约 23000 项。全年实施约谈及以上等级责任追究 76 家次，其中，责成（建议）约谈县级人民政府或政府部门 4 家次，责成（建议）约谈县级水利局和项目法人、施工、设计、监理等单位 72 家次。

一是习近平总书记重要指示批示落实情况核查回访。2022 年共收到习近平总书记重要指示批示 17 件，对指示批示办理情况开展过程跟踪、现场核查和办理成果核查。

二是水旱灾害防御监督检查。组织对 618 座水库防洪调度和汛限水位执行情况、137 个山洪灾害监测预警平台、480 个自动雨量（水位）监测站点、106 个水毁修复项目开展监督检查，对辽河干流、饶阳河、西辽河、东辽河部分河段 19 个县（市、区）59 处重点部位开展水旱灾害防御工作检查。

三是水库除险加固监督检查。对广西、云南、江西、湖北、湖南、四川、广东7个省（自治区）40座大中型水库除险加固情况开展监督检查，对列入2022年除险加固计划的进度滞后的114个小型水库除险加固建设项目开展监督检查。

四是水库、水闸和堤防险工险段监督检查。对水利部和流域管理机构及所属单位19座大型、4座中型、2座小型共25座直管水库开展2轮监督检查，对75座大中型直管水闸、39段直管堤防险工险段开展1轮监督检查。组织完成2146座小型水库、544座水闸工程、549段堤防工程险工险段的现场检查。

五是水资源管理、节约用水和河湖长制落实情况监督检查。组织对32个省（自治区、直辖市）和新疆生产建设兵团共160个县级行政区的1616个取水项目、517个重点用水单位、440个地下水禁采区机井、943个重点河段（湖片）进行检查。紧盯中央重大决策部署落实、水行政主管部门及河湖长依法履职等情况，对山西、内蒙古、辽宁、海南4个省（自治区）开展专项检查。

六是南水北调工程安全运行监督检查。着眼工程安全、供水安全、水质安全，深入查找中线防洪加固项目建设、金结机电、消防系统管理等存在的问题，组织开展13组次监督检查，覆盖中线干线全线和东线北延应急供水项目。

七是农村饮水安全监督检查。2022年，水利部对全国150个县的农村饮水安全问题开展现场检查，共检查供水工程684处，走访用水户4951户；对举报问题较多、反映水量长期不足、影响范围较大的4省6县31个问题开展"回头看"检查；对四川省12314监督举报服务平台受理的14个农村饮水问题整改情况逐一开展复核。

八是小水电安全生产与清理整改监督检查。落实小水电运行安全风险隐患排查整治和长江经济带小水电清理整改核查工作，对10个省份530余座电站开展监督检查。

九是水利资金使用情况监督检查。完成3个省小型水库除险加固、中型灌区续建配套与节水改造、淤地坝除险加固共3类29个项目的水利发展资金专项检查，检查 8 个省份 113 个项目 2020—2022 年度中央预算内水利投资、水利发展资金、水利救灾资金等使用和管理情况，同步复查 2 个省份 20 个项目相关情况。

十是水利乡村振兴与定点帮扶监督检查。聚焦水利基础设施建设、党建促乡村振兴、农村饮水等工作进展，赴重庆市武隆区、丰都县、万州区、巫溪县、城口县和湖北省十堰市郧阳区开展现场检查，对 2021 年度检查发现问题以及 12314 监督举报服务平台反映问题的整改情况开展"回头看"。赴四川省南充市、凉山州 2 个地市 4 个县开展水利乡村振兴"一对一"现场检查。

四、强化水利监督基础工作

一是持续完善监督制度。修订印发《水利监督规定》，制定印发《水库除险加固工作责任追究办法》等 5 项制度，制定各业务领域监督检查指导手册 14 册，开展《水利工程质量监督管理规定》《水利建设项目稽察办法》等 5 项制度修订工作。

二是不断优化监督体系。印发水利监督向流域管理机构"授权赋能"工作事项清单，使流域管理机构全过程参与"查认改罚"各监督环节，赴流域管理机构和地方调研监督体系建设和监督工作开展情况，强化行业监督政策宣贯。开展水利监督生态研究和综合评价体系研究，编制水利监督典型案例视频，研究水利监督管理评价模型，推动行业监督可持续发展。

三是加强监督计划统筹。印发《做好统筹规范水利督查检查考核工作的实施细则（试行）》，建立督查检查考核工作月度计划统筹协调联络机制。在水利督查工作平台中开发计划统筹模块，自动剔除项目重复检查、检查组扎堆情况。

四是优化水利监督信息平台。开发完成计划统筹、通用填报等模块，建立水闸工程、堤防工程险工险段复查及问题整改销号模块以及水利督查平台水资源管理问题整改模块，升级小型水库检查工作模块。

下一步，水利监督工作将健全监督制度，加快推进水利监督信息平台建设，开展流域管理机构"授权赋能"情况调研和履职检查，持续完善行业监督体系；以年度督查检查考核计划、作业指导书、问题清单为抓手，积极推进监督工作常态化、规范化、专业化；紧紧盯住安全生产和质量监督两个重点，对直管项目建设运行情况、大中型水库除险加固情况以及农村饮水安全、防汛、水利资金等领域开展监督检查，全面排查隐患、解决问题，助力提升水治理管理能力和水平，为推进中国式现代化提供坚实可靠的水安全监督保障。

侯俊杰　执笔

满春玲　审核

专栏四十四

《构建水利安全生产风险管控"六项机制"的实施意见》印发

水利部监督司

2022年，水利部印发《构建水利安全生产风险管控"六项机制"的实施意见》，建立健全并深入落实水利安全生产风险查找、研判、预警、防范、处置、责任"六项机制"，持续深入推进安全风险分级管控和隐患排查治理双重预防机制建设，进一步提升水利安全生产风险管控能力，防范化解各类安全风险。

"六项机制"依据《中华人民共和国安全生产法》和《国务院安委会办公室关于实施遏制重特大事故工作指南构建双重预防机制的意见》有关要求，根据水利安全生产的特点和风险演进规律，主要开展以下工作：一是明确危险源辨识的范围和要求，找准、找全危险源，建立台账并动态更新；二是科学评价危险源风险等级，建立监管清单，定期开展安全生产状况评价；三是强化风险监测监控，及时实施预警，提升监测预警能力；四是建立风险公告制度，落实各类管控措施，加强隐患排查治理，实施差异化监管；五是完善应急预案体系，加强应急处置保障能力建设，快速有效开展应急处置；六是严格落实风险管控主体责任和监管责任，加大监督指导和责任追究力度。

为推动"六项机制"落地落实，水利部采取了一系列举措：一是组织编制印发《构建水利安全生产风险管控"六项机制"工作指导手册（2023年版）》，将实施意见提出的21项任务进一步细化为75项具体规定，指导各级水行政主管部门和水利生产经营单位全面把握"六项机制"要求；二是举办"六项机制"专题培训班，组织各地区各单位近万名安全监管人员通过现场和线上方式参加培训；三是组织开展试点示范建设，选取部分水利工程建设项目和水利设施开展试点，总结积累经验，挖掘形成可复制、可推广、可借鉴的措施做法；四是全力排查整治风险隐患，组织开展水利设施风险隐患排查整治专项行动、全国水利安全生产大检查和"回头看"、防风险保稳定专项行动等，累计排查整治问题隐患20.4万项；五是强化常态化监督评价，进一步优化水利安全生产监管信息系统，每季度对危险源管控、隐患排查治理等情况进行评价排名，确保水利安全生产风险整体可控；六是加强重点检查，将"六项机制"落实情况作为安全生产巡查的重要内容，对30个省份的88个水利工程建设项目进行安全生产巡查，对发现问题印发"一省一单"督促整改。

"六项机制"实施后，全国水利工程管控危险源数量达117万余个，有效防范遏制了水利生产安全事故的发生。

王　甲　成鹿铭　执笔

钱宜伟　审核

专栏四十五

开展水利质量监督履职情况巡查和项目稽察

水利部监督司

为严格履行政府监督职责，督促地方各级水行政主管部门加大工作力度，落实机构、人员、经费，保障质量监督工作，2022 年 6—12 月，水利部先后派出 30 个巡查组，对全国 30 个省（自治区、直辖市）开展质量监督履职情况巡查，共巡查各级水行政主管部门及其质量监督机构 170 余家、相应工程 90 项，印发"一省一单"30 份，责成省级水行政主管部门组织整改，并举一反三开展自查。2022 年质量监督履职情况巡查评价结果首次纳入水利建设质量工作考核，为开展考核工作提供有力支撑。通过开展 2020—2021 年第一轮、2022 年第二轮的巡查，不断强化水行政主管部门质量监督"法定职责必须为"的意识，督促地方建立健全省、市、县三级质量监督体系。

为推进国家重大水网建设，加快推进中小河流治理，落实党中央、国务院关于水库除险加固的工作部署，2022 年 3—10 月，水利部锚定质量和安全目标，先后派出 58 个稽察组，对 42 个重大水利工程、23 个中小河流治理项目、40 个大中型水库除险加固项目、8 个水土保持项目和 1 个水毁工程等共计 114 个项目开展稽察，同时选取进度滞后较为严重的 8 个省份 13 个重大水利工程开展了进度滞后专项稽察；印发"一省一单"58 份，印发责任追究文件 7 份，对 90 余家责任单位实施责任追究。按照强化流域治理管理和做好"回头看"工作要求，2022 年水利部完成 44 个 2021 年稽察项目问题整改情况现场"回头看"工作，其中水利部建设管理与质量安全中心对 18 个重大水利工程开展"回头看"，七大流域管理机构对 26 个大中型水库除险加固项目开展"回头看"。水利建设项目稽察聚焦水利重点建设领域、重大水利工程建设项目，加强监督检查，加大问责力度，为水利高质量发展提供坚实监督保障。

于冠雄　熊雁晖　执笔

满春玲　审核

深入推进水利科技创新

水利部国际合作与科技司

2022 年，水利科技创新工作深入学习贯彻习近平总书记治水重要论述精神，全面落实创新驱动发展战略，围绕推动新阶段水利高质量发展的目标路径，深入开展重大科技问题研究，持续推进科技体制改革，强化科技创新基地建设，推动科技成果推广转化和水利科普，水利科技创新支撑和引领能力明显提升。

一、水利科技创新顶层设计不断强化

成功举行水利科技工作会议，安排部署加快"十四五"水利科技创新工作。李国英部长出席会议并讲话，强调要全面提升水利科技创新能力，努力实现水利领域高水平科技自立自强，对加快重大问题科技攻关、强化水利科技创新力量、强化智慧水利科技支撑、加强水利标准化工作、做好水利科技创新成果推广转化应用等 5 个方面新阶段水利科技创新目标和任务作出安排部署。会后，水利部印发《水利科技工作会议重点工作任务分工方案》，并组织做好贯彻落实。

二、重大科技问题研究扎实开展

设立实施水利部重大科技项目计划，印发《水利部重大科技项目管理办法》，完成 2022 年度项目申报、评审、立项等工作，开辟水利行业自主实施专门科技计划的新渠道。围绕水利各业务领域和流域治理管理科技需求，实施水利重大关键技术问题研究 42 项、流域水治理重大关键技术问题研究 12 项。16 个项目获得"十四五"国家重点研发计划立项，争取国家拨款经费约 2.4 亿元。深入实施长江、黄河水科学研究联合基金，立项支持 1 个集成项目和 21 个重点项目。加大智慧水利基础研究力度，组织开展土壤侵蚀、地下水、泥沙、流域产汇流、水资源调配和工程调度等 6 项水利专业模型研究。

三、科技体制改革持续深化

组织中国水利水电科学研究院（以下简称中国水科院）、南京水利科学研究院（以下简称南京水科院）发布实施本院章程，推动两院提高管理运行能力，激发科技创新内生动力。组织修订《水利青年科技英才选拔培养和管理办法》，进一步加强优秀水利青年科技人才选拔培养力度。部署实施"减负 3.0"行动，着力减轻青年科研人员负担、释放创新活力。扎实推进水利部科学技术委员会（以下简称部科技委）新组建工作，研究提出章程修订稿草案和新组建人员建议方案。落实国家科技改革总体部署，组织中国水科院开展使命导向管理改革试点，引导部属科研院所服务国家使命开展研发创新。组织中国水科院、南京水科院开展科技人才评价改革试点相关工作，推动构建以应用创新为导向的科技人才评价体系。

四、科技创新基地建设管理不断加强

全力推进国家重点实验室重组和新申报工作，成功推动水灾害防御领域纳入全国重点实验室布局重点方向，推荐多家单位牵头申报或作为联合依托单位申报全国重点实验室，加强水利行业全国重点实验室布局。围绕智慧水利、国家水网建设等重点领域，依托行业内外科研单位、高校和企业等，批复新筹建"水利部数字孪生流域重点实验室"等 2 批共 14 家部级重点实验室。落实黄河流域生态保护和高质量发展重大国家战略，联合河南省政府共建黄河实验室。编制完成 2021 年度水利部重点实验室年报，研究制定水利部重点实验室筹建期满验收要求和标准，组织修订《水利部重点实验室建设与运行管理办法》。

五、科技成果推广转化加快推进

强化需求凝练、成果集合、示范推广、成效跟踪工作机制，印发《2022 年度成熟适用水利科技成果推广清单》，围绕水旱灾害防御、重大工

程建设、复苏河湖生态、智慧水利建设、节水等重点领域遴选发布 106 项成熟适用水利科技成果，引导水利行业开展推广运用。加强水利技术示范项目组织管理，2022 年拨款 1218.49 万元支持 13 个新项目立项及 19 个延续项目实施，研究提出 2023 年项目安排建议。编制完成 2021 年水利科技成果公报、2021 年水利科技统计报告，指导印发《2022 年度水利先进实用技术重点推广指导目录》，推进水利先进实用技术宣传与推广。

六、水利科普与科技奖励等工作取得明显成效

成功举办 2022 年全国科普日水利科普主场活动，系统展示水利科普成果。持续打造"全国水利科普讲解大赛"等水利科普特色活动品牌，加大优秀科普资源供给与共享力度。积极推进水利科普基地建设，成功推荐水利行业 21 家单位入选全国科普教育基地。2022 年，《农村供水管水员知识问答》《"洪涝共治"让城市不再"看海"》分别获评全国优秀科普作品和微视频作品，6 家单位和 5 项活动分别获评全国科普日优秀组织单位和优秀活动，6 人分别获评全国科普讲解大赛三等奖、优秀奖和最具人气奖。组织开展 2022 年度大禹水利科学技术奖评审，完成 46 项拟授奖成果公示。

下一步，水利科技创新工作将持续深入学习贯彻党的二十大精神和习近平总书记治水重要论述精神，强化创新驱动，推动以高水平科技自立自强支撑引领新阶段水利高质量发展。一是加快推动重大问题科技攻关。继续推进水利重大关键技术问题研究，抓好国家重点研发计划涉水专项、长江和黄河水科学研究联合基金、水利部重大科技项目计划实施，加快土壤侵蚀等 6 项水利专业模型研究。二是持续推进科技体制改革。修订印发《水利青年科技英才选拔培养和管理办法》，完成第八届水利青年科技英才评选，组织开展科技人才评价改革试点，实施减轻青年科研人员负担专项行动；完成部科技委新组建工作。三是抓好科技创新基地建设与运行管理。推动水利部国家重点实验室转入全国重点实验室序列，力争在水利行业布局新建更多全国重点实验室；推进修订《水利部重点实验室建设与运行管理办法》，完成 2021 年第一批 5 家部级重点实验室筹建期满验收工作；推动新筹建 10 家水利部野外科学观测研究站。四是加快推进科技成果推广

转化与科普等工作。遴选发布 100 项成熟适用水利科技成果推广清单；举办 2023 年全国科普日水利主场活动，持续打造水利科普品牌。

金旭浩　张景广　王洪明　管玉卉　执笔

刘志广　武文相　审核

持续强化水利标准化支撑

水利部国际合作与科技司

2022 年，水利标准化工作深入学习贯彻党的二十大精神，认真落实习近平总书记治水重要论述精神，全面实施《国家标准化发展纲要》，水利标准化工作充分发挥基础性、引领性作用，各项工作取得显著成效，有力支撑服务新阶段水利高质量发展。

一、标准化制度体系进一步完善

加强标准化顶层设计，修订印发《水利标准化工作管理办法》，完善水利标准化工作组织机构与职责，优化标准制定发布程序。推动"完善制度标准"等内容纳入水利部贯彻落实《中华人民共和国黄河保护法》《国家水网建设规划纲要》实施方案。发布《2022 年水利科技和标准化工作要点》，明确提出深入推进水利标准化改革创新，持续强化标准实施监督。组织印发《关于水利标准翻译出版工作有关事项的通知》，进一步规范水利标准翻译出版工作。

二、标准化组织机构不断健全

优化调整水利部标准化工作领导小组，增加水利部信息中心为成员单位。重组水利标准化工作专家委员会，进一步优化委员专业布局、年龄结构和代表性。组织完成全国水文标准化技术委员会（SAC/TC199）及其水文仪器分技术委员会（SAC/TC199/SC1）换届工作。立足落实国家重大战略对标准化的技术需求，加强流域（区域）标准化机构建设，推动水利部珠江水利委员会成立粤港澳大湾区涉水事务标准协同研究中心。

三、标准体系持续优化

聚焦推动新阶段水利高质量发展需要，优先布局生态流量、中小型病险水库除险加固、智慧水利等领域标准制修订工作。在编水利技术标准151 项，1 项生态流量领域标准获批国家标准立项，组织完成 2 项强制性标准研编成果验收；4 项标准和 2 名个人荣获我国工程建设领域唯一标准奖项——标准科技创新奖，获奖数量再创新高，以高水平标准化推动新阶段水利高质量发展取得重要成果。

四、标准实施监督全面加强

夯实标准实施效果评估长效机制，组织完成 76 项标准年度复审工作。建立健全水利团体标准工作协调机制，组织完善水利团体标准信息化管理系统，不断加强对团体标准化工作的指导与监督。持续推进全部中外文水利行业标准向社会免费公开，为广大标准用户提供便利。编制印发《2021年度水利标准化年报》，为宏观决策提供支撑。成功获批 2 项第十一批国家农业标准化示范区项目，以高标准助力农村水利现代化。

五、标准国际化取得突破性进展

成立我国水利行业首个国际标准化组织技术委员会——国际标准化组织小水电技术委员会（ISO/TC339），秘书处落地中国，水利标准国际化取得突破性进展。推动水利部南京水利水文自动化研究所承担国际标准化组织水文测验技术委员会仪器设备和数据管理分技术委员会（ISO/TC113/SC5）秘书处工作，成功推荐 2 名中国专家担任分技术委员会领导职务。积极参与国际标准制定，支持 2 名中国专家当选国际电工委员会、国际标准化组织相关工作组召集人，牵头负责 2 项国际标准制定。标准翻译力度不断加大，累计完成 49 项标准翻译出版。构建完成水利标准国际化信息平台，加强水利标准国际化信息互联共享。将水利标准化纳入援外培训重要内容，由长江设计集团有限公司勘测设计的卡洛特水电站成为巴基斯坦首个完全采用中国标准建设的水电站项目。

六、计量与认证认可工作稳步推进

指导成立中国水利学会检验检测专业委员会，组织完成 34 次水利行业国家级检验检测机构资质认定评审工作，联合国家市场监督管理总局等单位对 5 家水质检测机构开展监督抽查。会同有关单位改革完善水利工程质量检测资质认定工作，妥善解决北京等部分地区因检验检测机构资质认定改革导致部分检测参数无法获得计量认证的问题，组织 8 家检测单位完成现场评审。成功推动水利行业 2 家节水产品认证机构全部取得绿色产品认证资质，首次颁发绿色产品认证证书 4 张，全年颁发水利认证证书 2800 余张。加强水利计量管理制度建设，组织开展《水利部计量工作管理办法》修订和《水利行业管理的计量器具目录》制定工作。

下一步，水利标准化工作将深入贯彻党的二十大精神，推动实施《国家标准化发展纲要》，全面落实全国水利工作会议各项部署要求，以高水平标准化支撑服务新阶段水利高质量发展。一是加强水利标准化顶层设计，研究制定 2023—2025 年水利标准化工作计划。二是优化水利技术标准体系，组织修订 2021 年版《水利技术标准体系表》，加快新阶段水利高质量发展重点领域标准制修订。三是完善水利标准化体制机制，积极申报国家标准验证点和国家技术标准创新基地，组织成立中国水利学会标准化专业委员会。四是深入推进水利标准国际化，积极推动小水电、水文、灌排、水力机械等优势领域国际标准制定，统筹国际交流合作平台和海外工程项目，推动我国水利标准"走出去"。五是推进水利计量与认证认可工作，加强水利检验检测机构资质认定管理，推动完善计量和认证制度体系。

米双姣　蒋雨彤　执笔

刘志广　倪　莉　审核

专栏四十六

《水利标准化工作管理办法》印发

水利部国际合作与科技司

2022年7月13日，水利部修订印发《水利标准化工作管理办法》（以下简称《办法》），旨在深入贯彻落实《国家标准化发展纲要》，进一步提升水利标准化工作管理水平，充分发挥水利标准化工作对推动新阶段水利高质量发展的支撑作用。

修订后的《办法》分为总则、组织机构与职责、标准的类别、标准的立项、标准的制定、标准的发布、标准的实施、监督管理、保障机制和附则等十章五十八条。主要修订内容如下。

一是进一步明确水利标准化工作定位。阐明水利标准化工作要深入贯彻落实习近平总书记治水重要论述精神，为保障国家水安全，提升水旱灾害防御能力、水资源集约节约利用能力、水资源优化配置能力、大江大河大湖生态保护治理能力，提供技术支撑。

二是新增组织机构职责。明确水利部标准化工作领导小组是水利标准化工作的议事协调机构及其主要职责，规定水利标准化工作专家委员会的产生方式和主要职责。进一步优化完善主管机构、主持机构和主编单位职责，明确标准制定、实施与监督主体责任，突出主管机构在水利标准化工作中的统筹协调作用，以及主持机构对各自专业领域标准的归口管理职责。

三是细化标准项目分类和立项程序。明确标准项目分为任务类和申报类，以及标准项目的任务来源和立项程序。增加水利标准化工作专家委员会审议申报类项目立项环节。规定主编单位选取原则，明确采用竞争性立项、政府采购等方式择优确定。立足贯彻实施《中华人民共和国长江保护法》和落实重大国家战略对标准的技术需求，优化国家标准和地方标准的编制范围。

四是优化标准制定发布程序。在保留原有起草、征求意见、审查和报批四个阶段的基础上，进一步优化调整审查和报批程序。新增专家委员会组织召开报批稿审查会、提请部务会审议报批材料等程序。优化行业标准征求意见的时间，除一般情况下为 30 日外，紧急情况下可以缩短至 20 日。细化开展标准局部修订的有关程序和要求。

五是调整与现行法律规定不一致的内容。根据 2021 年 7 月修订实施的《中华人民共和国行政处罚法》，《办法》删除了对标准制定存在质量问题和制定进度滞后的主编单位采取"取消编制资格、暂停标准申报"等约束措施的内容，修改为由主持机构会同主管机构采取相应措施，督促主编单位限期整改。

米双姣　蒋雨彤　执笔
刘志广　倪　莉　审核

开拓水利国际合作新局面

水利部国际合作与科技司

2022 年，水利国际合作工作以习近平外交思想为指导，深入贯彻落实习近平总书记治水重要论述精神，坚持服务国家外交大局，积极营造良好外部环境，主动融入全球水治理体系，统筹推动水利高质量"引进来"和高水平"走出去"，水利高质量发展的国际合作基础进一步夯实。

一、水利国际交流合作全面深化

一是水利多双边交流合作深入开展。采取线上、线下相结合的方式，不断密切多双边交流机制活动，部领导出席第九届世界水论坛部长级会议等重要外事活动 11 场，积极组织代表团赴国（境）外现场出席联合国水机制地下水峰会等重要国际会议活动 5 次。加强与丹麦、芬兰、日本等国双边政策对话与技术交流，积极组织筹备中丹战略行业合作二期项目，不断巩固拓展双边务实合作。组织召开中欧水资源交流平台联合指导委员会第 14 次会议，成功举办中欧水资源交流平台成立十周年系列活动。全面深度参与第九届世界水论坛、新加坡国际水周等重要国际水事活动，积极参加联合国教科文组织、亚洲水理事会等涉水国际组织机制性会议活动，累计举办国际会议和交流活动 41 场。

二是中国水利国际影响力不断增强。成功推动水利部国际经济技术合作交流中心、中国水利学会、长江设计集团有限公司 3 家中国水利机构分别高票当选世界水理事会"政府机构""专业协会和学术机构""企业机构"类别新一届董事，支持由中国专家担任主席的国际水资源学会顺利当选"专业协会和学术机构"类别董事。支持中国专家在联合国教科文组织政府间水文计划、国际水资源学会、国际水利与环境工程学会等多个重要涉水国际组织履职。全面参与世界水理事会、亚洲水理事会董事会和执行局各项活动，深度参与核心决策。

二、"一带一路"建设水利合作走深走实

一是"一带一路"建设水利合作务实开展。加强顶层设计，印发推进"一带一路"建设水利合作 2022—2024 年重点实施计划，为持续推动做好"一带一路"建设水利合作工作提供指导。组织构建"一带一路"建设水利合作信息平台。推进实施技术合作项目 19 个、援外项目 4 个、经济合作项目 48 个，成功推荐 8 个项目纳入国家"一带一路"建设重点项目，组织立项 15 个援外培训项目。顺利完成中国政府水利高层次人才奖学金项目第五年招生，累计招收 133 名发展中国家青年水利人才来华攻读硕士学位。

二是水利重点领域国际合作项目进一步拓展。围绕支撑服务长江经济带发展、黄河流域生态保护和高质量发展等重大国家战略，成功立项 2 个亚洲开发银行技术援助项目，指导实施 10 个国际金融组织赠款项目。结合小水电绿色升级改造、合同节水、水安全保障等领域国际合作需求，组织有关单位积极拓展与世界银行等多边开发机构项目合作与交流。组织实施与巴基斯坦、塞尔维亚、墨西哥、日本合作开展的 5 个国际科技合作项目，成功立项 3 个国家重点研发计划国际科技合作项目，合计立项金额 800 万元。

三、跨界河流合作有序推进

一是巩固加强跨界河流合作机制。推动签署中哈关于共同管理和运行苏木拜河联合引水工程政府间协定，纳入两国元首会晤重要成果；与俄罗斯就成立防洪合作工作组保持有效沟通；与越南就进一步加强水文报汛合作达成原则共识。召开中哈、中俄、中印、澜湄等跨界河流各层级机制性会议 20 余轮次，巩固强化与周边邻国水文报汛及重大水情灾情信息共享合作。跨界河流日益成为构建周边命运共同体的重要纽带。

二是积极开展务实合作项目。中哈霍尔果斯联合泥石流拦阻坝建设项目克服新冠肺炎疫情影响有序推进。持续与湄公河国家分享澜沧江全年水文信息，推进澜湄水资源合作信息共享平台建设及联合研究。继续通过组

织申报亚洲合作资金支持跨界河流领域务实项目合作，积极推荐中方单位和专家与外方联合开展相关项目。中哈建交 30 周年联合声明、中俄总理第 27 次会晤联合公报、澜湄合作第 7 次外长会联合公报等重要文件均对跨界河流领域合作成效予以高度肯定。

四、国际传播与外事管理能力不断提升

一是多措并举加强国际传播。部领导就澜湄水资源合作接受中国国际电视台采访，阐述澜沧江水电工程对下游"调丰补枯"的积极作用；回信鼓励湄公河国家在华青年留学生为流域可持续发展和构建澜湄国家命运共同体贡献力量。创新举办水资源领域"澜湄周"、"感知澜沧江"水利工程参访、"同饮一江水"中外媒体联合采风等活动。加强重要时间节点宣传力度，对中欧水资源交流平台成立十周年、中国机构成功当选世界水理事会新一届董事等推出专题报道。

二是水利外事管理与服务持续加强。密切跟踪全球新冠肺炎疫情发展态势及对外交往政策调整情况，研究制定 2022 年度国际会议计划，积极推动水利部 2022 年度确有必要出访团组安排。着力推进培训引智工作，获批 8 个国家外国专家项目，成功推荐英国专家获颁 2022 年度中国政府友谊奖，获批 5 个 2022 年青年科技人才中长期出国（境）培训项目，推动黄河水利科学研究院获批 2023 年度引才示范基地，部属科研院所引才示范基地累计达 4 家。

下一步，水利国际合作工作深入贯彻落实习近平总书记治水重要论述精神，加大力度拓展水利对外交流合作，高质量引进国际先进科技成果和有益管理经验，高水平为全球水治理贡献中国智慧和中国方案。一是务实推动多双边交流合作。组织策划多双边交流机制活动，深度参与 2023 年联合国水大会等重要国际水事活动，视情况推动与有关国家签署水利合作谅解备忘录。积极参与亚洲水理事会董事会竞选，支持中国专家竞选国际灌排委员会主席。二是稳步推进"一带一路"建设水利合作。深化水利技术标准联通，加快"一带一路"建设水利合作信息平台建设。协助推动重点项目实施，积极拓展海外工程。组织做好"一带一路"倡议十周年成果宣

传活动。三是巩固深化跨界河流互利共赢合作。稳步推动与周边国家跨界河流机制性合作，深化中俄等界河防洪领域合作。持续推动澜湄水资源合作进入新阶段，有序开展联合研究和推进信息共享平台建设取得新成果。

池欣阳　王晋苏　杨泽川　执笔

刘志广　李　戈　审核

加强宣传舆论引导
助推水利高质量发展

水利部办公厅　水利部宣传教育中心　中国水利报社

2022 年，水利宣传工作以迎接学习宣传贯彻党的二十大为主线，坚持守正创新，加强正面引导，着力促进提高新闻舆论传播力、引导力、影响力、公信力，为推动新阶段水利高质量发展营造了良好舆论氛围。

一、坚持用习近平新时代中国特色社会主义思想凝心铸魂

持续深化习近平新时代中国特色社会主义思想学习宣传贯彻，引导水利系统干部职工在学懂弄通做实上下功夫。《人民日报》《学习时报》《光明日报》刊发水利部党组书记、部长李国英署名文章，《求是》杂志先后刊发水利部党组、水利部党组理论学习中心组署名文章，权威介绍水利部党组对表对标习近平总书记重要讲话指示批示精神，完整、准确、全面贯彻新发展理念，锚定全面提升国家水安全保障能力总体目标，全力推动新阶段水利高质量发展的思路举措。

持续深入宣传习近平总书记治水重要论述精神，广泛报道各级水利部门坚持"节水优先、空间均衡、系统治理、两手发力"治水思路，扎实推动新阶段水利高质量发展的切实举措和亮点成效，全方位宣传展示广大干部职工为全面建设社会主义现代化国家、全面推进中华民族伟大复兴积极贡献水利力量。

二、大力营造迎接宣传贯彻党的二十大的浓厚氛围

制定实施《学习贯彻党的二十大精神宣传报道方案》，组织做好新闻宣传、文艺宣传、社会宣传等，多渠道全景式展现广大水利干部职工坚定捍卫"两个确立"、坚决做到"两个维护"，为推动新阶段水利高质量发展

团结奋斗的信心和决心,在水利系统持续唱响爱党爱国爱社会主义的时代强音。李国英部长出席中央宣传部"中国这十年"系列主题新闻发布会,介绍党的十八大以来的水利发展成就。充分发挥展览展陈的宣传教育作用,推动南水北调工程模型等水利内容亮相"奋进新时代"主题成就展,在水利部举办"喜迎党的二十大 治水兴水惠民生"等主题展览,生动展现党的十八大以来的水利改革发展成就。

三、主题宣传出新出彩

围绕水利事业发展成就、水利重点工作成果、重大水利工程建设进展成效等主题,加强统筹协调,精心组织宣传,各大中央媒体大篇幅、高密度刊播相关报道。中央广播电视总台《新闻联播》2 次头条播发专题报道,《焦点访谈》7 期专题聚焦水利成就,《经济半小时》《东方时空》等重点栏目专题报道水利工作成就。其中,"伟大变革""非凡十年""解码中国"等多个专题中的水利报道引发广泛关注。《人民日报》20 次整版报道水利工作,新华社多次在全媒体头条等重要栏目播发水利报道。全年中央广播电视总台、《人民日报》、新华社等中央主要媒体刊播报道总量再创历史新高。水利部会同有关媒体打造"江河奔腾看中国"国庆直播特别节目,以江河之美映衬时代之美、以江河之变反映国家之变、以江河之兴展现国家之兴,成功打造水利宣传典范之作。围绕京杭大运河全线通水主题,与新华社联合举办"流动的史诗 复苏的运河"大型直播特别节目,开创水利大型网络直播新纪元。把握"世界水日""中国水周"等重要节点开展集中宣传,深入宣传推动新阶段水利高质量发展、全面提升国家水安全保障的积极作为。制作播出《节约用水 从娃娃抓起》《中国南水北调工程》等公益广告,会同中央网信办等有关单位成功举办"美丽三峡""巍巍三峡""奇迹中国 天河筑梦""见证新时代"等系列主题宣传,持续扩大水利声量。

四、新闻发布实现量效双升

2022 年成功举行 20 场新闻发布活动,全年共有部级领导 19 人次、司局级领导 80 人次走上新闻发布台，深入阐释水利部贯彻落实党中央、国务院决策部署的举措成效，发布数量、媒体报道规模为近年之最，社会反响强烈。全国两会期间，李国英部长在"部长通道"接受中外媒体集中采访，系统回答水旱灾害防御、"十四五"水安全保障规划、河湖长制实施成效等热点问题。举办"水利基础设施建设进展和成效"系列新闻发布会，跟进发布权威信息，多家媒体推出专题报道，全面展示水利部举全系统全行业之力，采取超常规举措，加快水利基础设施建设，为稳定宏观经济大盘、促进经济回稳向上作出的重要贡献。第一时间召开新闻发布会，介绍黄河防凌、珠江抗旱、长江流域抗旱保供水保秋粮丰收有关工作情况，及时回应社会关切的水问题，各大媒体纷纷进行报道，展现水利部门闻"汛"而动、迎"旱"而上，保障人民群众生命财产安全的有力举措。

五、媒体融合持续发力

强化内容建设和阵地管理，增强报刊网微端传播效果，用好媒体融合发展成果，最大程度凝聚行业内外广泛共识。水利部官方网站和政务新媒体服务能力与影响力持续提升。网站月度访问量首次突破 1 亿次，在政府网站绩效评估中成绩优异。2022 年，水利部官方微信公众号"中国水利"发布稿件 1354 篇，点击量超 1000 万次，官方微博"水利部发布"发布稿件 1552 条，点击量超 4472 万次，单条阅读量最高突破 906 万次。政务新媒体矩阵成员单位联动能力不断提高，传播集群效应充分发挥，实现一次生成、多层传播的良好效果。紧紧围绕中心工作做强行业媒体宣传，开设"完善流域防洪工程体系 构建抵御水旱灾害防线"等专题专栏，深入宣传推动新阶段水利高质量发展的重要部署、重要进展，刊发社论评论 88 篇。

六、水文化建设不断加强

深入贯彻习近平总书记关于黄河文化、长江文化、大运河文化等系列重要讲话精神，持续推进水文化建设。加强顶层设计，制定印发《"十四五"水文化建设规划》《"十四五"水文化建设重点任务分工方案》。加强典籍编纂策划，编辑出版《中国黄河文化大典》有关卷册。指导制作播出

6集大型纪录片《黄河安澜》和7集大型纪录片《新三峡》。行业融媒体集群开设《文化建设·水工程与水文化有机融合》等专栏，制作音频栏目《大河夜读》等。组织开展国家水利遗产认定，依托大型水利枢纽设施开展国情水情教育，不断扩大水情教育的社会覆盖面和影响力。组织"京杭大运河全线贯通补水行动"等12项主题展览展陈工作，为推动新阶段水利高质量发展提供精神动力。

刁莉莉　骆秧秧　孟　辉　李　攀　执笔

李晓琳　王厚军　李国隆　审核

专栏四十七

《"十四五"水文化建设规划》印发

水利部办公厅　水利部宣传教育中心

为深入贯彻落实习近平总书记关于文化工作的重要讲话指示批示精神，加快推进"十四五"时期水文化建设工作，水利部编制印发《"十四五"水文化建设规划》（以下简称《规划》），是指导"十四五"期间全国水文化建设工作开展的重要政策性文件。

一、出台背景

党的十八大以来，党中央对文化建设工作高度重视，习近平总书记对保护传承弘扬利用黄河文化、长江文化、大运河文化等作出一系列重要指示批示，明确提出统筹考虑水环境、水生态、水资源、水安全、水文化和岸线等多方面的有机联系，为水文化建设提供了根本遵循和行动指南。水利部坚决贯彻落实习近平总书记重要讲话指示批示精神，将加强水文化建设作为推动新阶段水利高质量发展的重要举措，深入践行"节水优先、空间均衡、系统治理、两手发力"治水思路，紧紧围绕治水实践，积极推进水文化建设。《规划》与此前制定印发的相关文件互为支撑，共同搭建起指导水文化建设的顶层设计框架。

二、编制过程

《规划》在编制过程中注意凝聚集体智慧，不折不扣地将党中央的决策部署、水利行业的工作需求深度融入其中，注重在行业内外广泛开展调研，开门问策，增强《规划》的科学性、指导性和可操作性。

三、主要内容

《规划》包括"现状与形势""总体要求""水文化保护""水文化传

承""水文化弘扬""水文化利用"和"保障措施"七个部分。

　　《规划》明确提出，"十四五"时期水文化建设要力争实现"水利遗产保护显著加强，水利工程建设文化品位明显提高，水文化公共产品和服务进一步丰富，水利行业文化软实力和社会影响力大幅度提升，水文化建设管理体制机制逐步完善"的总目标。围绕水文化保护、传承、弘扬和利用，《规划》提出"开展重要水利遗产调查""开展水文化基础理论与实践研究""加强水文化成果展示""编研系列水文化建设相关标准"等 21 项重点任务，并设置"水利遗产系统保护""水文化基础理论与实践研究""长江文化传承创新工程""建设一批重要水文化展览展示场所（馆）""讲好黄河故事""水文化工程与文化融合提升""大运河文化保护传承利用重点任务"等 7 个专栏，对重点工作进行细化分解。《规划》提出的总体目标、总体要求和建设任务面向全国，水利部牵头实施的重点项目在总体要求和建设任务等方面起带动作用，对地方水文化建设工作进行引导与指导。《规划》同时从加强组织领导、创新管理体系、强化政策引领、加大资金投入、注重人才培养、加强信息化支撑等六个方面明确了保障措施。

刁莉莉　骆秧秧　刘登伟　执笔

李晓琳　王厚军　审核

专栏四十八

水利政策研究成果丰硕

水利部政策法规司

2022年，水利政策研究工作按照李国英部长"问题导向列题目、操作性强重应用、紧扣职责范围目标准、急用先行周期短、考核验收后评估"指示要求，坚持需求牵引、应用至上，紧盯工作大纲评审、中期检查、专家咨询、成果评定等各个环节，加强项目统筹和过程管理，完成38个项目研究，为强化水利体制机制法治管理提供了有力支撑。

一是狠抓重大政策研究。围绕蓄滞洪区相关法规政策、河道堤防溃口与水库垮坝相关法规检视等重大问题，开展政策研究，发挥第三方权威研究机构作用，深入论证提出政策建议，相关研究成果为水利部党组决策提供了重要参考。

二是完善项目管理机制。印发《水利部办公厅关于公布水利部政策研究项目专家库专家名单的通知》，确定各领域194人为水利部政策研究项目专家库专家，明确项目咨询、审查、评定等工作所需专家原则上从专家库中选取，进一步强化项目管理。委托第三方机构对项目成果开展后评估，建立评估指标，形成评估报告，评估意见及时反馈相关司局及承担单位。在水利部网站建立项目成果库，向社会发布成果内容，实现成果共享。

三是推动成果转化应用。黄河立法专题研究、流域水权交易体系研究、河湖生态空间划分及确权管理权属研究等政策研究项目，共形成32项制度性成果。立法方面，研究成果在《中华人民共和国黄河保护法》《地下水管理条例》《长江流域控制性水工程联合调度管理办法》《水行政处罚实施办法（修订）》《水利工程建设项目管理规定》等8件法律、法规和规章的制修订工作中发挥了重要作用。规划方面，有关研究成果为编制

《"十四五"水安全保障规划》《重点区域地下水超采治理与保护方案》《"十四五"水利人才队伍建设规划》《水土保持"十四五"实施方案》《"十四五"华北地区河湖生态环境复苏行动方案》5项规划和方案提供了有力支撑。管理机制方面,研究成果直接转化形成强化流域治理管理,加强河湖水域岸线空间管控,推进水利基础设施投资信托基金(REITs)试点、水利基础设施政府和社会资本合作(PPP)模式发展、用水权改革,健全小型水库除险加固和运行管护机制,加强农田水利设施管护工作等方面19项政策性文件。

刘 洁 唐忠辉 执笔
陈东明 审核

专栏四十九

水利援疆援藏工作进展

水利部规划计划司　水利部水利工程建设司

2022年，水利部深入学习贯彻党的二十大精神，认真贯彻新时代党的治疆、治藏方略和党中央关于新疆（含新疆生产建设兵团，下同）工作、西藏工作的决策部署，紧密结合新疆、西藏的区情、水情，紧紧扭住社会稳定和长治久安的总目标，举全行业之力加大水利援疆援藏工作力度，推动新疆和西藏水利高质量发展取得新成效。

一、水利援疆工作进展

一是着力强化水利援疆工作机制。对照《水利部"十四五"援疆工作规划》明确的重点任务，有力有序组织开展项目援疆、技术援疆和人才干部援疆。指导自治区和兵团共同编制完成了新疆水安全战略规划。安排中央水利投资96.85亿元（其中，自治区71.87亿元、兵团24.98亿元），支持加快推进各类水利基础设施建设。

二是优先安排新疆重大水利项目审查审批，推动重大水利工程开工建设。大石峡、玉龙喀什、库尔干水利枢纽，奎屯河引水等水资源骨干工程加快建设，新疆水网重大工程体系不断完善。支持新疆8处大型灌区、17处中型灌区续建配套与现代化改造，7座大中型病险水库、29座大中型病险水闸除险加固，开展10条重点内陆河防洪治理，治理水土流失面积390 km²。会同有关单位研究提出解决南疆缺水问题的思路举措。

二、水利援藏工作进展

一是推进经济援藏，补齐水利基础设施短板。安排中央财政资金、中央水利投资支持西藏水利基础设施建设。积极推广实施以工代赈，督促指导地方充分吸纳农村劳动力参与水利建设。重大水利工程建设有序实施，湘河水利枢纽下闸蓄水，帕孜水利枢纽及配套灌区主体工程开工建设。不断提高农村人口供水保障水平，推动7处大中型灌区实施现代化改造，农牧业发展基础条件持续改善。继续提升防洪减灾能力，开工建设3座小型水库，完成中小河流综合治理河长385km，实施3条重点山洪沟防洪治理。加快推进水土流失综合治理，治理水土流失面积276km^2。

二是加强技术援藏，强化水利行业管理。推动流域综合规划编制及审批工作，提升水资源战略储备能力。指导统筹安排和压茬推进旁多引水等工程项目前期工作。开展组团式科技帮扶，推动专题研究，启动青藏科考第二期工作，有序推进重点实验室水利科研仪器设备资源共享。开展东西部质量帮扶，实现小型水库专业化管护全覆盖、存量水库全面完成安全鉴定，推动水利工程运行管理标准化建设。开展数字孪生流域建设先行先试，取得良好效果。

三是推进人才援藏，增强水利自我发展能力。按照中央组织部统一部署和西藏水利发展需求，制订援藏干部选派计划，选派政治素质高、工作能力强、作风过得硬的干部到西藏水利厅挂职，加强第九批水利援藏干部考核使用，健全挂职干部日常管理机制。做好"组团式"人才援派帮扶，对接西藏自治区水利工作需求，选派35名专业技术人才分4个团组，赴阿里、那曲、山南、日喀则地区开展为期3个月的技术帮扶。有针对性地举办多期专题培训班，采用现场或视频形式培训人员2245人。通过多种形式的人才支援和培训，西藏水利干部职工技术能力水平显著提升，水利人才队伍不断壮大。

四是深化对口援藏，保障援藏工作落实到位。水利部有关责任单位认真落实责任分工，充分发挥人才、技术、资金优势，积极开展对口援藏工作，汉江水利水电集团有限责任公司、水利部小浪底水利枢纽管理中心等11家单位全年投向受援单位（地区）资金1247.61万元，与受援单位（地区）签订互惠合作项目28项，为受援单位开展了包括规划设计、工程调度方案编制，基础设施维修改造，人员考察培训，信息化系统建设和新冠肺炎疫情防控等在内的一系列工作，2022年各项年度对口支援任务圆满完成。

丁蓬莱　张　昕　韩绪博　执笔
张世伟　王九大　赵　卫　审核

党 的 建 设 篇

以全面从严治党新成效保障新阶段
水利高质量发展

水利部直属机关党委

2022年，在中央和国家机关工委的坚强领导下，水利部党组坚持以习近平新时代中国特色社会主义思想为指导，深入学习贯彻习近平总书记在中央和国家机关党的建设工作会议上的重要讲话精神，以迎接学习宣传贯彻党的二十大为主线，以党的政治建设为统领，着眼巩固深化、固强补弱，全面提高机关党的建设质量，为推动新阶段水利高质量发展、全面提升国家水安全保障能力提供坚强保证。

一、强化政治引领，坚决走好践行"两个维护"第一方阵

把学习宣传贯彻党的二十大精神作为当前和今后一个时期的首要政治任务，引导广大党员干部深刻领悟"两个确立"的决定性意义，在做到"两个维护"上走在前、作表率。

一是抓好迎接服务党的二十大和学习宣传贯彻党的二十大精神工作。做好党的二十大代表候选人预备人选、中央和国家机关党代表会议代表产生工作，印发《水利部党组关于学习宣传贯彻党的二十大精神的通知》和工作方案，部党组书记带头讲"走好第一方阵 我为二十大作贡献"专题党课、赴部党校和党支部工作联系点宣讲，组织开展学习宣传贯彻党的二十大精神专题读书班、网络答题等活动。

二是深入开展"学习研讨、查摆问题、改进提高"专项工作。组织水利部各级党组织和广大党员深入学习习近平经济思想，加强对重点业务司局（单位）履行职能的督促提醒，制定印发《2022年度落实中央巡视整改工作计划》，开展中央巡视整改成效专项检查，向中央巡视工作领导小组办公室报送党的十九大以来水利部党组落实中央巡视整改情况。

三是严肃认真开展党内政治生活。水利部党组召开民主生活会，制定部党组整改计划台账并督促抓好落实。派员列席指导机关司局和直属单位开好领导班子专题民主生活会。做好基层党组织组织生活会和民主评议党员工作，部党组主要负责同志和党组成员带头认真落实双重组织生活制度。

四是稳步推进内部巡视巡察工作。印发《水利部党组关于加强巡视巡察整改和成果运用的通知》《水利部党组巡视整改和成果运用工作流程》，建立集中整改情况报告审核机制，对第八轮、第九轮巡视整改落实情况开展后评估。深化巡视巡察上下联动，出台《关于加强和改进部直属单位党组（党委）巡察工作的通知》。建立选调优秀干部到部党组巡视岗位进行锻炼的机制。

二、深化党的创新理论武装，推动学习贯彻习近平新时代中国特色社会主义思想走深走实

坚持把学习习近平新时代中国特色社会主义思想作为理论武装的重中之重，引导党员干部深学细悟、笃信笃行。

一是持续深化理论武装。制定水利部党组 2022 年理论学习计划，开展水利部党组理论学习中心组学习 49 次。加强对部直属单位党组（党委）理论学习中心组学习的指导，深化理论学习中心组学习列席旁听工作，对 25 家直属单位党委（党组）理论学习中心组学习情况进行通报，"一单位一清单"反馈问题。

二是实施青年理论学习提升工程。深入学习贯彻习近平总书记在庆祝中国共产主义青年团成立 100 周年大会上的重要讲话精神，开展"我学我讲新思想"水利青年理论宣讲活动，聚焦"更好按经济规律办事、青年怎么办"开展学习研讨，评选青年理论学习小组创新十佳案例，围绕关系民生的涉水"关键小事"开展调研攻关。研究制定水利部党组贯彻落实习近平总书记重要批示精神深入推进年轻干部下基层接地气工作的具体措施，推动水利年轻干部上好基层这门课。

三是扎实推动党史学习教育常态化长效化。制定印发水利部党组推动

党史学习教育常态化长效化的具体措施，持续深化"我为群众办实事"实践活动，部党组直接组织和推动的 42 项党史学习教育"我为群众办实事"项目已全部完成并通过验收。

四是认真落实意识形态工作责任制。科学分析研判意识形态领域情况，开展新闻出版领域专项整治行动及意识形态督察工作，专题研究机关干部职工思想状况调研情况，制定 27 条改进工作的措施。

三、切实提升组织力，锻造坚强有力的基层党组织

以创建"四强"党支部为抓手，不断夯实党支部组织基础。

一是深化党支部标准化规范化建设。认真学习贯彻习近平总书记关于加强中央和国家机关基层党组织建设重要批示精神，制定贯彻落实的具体措施。完善基层党组织换届提醒督促、部直属系统基层党组织分类指导等制度机制，督促 43 个基层党组织按期换届。开展基层党组织建设质量提升三年行动计划总结评估，37 个党支部被评为中央和国家机关"四强"党支部。制定印发《水利部直属机关发展党员工作流程》，发展党员 206 名。

二是清查整治突出问题规范党务工作。指导督促部直属机关各级党组织进一步深化对党务工作政治性、严肃性、规范性的认识，紧盯党务工作事项外包、委托第三方机构提供技术和服务、非党员从事党务工作等重点问题开展全面自查摸排，建立工作台账，整改存在问题。

三是着力提升党建工作质量。按季度编制党建工作重点任务清单，将任务完成情况作为党组织书记抓党建工作述职评议考核的重要依据。开展"党建引领保障黄河重大国家战略创新案例"征集活动，获中央和国家机关金奖、银奖各 1 个，优秀奖 6 个，组织报送党建研究课题 52 个、党支部创新案例 42 个。

四、压实管党治党责任，一体推进不敢腐、不能腐、不想腐

坚持以严的基调强化正风肃纪，始终坚持问题导向，不断把全面从严治党推向纵深。

一是压实主体责任。召开水利党风廉政建设工作会议、水利部党的工

作暨纪检工作会议，印发《水利部党组落实全面从严治党主体责任年度任务安排》，加强对部属单位"一把手"和领导班子的监督，开展 2022 年度党组织书记抓党建工作述职评议考核。

二是加强水利廉政风险防控体系建设。制定贯彻落实《水利部贯彻落实国务院第五次廉政工作会议精神任务分工》措施 47 项，建立完善特约廉洁监督员基础信息库，制定印发贯彻落实《中共中央办公厅关于加强新时代廉洁文化建设的意见》的具体措施，做好垂管单位纪检监察体制改革，指导督促 9 个水利部直属单位做好垂管单位纪检监察体制改革试点工作。

三是强化监督执纪问责。印发通知规范廉政档案建立、管理、使用等各环节工作，以党支部为单元开展警示教育和廉洁教育主题党日活动，通过发送廉政短信、办公场所人屏提醒等方式在重要时间节点加强日常教育提醒。持续开展政策执行中"一刀切"、层层加码问题和移动互联网应用程序清查整治。建立健全重大突发事件紧急信息报送工作机制，开展办案安全大检查。

下一步，水利部直属机关党的建设坚持以习近平新时代中国特色社会主义思想为指导，深入学习宣传贯彻党的二十大精神，持续深入贯彻落实习近平总书记在中央和国家机关党的建设工作会议上的重要讲话精神，以党的政治建设为统领，突出学习宣传贯彻党的二十大精神、加强政治机关建设、推进党史学习教育常态化长效化、深化党支部标准化规范化建设、推动全面从严治党向纵深发展等重点工作，全面提升水利部党的建设质量，为推动新阶段水利高质量发展提供有力政治保证。

廖晓瑜　执笔

付静波　审核

深入推进水利党风廉政建设向纵深发展

水利部直属机关党委

一、强化政治担当，压紧压实全面从严治党主体责任

水利部党组组织召开党的工作会议、水利党风廉政建设工作会议，印发部党组2022年工作要点、部党组落实全面从严治党主体责任2022年度任务安排，对部直属系统开展全面从严治党和党风廉政建设工作进行安排部署。制定水利部党组贯彻落实《中共中央办公厅关于加强新时代廉洁文化建设的意见》的具体措施，推动部直属系统廉洁文化建设。认真落实国务院第五次廉政工作会议精神，制定水利部贯彻落实会议精神的任务分工。制定部党组推动党史学习教育常态化长效化、部党组学习贯彻习近平总书记关于加强中央和国家机关基层党组织建设重要批示精神的具体措施。持续深化非职务违法犯罪专项整治，建立完善报告备案制度，巩固拓展整治成果。持续做好国家重大水利工程项目建设选聘特约廉洁监督员工作，选聘48名特约廉洁监督员并向其发放聘书。组织开展党组织书记抓党建工作述职评议考核工作。

二、推动党内监督与其他监督贯通融合，提高监督治理整体效能

围绕长江经济带发展、黄河流域生态保护和高质量发展、南水北调后续工程高质量发展等国家重大战略和重大部署开展政治监督。加强巡视巡察整改和成果运用，对5家直属单位党组（党委）开展巡视整改后评估工作。深入贯彻落实《中国共产党纪律检查委员会工作条例》，加强水利部直属机关处级及以下党员干部廉政档案建设，严把干部选拔任用政治关、作风关、廉洁关。对25家部直属单位党组（党委）2022年度学习情况进

行通报，对 12 家直属单位党组（党委）理论学习中心组学习研讨开展列席旁听。

三、驰而不息纠治"四风"，持续加固中央八项规定堤坝

修订《中共水利部党组贯彻中央八项规定精神实施办法》。深化整治形式主义、官僚主义，持续开展政策执行中"一刀切"、层层加码问题和移动互联网应用程序的全面清查工作，切实为基层松绑减负。印发《关于深入学习贯彻习近平总书记重要批示精神坚决制止餐饮浪费行为的通知》，推动水利部直属系统党员干部职工在制止餐饮浪费行为、节约粮食上走在前、作表率。印发《水利部机关干部厉行节约反对浪费好行为习惯 20 条》，推进节约型机关建设。抓好《水利部所属企业负责人履职待遇和业务支出管理办法（试行）》的贯彻执行，督促有关部属企业制定企业本级制度办法，严格制度执行。

敖　菲　执笔

孙高振　审核

水利精神文明建设亮点纷呈

水利部直属机关党委

一、推动学习贯彻习近平新时代中国特色社会主义思想走深走实

水利部党组充分发挥示范带头作用，集体学习研讨习近平经济思想、《习近平谈治国理政》第四卷、《习近平生态文明思想学习纲要》、习近平总书记在省部级主要领导干部专题研讨班上的重要讲话精神等，持续跟进学习习近平总书记重要讲话指示批示精神、中央重要会议和重要文件精神，全面深入学习习近平总书记治水重要论述精神。对水利部直属单位党组（党委）理论学习中心组学习情况进行通报，开展中心组集体学习研讨列席旁听工作。按照中央和国家机关工委统一部署，认真开展"学习研讨、查摆问题、改进提高"专项工作。开展"我学我讲新思想"水利青年理论宣讲活动，评选出10个"精品课程"、20个"优秀课程"，授予10人"水利青年讲师"称号。组织青年认真学习习近平总书记在庆祝中国共产主义青年团成立100周年大会上的重要讲话精神，开展习近平总书记《论党的青年工作》网络答题活动，评选青年理论学习小组创新案例。

二、持续培育和践行社会主义核心价值观

大力培育选树水利先进典型。召开全国水旱灾害防御工作先进表彰会，表彰全国水旱灾害防御工作先进集体99个、先进个人200名；举行2021年度考核奖励表彰仪式，对考核优秀的集体和个人给予记功嘉奖。广泛宣传水利先进典型事迹和水利工作重大成效，在水利部机关阳光走廊、水利部网站、水利部官方微信公众号"中国水利"推出多个线下线上展览，如全国水旱灾害防御工作先进典型事迹展、水利系统2021年度先进集

体和先进个人事迹展、第三届"最美水利人"事迹展，以及"黄河防凌珠江抗旱"主题展、"京杭大运河全线贯通补水"行动展、"2022年长江中下游抗旱"工作展等。贯彻落实《关于加强和改进新时代全民国防教育工作的意见》，提高水利干部职工的国防意识和国防素养。10月1日在部机关举行升国旗仪式，部领导和干部职工代表参加，激发爱党爱国热情。举行机关新任职公务员宪法宣誓仪式，牢固树立法治意识。对水利部命名授牌的爱国主义教育基地进行全面核查，规范发挥爱国主义教育基地作用。

三、不断深化群众性精神文明创建

召开水利精神文明建设工作会议，部署新形势下水利精神文明建设工作。举办水利系统文明创建培训班，推动文明创建工作高质量发展。推出水利系统"第六届全国文明单位"线上展览，在微信公众号"中国水事"推出水利系统全国文明单位宣传短视频。开展"第九届全国水利文明单位"宣传工作，展示水利系统文明单位风采和文明创建工作成果。开展第二届水利基层单位文明创建案例征集活动，评选72个有特色、有影响的创建案例。充分发挥全国青年文明号在服务水利工作、促进青年成长、弘扬文明风尚等方面的作用，15个青年集体获评共青团中央"一星级全国青年文明号"。

四、培育水利行业新风正气

印发《关于深入学习贯彻习近平总书记重要批示精神坚决制止餐饮浪费行为的通知》，推动水利系统在制止餐饮浪费行为、节约粮食上走在前、作表率。制定贯彻落实《中共中央办公厅关于加强新时代廉洁文化建设的意见》的具体措施，加强部属系统廉洁文化建设。在中央主要媒体推出"江河奔腾看中国"直播特别节目和相关专题报道，全方位展现水利事业取得的历史性成就、发生的历史性变革。做好《中华人民共和国黄河保护法》学习宣传贯彻工作，制定《黄河保护法宣传贯彻实施工作方案》。加强河湖长制及河湖管理保护宣传，开展"逐梦幸福河湖"主题实践活动。

以多种形式开展"关爱山川河流·守护国之重器"志愿服务活动，通过志愿服务方式，引导全社会深刻认识"大国重器"的重大意义和特殊作用。

五、促进水工程与水文化融合

继续推进"人民治水·百年功绩"推荐宣传活动，确定治水工程项目备选名单。组织开展第四届水工程与水文化有机融合典型案例征集活动，从征集到的 58 个案例中评选出 20 个案例。开展红色基因水利风景区名录征集遴选工作，遴选 50 个红色基因水利风景区入选名录。

林辛锴　执笔

王卫国　审核

全面学习贯彻党的二十大精神

水利部直属机关党委

水利部党组高度重视学习宣传贯彻党的二十大精神工作，精心部署、周密安排，领导带头、示范引领，开展多形式、分层次、全覆盖的学习培训，切实把广大党员干部职工思想和行动统一到党的二十大精神上来。

一、党组带头学

多次召开部党组会，及时传达学习党的二十大精神、习近平总书记重要讲话精神，专题研究部署学习宣传贯彻工作。认真制定学习宣传贯彻工作方案，印发通知对部属系统学习宣传贯彻工作进行全面部署。举办部党组理论学习中心组专题读书班，部党组成员带头交流学习体会。召开专题座谈会，听取流域管理机构和部分省级水行政主管部门关于贯彻落实党的二十大精神、扎实推动新阶段水利高质量发展的意见建议。

二、全面覆盖学

组织 6800 多名党员干部职工认真收听收看习近平总书记在党的二十大上的报告。召开 4800 余名党员干部参加的干部大会，传达党的二十大精神。组织部属系统 5.4 万余名干部职工参加"学习党的二十大精神"网络答题活动。制定专门方案，举办 7 期局处级干部集中轮训班。在各类培训中设置学习党的二十大精神专门课程，组织党员干部参加中央党校集中轮训、中国干部网络学院网上专题班。部属系统各级党组织通过中心组学习、专题培训、集中轮训、读书班、辅导讲座等多种方式，组织党员干部职工认真学习党的二十大精神。召开青年干部学习贯彻党的二十大精神座谈会，督促指导部属系统青年理论学习小组、各级团组织开展党的二十大精神专题学习。

三、集中宣讲学

部党组主要负责同志带头在干部大会并深入水利部党校、党支部工作联系点作宣讲，其他部党组成员到分管部门、联系单位作宣讲。成立水利部宣讲团，通过线上线下方式举办9场集中宣讲活动，覆盖所有部属单位，1.15万余名干部职工参加。部属系统各级党组织主要负责同志深入基层、深入一线宣讲党的二十大精神，以实际行动带动干部职工掀起学习贯彻热潮。

四、广泛宣传学

水利新闻媒体精心策划、集中报道，大力宣传党的二十大精神，宣传水利系统对党的二十大的热烈反响和学习贯彻党的二十大精神的具体举措、实际行动。《中国水利报》、水利部网站、水利部官方微信公众号"中国水利"开设专刊专题专栏，全面展示部属系统各级党组织学习贯彻的行动成效。《人民日报》、新华社、中央广播电视总台等播发采访水利党员干部的反响报道。

党的二十大为新时代新征程水利发展指明了方向、提供了根本遵循。通过学习，水利党员干部职工进一步提升了政治站位、找准了坐标定位、坚定了发展信心、激发了奋进斗志。2023年，水利部党组将持续深入学习贯彻党的二十大精神，带领广大水利党员干部职工坚定不移用习近平新时代中国特色社会主义思想武装头脑、指导实践、推动工作，切实把党的二十大作出的决策部署落到实处，为全面建设社会主义现代化国家、全面推进中华民族伟大复兴提供有力的水安全保障。

林辛锴　执笔

王卫国　审核

开展水利基层党组织建设质量提升行动

水利部直属机关党委

一、着力强化党组织政治功能

水利部党组深入学习贯彻习近平总书记在中央和国家机关党的建设工作会议上的重要讲话精神、习近平总书记关于加强中央和国家机关基层党组织建设重要批示精神，坚持不懈推进党的政治建设，坚决落实党中央重大决策部署，引导党员干部深刻领悟"两个确立"的决定性意义，增强"四个意识"，坚定"四个自信"，做到"两个维护"。做好水利部党的二十大代表候选人预备人选、中央和国家机关党代表会议代表产生工作，5名同志当选为党的二十大代表。开展"学习研讨、查摆问题、改进提高"专项工作，组织基层党组织深入学习习近平经济思想。开展清查整治突出问题规范党务工作，不断提升党务工作规范化水平。

二、持续推进党组织班子建设

水利部党组注重建立健全基层党组织，选优配强党组织班子，确保党的组织和党的工作全覆盖；认真落实委员会任期制度，印发换届提醒单，全面开展排查，督促43个基层党组织严格按期换届。压紧压实班子成员责任，开展2022年度党组织书记抓党建工作述职评议考核，派出3个督导组对机关司局和直属单位领导班子2022年度民主生活会进行督导，持续推动党支部书记履行第一责任人责任、班子成员落实"一岗双责"。着力提升班子成员履职能力，加强党组织班子成员教育培训，组织班子成员参加中央组织部、中央和国家机关工委等举办的各类培训，提高履职尽责的能力和水平。

三、深入推进党支部标准化规范化建设

　　水利部党组注重推进基层党组织标准化规范化建设，聚焦"政治功能强、支部班子强、党员队伍强、作用发挥强"的要求，组织开展基层党组织建设质量提升三年行动计划总结评估和现场考查，推荐的37个党支部全部获评中央和国家机关"四强"党支部。严格党的组织生活制度，指导基层党组织认真落实"三会一课"、民主生活会和组织生活会、谈心谈话、民主评议党员等基本制度，以"走好第一方阵　我为二十大作贡献"为主题开展专题党课和主题党日。

四、全面加强党员队伍建设

　　水利部党组注重加强党员教育管理监督，坚持抓在经常、融入日常、严在平常，引导党组织履行好教育、管理、监督、服务党员的重要职责。从严从实做好党员发展工作，制定《水利部直属机关发展党员工作流程》，将发展党员工作细化为5个阶段、34个步骤，举办党员发展对象培训班，严格规范党组织关系转接办理，严格党费收缴、管理和使用，不断夯实党的组织基础。加强党内关怀帮扶和党员服务，两节期间慰问生活困难党员和老党员110名，向25名老党员颁发"光荣在党50年"纪念章。教育引导党员干部履职尽责，扎实做好水旱灾害防御、水资源集约节约利用、水资源优化配置、大江大河大湖生态保护治理等各项工作，充分彰显广大党员在推动新阶段水利高质量发展中的先锋模范作用。

严丽娟　执笔

何仕伟　审核

高质量完成上一轮巡视巡察工作

水利部直属机关党委

一、认真履行巡视主体责任

水利部党组坚持以习近平新时代中国特色社会主义思想为指导，深入学习贯彻党的二十大精神，认真贯彻落实习近平总书记关于巡视工作的重要论述，落实全国巡视工作会议精神，坚决扛牢巡视主体责任，先后召开部党组会议 8 次，听取巡视综合情况汇报、年度工作情况汇报、整改情况汇报，研究部署巡视工作。水利部党组主要负责同志认真履行第一责任人责任，就加强和改进巡视工作作出批示 15 次；其他部领导认真履行"一岗双责"，重视和支持巡视工作，推动巡视整改。开展十九届中央任期内部党组第十轮巡视反馈、移交、通报等工作，完成巡视全覆盖收尾工作。全面总结党的十九大以来内部巡视巡察工作，相关总结报告报送中央巡视办。

二、着力构建巡视巡察上下联动、贯通协作的工作格局

制定印发《水利部党组巡视工作领导小组关于加强和改进部直属单位党组（党委）巡察工作的通知》，召开巡视巡察上下联动工作座谈会，着力解决巡察工作中存在的突出问题。推动巡视监督与其他监督贯通协作，深化巡视机构与纪检监察、组织人事等单位（部门）的沟通配合，探索巡视机构与宣传、审计、财会、信访、业务监督等部门的协调协作，加强信息、资源、力量和监督成果共享共用，不断强化巡视综合监督作用。

三、健全巡视整改和成果运用制度机制

制定印发《水利部党组关于加强巡视巡察整改和成果运用的通知》

《水利部党组巡视整改和成果运用工作流程》，建立集中整改报告审核机制，实施巡视整改指导督促联动机制，落实巡视整改后评估制度，全过程推动巡视整改取得实效。动态更新巡视整改进展情况、线索办理情况、成果运用情况等"三个台账"，持续跟踪督办相关工作。

四、加强巡视机构干部队伍建设和制度建设

坚持把巡视岗位作为发现、培养、锻炼干部的重要平台，制定印发《中共水利部党组关于建立选调优秀干部到部党组巡视岗位进行锻炼的机制的通知》，中央巡视办在有关刊物两次进行刊登推广，供中央单位学习借鉴。举办2022年水利巡视工作培训班，对巡视巡察骨干开展专题培训。动态调整巡视干部库，选调巡视巡察骨干到部党组巡视办"以干代训"，推荐1名干部参加中央巡视。完善巡视信访、档案、问题底稿有关制度机制，健全巡视组与被巡视党组织主要负责同志沟通机制等，为依规依纪依法开展巡视提供有力支撑。

许启胜　执笔

李　铭　何韵华　审核